U0209492

内容简介

本教材总结了我国近年来蔬菜嫁接领域的新技术、新工艺、新规范，并将典型生产案例纳入教材之中，系统地介绍了营养液配制和蔬菜嫁接育苗的全过程。教材共分为7个项目，即小型无土栽培营养液配制、大型无土栽培营养液配制、黄瓜嫁接育苗技术（顶端插接法）、西瓜嫁接育苗技术（劈接法）、茄子嫁接育苗技术（靠接法）、番茄嫁接育苗技术（套管法）和苦瓜嫁接育苗技术（针式机器人嫁接法），每个项目又根据具体工作过程的关键技术环节分为若干任务。本教材以项目为导向，以任务驱动为依据，每一项目包括项目描述、教学导航、任务描述、任务分析、任务准备、任务实施、任务小结、知识支撑和拓展训练等内容，突出岗位职业技能，注重体现理论与实践结合。

本教材可以作为中等职业学校园艺技术、作物生产技术等专业的教科书，也可以作为高素质农民培训教材使用，还可供从事蔬菜生产相关工作的技术人员参考。

中等职业教育农业农村部“十三五”规划教材

蔬菜嫁接实训

王永红　陈传功　主编

中国农业出版社
北　京

图书在版编目（CIP）数据

蔬菜嫁接实训 / 王永红，陈传功主编. — 北京：中国农业出版社，2022.1

中等职业教育农业农村部“十三五”规划教材

ISBN 978-7-109-29115-7

Ⅰ.①蔬… Ⅱ.①王… ②陈… Ⅲ.①蔬菜-嫁接-中等专业学校-教材 Ⅳ.①S630.4

中国版本图书馆 CIP 数据核字（2022）第 023359 号

中国农业出版社出版

地址：北京市朝阳区麦子店街 18 号楼

邮编：100125

责任编辑：吴　凯

版式设计：杨　婧　　责任校对：刘丽香　　责任印制：王　宏

印刷：北京通州皇家印刷厂

版次：2022 年 1 月第 1 版

印次：2022 年 1 月北京第 1 次印刷

发行：新华书店北京发行所

开本：787mm×1092mm　1/16

印张：17.25

字数：415 千字

定价：40.00 元

编审人员名单

主　编　王永红　陈传功

副主编　张艳红　于凌燕

编　者　（以姓氏笔画为序）

于凌燕　王永红　安重莹

孙　兵　张　聂　张成尧

张艳红　陈传功

审　稿　赵春莉

前言

本教材根据《国家职业教育改革实施方案》《关于推动现代职业教育高质量发展的意见》《职业教育提质培优行动（2020—2023)》等文件精神进行编写。本教材打破了常规教材的编写模式，在广泛调研蔬菜育苗生产企业相关工作岗位对能力需求的基础上，结合职业资格鉴定标准（蔬菜工四级)，按照“人才培养对接用人需求、专业对接产业、课程对接岗位、教材对接技能为切入点”的原则，以实际工作岗位的能力需求为依据，遵循学生职业成长规律，设计、开发、整合、选取、序化教材内容。

本教材在内容上围绕职业教育培养目标，结合蔬菜工等职业技术岗位标准所需的知识和技能，每个“任务实施”都按照生产任务的环节和流程，突出技能环节和操作要求，让教学内容与职业岗位“零距离”对接，使本教材能适应“1+X”证书制度的需要。每一项目包括项目描述、教学导航、任务描述、任务分析、任务准备、任务实施、任务小结、知识支撑、拓展训练、项目小结等内容，突出岗位职业技能，注重体现理论与实践结合。

本教材共分为7个项目：小型无土栽培营养液配制、大型无土栽培营养液配制、黄瓜嫁接育苗技术（顶端插接法)、西瓜嫁接育苗技术（劈接法)、茄子嫁接育苗技术（靠接法)、番茄嫁接育苗技术（套管法)、苦瓜嫁接育苗技术（针式机器人嫁接法)。教材中汇集了当前应用较多的新技术、新规范、新工艺，对当前蔬菜嫁接技术具有引领示范作用。

本教材中重要知识点旁边配套了动画、视频等数字资源，通过扫描二维码即可随时随地进行学习，既方便学生学习实操训练，又方便教师授课。

本教材由王永红、陈传功担任主编，张艳红、于凌燕担任副主编，参加编写的人员还有孙兵、安重莹、张聂、张成尧。本教材由王永红、陈传功进行统稿。本教材承蒙吉林农业大学赵春莉教授审稿。教材编写过程中得到了中国农业出版的悉心指导，并得到长春职业技术学院现代农学院、平度市职业中等专业学校、红河州农业学校、山西省忻州市原平农业学校、中关村国科现代农业产业科技创新研究院等单位的大力支持，在此一并表示感谢。

本教材在编写过程中参考、借鉴和引用了大量的相关文献资料，谨向各位专家学者表示诚挚的谢意。限于编者水平，加之编写时间仓促，教材中难免存在不妥或疏漏之处，敬请同行和广大读者批评指正，以便今后修改完善。

编　者

2021年8月

目录

项目一

小型无土栽培营养液配制

【项目描述】

在家庭园艺、室内园艺、教育教学、科学实验、小面积栽培等无土栽培时，浓缩液用量少，肥料用量也少，水源一般选用蒸馏水，故配制方法相对简单，但配制过程基本相同。配制营养液一般包括母液配制和工作液配制，母液配制包括 A、B、C 三种母液的配制，然后稀释成工作液使用。

某室内园艺要配制少量营养液进行莴苣水培，具体配制任务：配制园试配方浓缩 80 倍的 A 母液 250mL、浓缩 200 倍的 B 母液 500mL 和浓缩 1 000 倍的 C 母液 100mL，之后采用母液稀释法配制 1 000mL 工作液使用。溶剂选用蒸馏水，A、B、C 三种母液分别采用 1/2 剂量。

【项目导航】

<table>
<tr><td rowspan="2">教学目标</td><td>知识目标</td><td>1. 掌握百分之一电子天平的使用方法。
2. 掌握万分之一电子天平的使用方法。
3. 掌握配制母液所需肥料用量的计算方法。
4. 掌握容量瓶配制溶液的方法。
5. 掌握母液配制的方法和步骤。
6. 掌握 A、B、C 三种母液移取量的计算方法。
7. 掌握移液管的使用方法。
8. 掌握工作液配制的方法和步骤</td></tr>
<tr><td>能力目标</td><td>1. 能够根据任务单要求及园试配方的规定准确计算出配制 A、B、C 三种母液所需各种肥料的称取量。
2. 能够熟练使用电子天平。
3. 能够根据计算结果准确称量出 A、B、C 三种母液所需的肥料量。
4. 能够正确进行各种肥料的溶解。
5. 能够熟练使用容量瓶进行标准浓度溶液的配制。
6. 能够正确进行贮液。
7. 能够熟练使用移液管进行一定体积溶液的移取。
8. 能够正确进行溶液混合，防止沉淀产生</td></tr>
<tr><td colspan="2">本项目学习重点</td><td>母液的配制方法和步骤；工作液配制的方法和步骤</td></tr>
<tr><td colspan="2">本项目学习难点</td><td>电子天平的使用；容量瓶的使用；移液管的使用</td></tr>
<tr><td colspan="2">教学方法</td><td>任务驱动法、引导文法、案例教学法</td></tr>
<tr><td colspan="2">建议学时</td><td>10</td></tr>
</table>

任务一 A母液配制

任务描述

营养液配制包括母液配制和工作液配制，先配制母液，再稀释成工作液使用。A母液配制任务：浓缩80倍，配制体积250mL。A母液成分为$Ca(NO_3)_2 \cdot 4H_2O$，标准用量为945mg/L，溶剂为蒸馏水。营养液配制采用日本园试配方。

任务分析

A母液主要含硝酸钙、硝酸钾、硝酸铵等。与大规模生产不同，家庭园艺配方中A母液成分只选择一种最常用的药剂$Ca(NO_3)_2 \cdot 4H_2O$。而且选用的溶剂为蒸馏水，省去了酸碱度、硬度、悬浮物等的检查，整个配制方法和过程相对简单。配制时要注意计算、称量、溶解、定容和贮液等步骤。

1. 计算 根据给出的浓缩倍数、标准用量以及配制母液的体积，准确计算出A母液的称取量，并注意保留正确的有效数字位数。

2. 称量 A母液为大量元素，故选用百分之一电子天平进行称量。注意百分之一天平的使用方法。

3. 溶解 称量好的药剂要放入烧杯中加水搅拌至充分溶解。

4. 定容 选用合适容量的容量瓶进行溶液的配制。

5. 贮液 将配好的A母液倒入白色试剂瓶中贮存。

本任务工作流程如下：

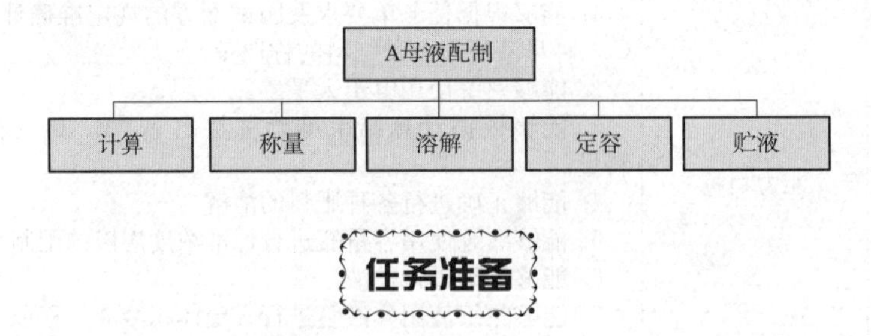

任务准备

完成本次任务需要在实训场所做好如下准备：

1. 工具准备 百分之一天平、容量瓶（250mL，1个）、烧杯（250mL，2个）、玻璃棒、药匙、称量纸、滤纸、试剂瓶、计算器、洗瓶、标签等（图1-1至图1-14）。

2. 药剂准备 硝酸钙（图1-15）。

3. 人员准备 将学生分成若干小组，每组4～6人，确定小组长，分配任务。

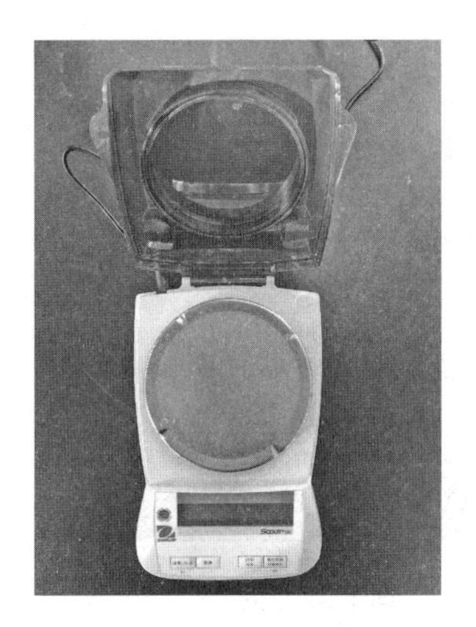

图 1-1　百分之一天平

图 1-2　250mL 容量瓶

图 1-3　250mL 烧杯

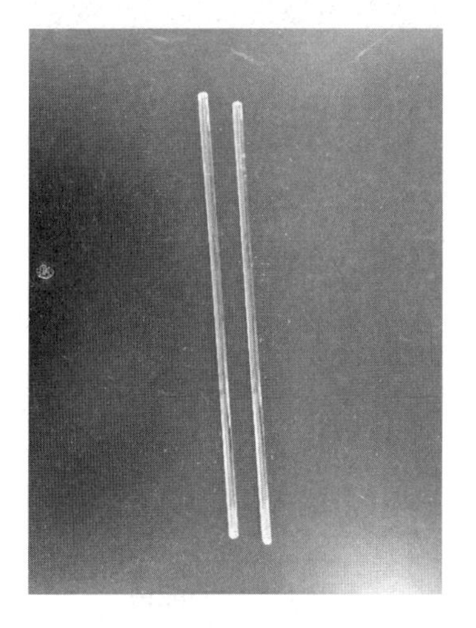

图 1-4　玻璃棒

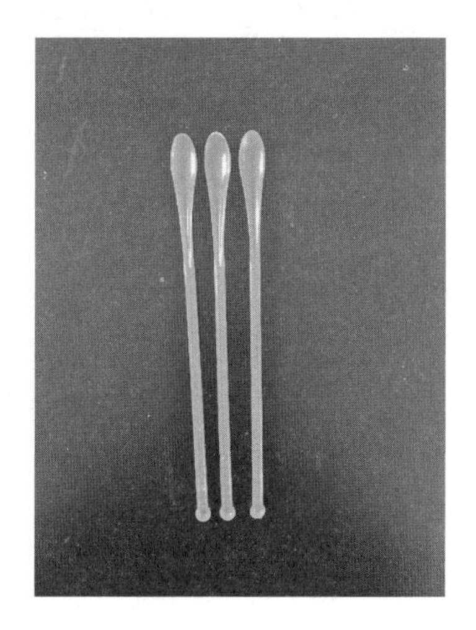

图 1-5　药　匙

图 1-6　称量纸

图 1-7　滤　纸

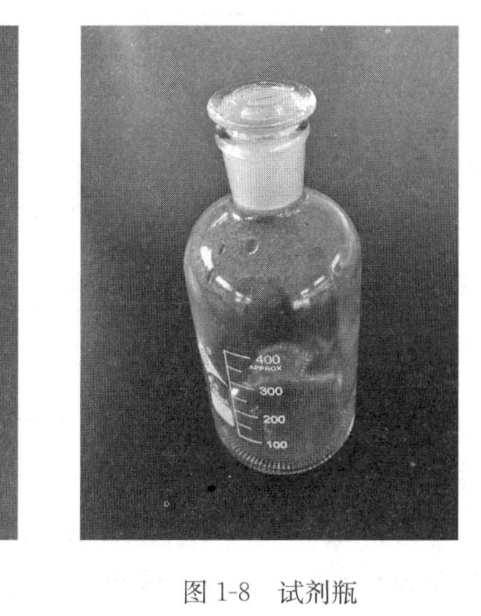

图 1-8　试剂瓶

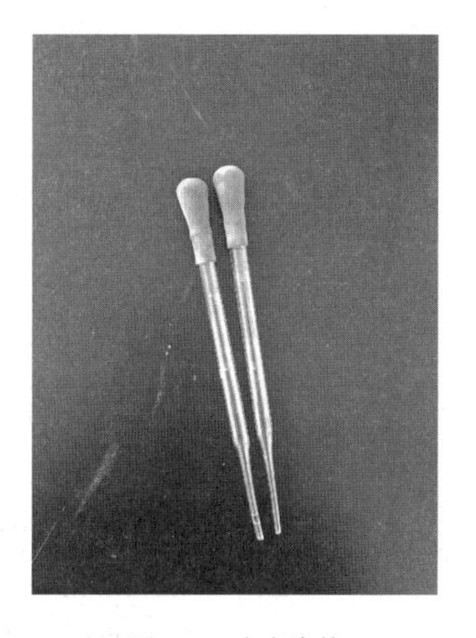

图 1-9　胶头滴管

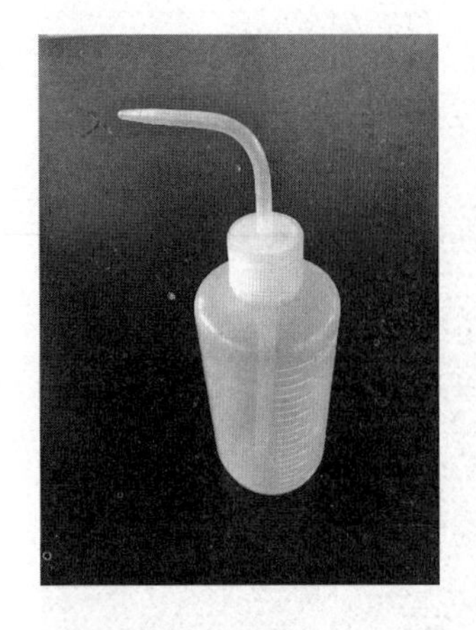

图 1-10　洗　瓶

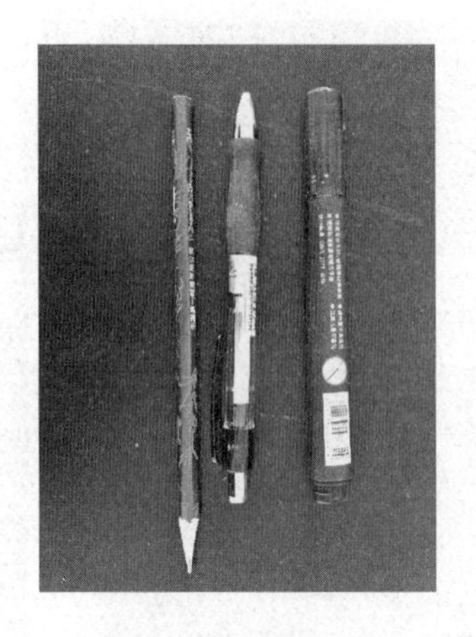

图 1-11　记号笔

图 1-12　标签纸

图 1-13　计算器

图 1-14　龙头瓶

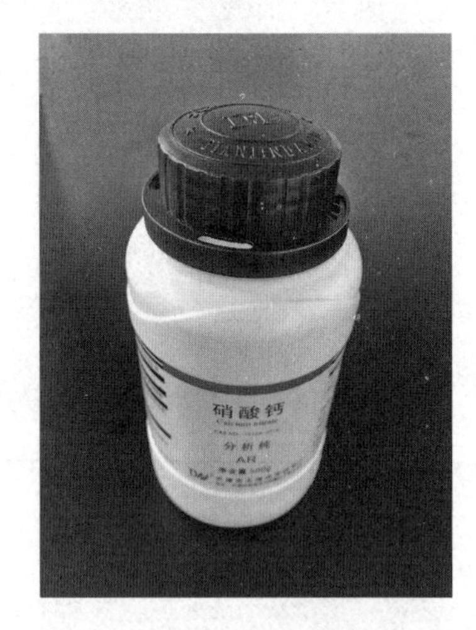

图 1-15　硝酸钙

任务实施

1. 计算　配制浓缩 80 倍的 A 母液 250mL 需要称量多少克 $Ca(NO_3)_2 \cdot 4H_2O$? 根据园试配方母液配制要求进行计算，将称取量计算结果填入表 1-1 中。

表 1-1　园试配方 A 母液的配制

母液成分	成　分	标准用量/（mg/L）	浓缩倍数	配制母液体积/mL	称取量/g
钙盐（A 液）	$Ca(NO_3)_2 \cdot 4H_2O$	945	80	250	

计算方法：称取量＝标准用量×浓缩倍数×配制母液体积

2. 称量　插上天平电源，打开天平盖，用天平刷轻刷电子天平盘，使天平称量盘保持清洁。盖上天平盖，调平，即旋动天平底座下的 4 个螺母把气泡调到圆圈内。电子天平开机，待显示屏读数归零后，将称量纸折好，轻轻放置于电子天平称量盘中央，去皮。取 $Ca(NO_3)_2 \cdot 4H_2O$ 时药瓶标签握手心，瓶盖朝上放置于桌面上。用药匙取药倒在称量纸上，当读数接近称量数时，左手手指轻击右手腕部，将药匙中样品慢慢震落至称量纸上，当达到所需质量时停止加样；多余的药品倒入废纸缸里，将用过的药匙放在卫生纸上待清洗；盖上药瓶盖子后将药瓶放回原处；取 250mL 烧杯，将称好的药品倒入烧杯中，用手轻弹称量纸，防止药品残留在称量纸上，后把称量纸扔到废纸缸中，合上天平盖，称量完毕（图 1-16）。

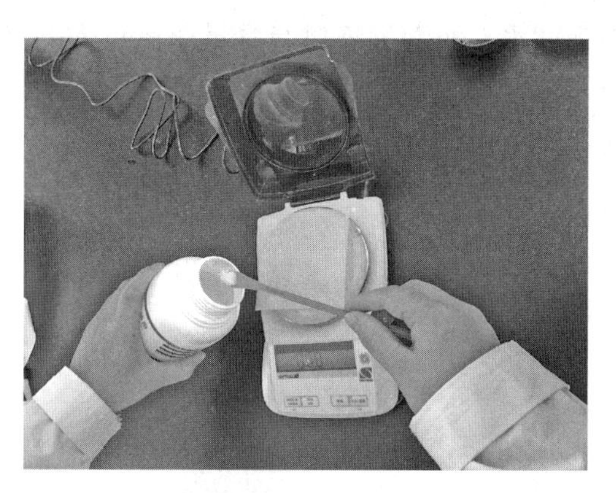

图 1-16　称　量

3. 溶解　在 250mL 烧杯中加入需配制母液体积 1/2 量的水，用玻璃棒搅拌，使玻璃棒朝一个方向（顺时针、逆时针均可）搅拌，搅拌不要碰撞容器壁、容器底，不要发出响声，直至固体全部溶解（图 1-17）。

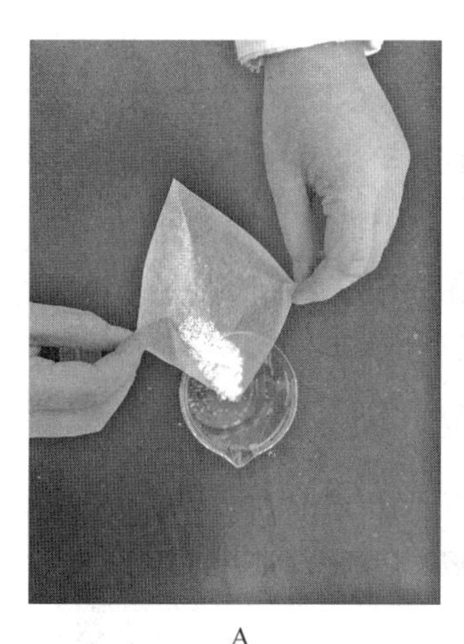

A

B

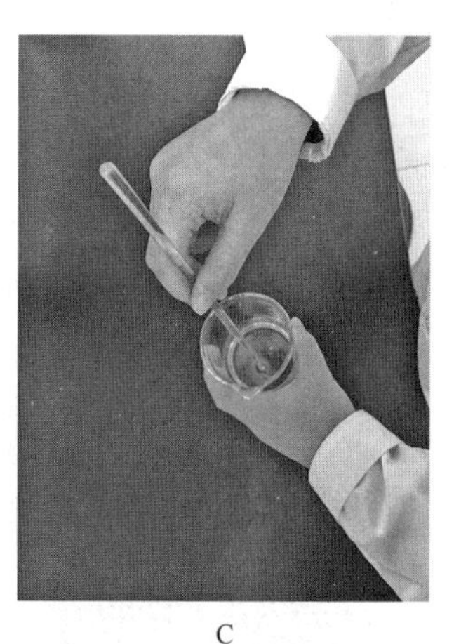

C

图 1-17　溶　解

A. 倒入药品　B. 加入适量水　C. 搅拌溶解

4. 转移、定容、混匀　取 250mL 容量瓶，打开容量瓶盖子，把盛装 A 液的烧杯通过玻璃棒引流入容量瓶中。引流时左手持玻璃棒，右手拿烧杯，在容量瓶口上慢慢将玻璃棒从烧杯中取出，并将它插入瓶口（但不要与瓶口接触），再让烧杯嘴紧靠玻璃棒，玻璃棒下端紧靠在容量瓶刻度线以下 1cm 处的瓶颈内壁，玻璃棒置容量瓶口中央，不能接触瓶口；慢慢倾斜烧杯，使溶液沿着玻璃棒流下（图 1-18），转移完毕，烧杯嘴沿玻璃棒上拉，顺势直立烧杯，在瓶口上方，将玻璃棒放回烧杯中。用少量蒸馏水淋洗玻璃棒和烧杯内壁，蒸馏水不外溅，冲洗 3 次，冲洗液全部转移入容量瓶；加蒸馏水至总量的 2/3 左右，水平旋转进行初混；加蒸馏水至标线下约 1cm，放置 1min。拿出玻璃棒，用洗瓶在废液缸上冲洗干净，用滤纸擦干放回原处，滤纸扔到废纸缸中。取胶头滴管吸取少量蒸馏水，后拿起容量瓶至标线与视线相平，用滴管滴加蒸馏水，滴管尖嘴口与容量瓶瓶口平齐（0.5cm），不得伸入容量瓶加液，加至溶液凹液面与标线相切（图 1-19）。盖好瓶塞，用一手食指按住瓶塞，拇指中指握住瓶颈，另一手用指尖托住瓶底边缘，倒置振摇，将溶液摇匀（图 1-20），反复 3 次。A 液配好后放置在实验台上。

图 1-18　转　移

图 1-19　定　容

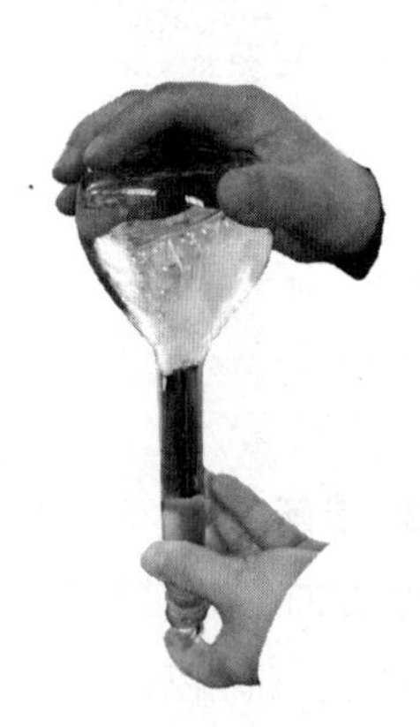

图 1-20　混　匀

5. 贮液　取白色试剂瓶，打开瓶盖，倒置于桌面上，打开容量瓶瓶塞，用拇指和食指固定住瓶塞，一手拿试剂瓶并适度倾斜，将液体倒入试剂瓶中，盖上瓶塞后贴上标签（图 1-21），标签上写上配制药液的名称、浓缩倍数、日期、工位号（图 1-22）；清洗用过的烧杯和容量瓶先用自来水冲洗，再用蒸馏水润洗，各 3 遍后放回原处。

图 1-21　装　瓶

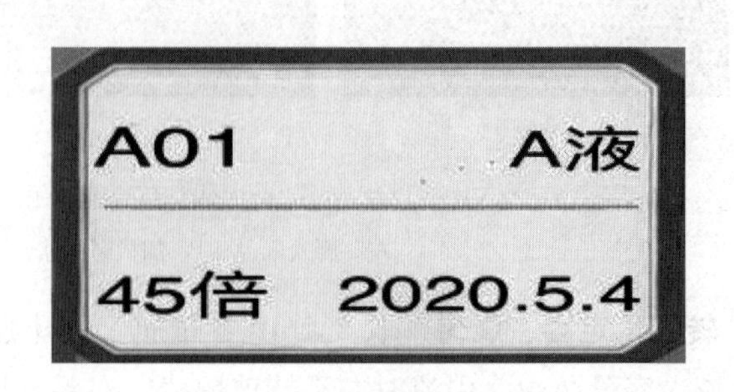

图 1-22　A 母液标签

任务小结

A 母液药品应选用百分之一天平进行称量，称量准确率为 100%。药品要充分溶解后再进行转移，转移到容量瓶过程中烧杯要冲洗 3 遍且冲洗液都要转移到容量瓶中，不能有遗漏。定容时，视线要与标线相切，不可俯视或仰视。

知识支撑

（一）无土栽培

无土栽培是不用天然土壤，只利用营养液来提供植物生长所需的养分、水分、氧气来种植植物的方法。

（二）营养液

营养液是无土栽培作物所需矿质营养和水分的主要来源，它的组成应包括作物所需要的完全成分，如氮、磷、钾、钙、镁、硫等大量元素和铁、锰、硼、锌、铜等微量元素。

1. 营养液的种类 营养液分为原液、母液和工作液。原液就是指标准配方，母液是指原液的浓缩液，工作液是母液稀释后直接用于生产中的营养液。

2. 营养液配制原则 营养液配制的总原则是确保在配制后和使用营养液时都不会产生难溶性物质。每一种营养液配方都潜伏着产生难溶性物质的可能性，这与营养液的组成是分不开的。营养液是否会产生沉淀主要取决于营养液的浓度。几乎任何均衡的营养液中都含有可能产生沉淀的 Ca^{2+}、Fe^{3+}、Mn^{2+}、Mg^{2+} 等阳离子和 SO_4^{2-}、PO_4^{3-}、HPO_4^{2-} 等阴离子，这些离子在浓度较高时会相互作用而产生沉淀。如 Ca^{2+} 与 SO_4^{2-} 相互作用产生 $CaSO_4$ 沉淀；Ca^{2+} 与 PO_4^{3-} 或 $HPO_4{}^{2-}$ 产生 $Ca_3(PO_4)_2$ 或 $CaHPO_4$ 沉淀；Fe^{3+} 与 PO_4^{3-} 产生 $FePO_4$ 沉淀；Ca^{2+}、Mg^{2+} 与 OH^- 产生 $Ca(OH)_2$ 和 $Mg(OH)_2$ 沉淀。实践中运用难溶性物质溶度积法则作指导，采取以下两种方法可避免营养液中产生沉淀：一是对容易产生沉淀的二种盐类化合物分别溶解，分罐配制与保存，使用前再稀释、混合；二是向营养液中加酸，降低 pH，使用前再加入强碱调整至正常水平。

3. 营养液的配制方法 生产上配制的营养液一般分为母液（浓缩贮备液）和工作液两种。母液配制时，不能将所有肥料都溶解在一起，因为浓缩后某些阴阳离子间会发生反应而沉淀。所以一般配成 A、B、C 三种母液。A 母液以钙盐为中心，凡不与钙作用而产生沉淀的盐都可溶在一起，一般配成 100～500 倍的浓缩液；B 母液以磷酸盐为中心，凡不与磷酸根形成沉淀的盐都可溶在一起，一般配成 100～500 倍的浓缩液；C 母液是由铁盐和微量元素化合物混配而成，因其用量小，一般配成 800～1 000 倍的浓缩液。工作液的配制方法有母液稀释法和直接配制法。

（1）母液稀释法。先配制浓缩营养液或称母液，然后用浓缩营养液稀释配制工作营养液。具体方法如下：按照要配制的浓缩营养液的体积和浓缩倍数计算出配方中各种化合物的用量后，将浓缩液A和B中的各种化合物称量后分别放在一个塑料容器中，溶解后加水至所需配制的体积，搅拌均匀即可。在配制C液时，先取所需配制体积80%左右的清水，分为两份，分别放入两个塑料容器中，称取七水硫酸亚铁和乙二胺四乙酸二钠分别加入这两个容器中，溶解后，将溶有七水硫酸亚铁的溶液缓慢倒入乙二胺四乙酸二钠溶液中，边加边搅拌；然后称取C液所需称量的其他各种化合物，分别放在小的塑料容器中溶解，分别缓慢地倒入已溶解了七水硫酸亚铁和乙二胺四乙酸二钠的溶液中，边加边搅拌，最后加清水至所需配制的体积，搅拌均匀即可。为防止长时间贮存浓缩营养液产生沉淀，应将配制好的浓缩母液置于阴凉避光处保存，浓缩C液最好用深色容器贮存。营养液配制的注意事项：①营养液原料的计算过程和最后结果要反复核对，确保准确无误；②称取各原料时要反复核对称取数量的准确，并确保所称取的原料名实相符。

（2）直接配制法（图1-23）。在大规模生产中，为节约空间，减少工作步骤，可称取各种肥料直接配制栽培营养液。配制时，先在包括贮液池、栽培槽的整个栽培系统中注入营养液总体积60%～70%的清水。然后称取钙盐及不与钙盐产生沉淀的各种肥料（相当于浓缩液稀释法中配制浓缩液A的各种肥料）放在一个容器中溶解后倒入贮液池，开启水泵促进营养液循环。营养液循环30min后，再称取磷酸盐、硫酸盐及不与之产生沉淀的其他化合物（相当于浓缩液B的各种肥料），放入另一个容器中，溶解后用较大量清水稀释后缓慢地加入水源入口处，同时启动水泵注水，边稀释边混合。称取硫酸亚铁和螯合剂（如EDTA-Na_2），分别放入两个容器中，倒入清水溶解，此时铁盐和螯合剂的浓度不能太高，比栽培营养液中浓度高1 000～2 000倍，将硫酸亚铁倒入螯合剂溶液，边加边搅拌。将螯合物溶液倒入装有水的容器中。另取一些小容器，分别称取其他微量元素肥料，加入清水溶解，缓慢倒入已混合了铁螯合物的容器中，边加边搅拌。大量元素肥料加入一段时间后，将已溶解了所有微量元素肥料的溶液用大量清水稀释后直接倒入或从水源入口处缓慢倒入贮液池，总的营养液量达到预订量时停止注水。而营养液循环泵则需要运行2～3h才可保证营养液混合均匀。

在配制营养液时，如果发现由于配制过程加入肥料的速度过快，局部肥料浓度过高而出现大量沉淀，并且较长时间开启水泵循环之后仍不能使这些沉淀溶解时，应重新配制营养液。

（三）园试配方

园试标准配方是日本园艺试验场经过多年的研究而提出的，通过分析植株对不同元素的吸收量，从而确定营养液配方的组成。

园试配方是当前植物水培营养液配方中运用较方便，适用品种较多的通用基础配方。也可以说是国际上运用最多、配制操作使用较为方便的配方，现介绍一下该配方的化学组成：硝酸钙945mg/L、硝酸钾809mg/L、磷酸二氢铵153mg/L、硫酸镁493mg/L、硼酸2.86mg/L、硫酸锰2.13mg/L、硫酸锌0.22mg/L、硫酸铜0.08mg/L、钼酸铵0.02mg/L、螯合铁20～40mg/L。

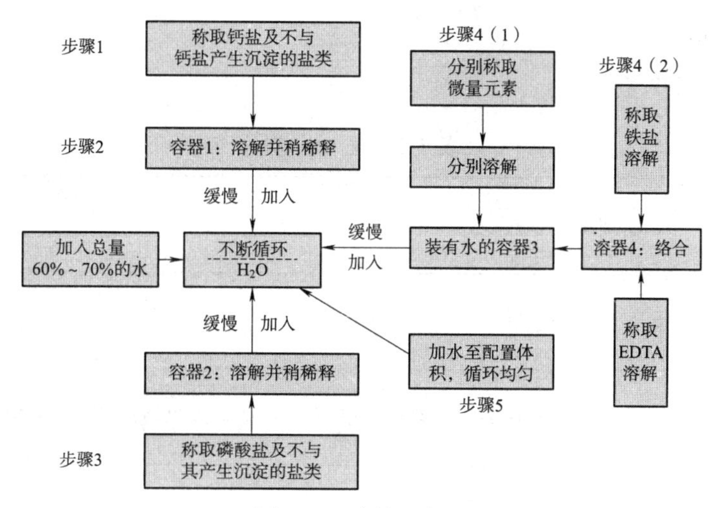

图 1-23　直接配制法

化合物重量/升（g/L 或 mg/L）：每升营养液中含有某种化合物重量是多少克或毫克。如 $Ca(NO_3)_2 \cdot 4H_2O$ 标准用量为 945mg/L，即表示每升四水硝酸钙溶液中含 945mg 四水硝酸钙。

营养液中的营养元素适宜的比例或浓度可以通过分析正常生长的植物体内各种营养元素的含量及其比例来确定的，这是制订生理平衡营养液配方的原则。

拓展训练

（一）知识拓展

1. 填空题

（1）无土栽培是不用天然土壤，利用（　　　　）来提供植物生长所需的（　　　　）、（　　　　）、（　　　　）来种植植物的方法。

（2）营养液是无土栽培作物所需矿质营养和水分的主要来源，它的组成应包括作物所需要的完全成分，如（　　　　）、（　　　　）、（　　　　）、（　　　　）、（　　　　）、（　　　　）等大量元素和（　　　　）、（　　　　）、（　　　　）、（　　　　）、（　　　　）等微量元素。

（3）A 母液是指以（　　　　）为中心，凡不与（　　　　）产生沉淀的化合物均可放置在一起溶解。

（4）B 母液是指以（　　　　）为中心，凡不与（　　　　）产生沉淀的化合物可放置在一起溶解。

2. 简答题

（1）营养液配制的原则是什么？

（2）什么是园试配方？

（3）什么是浓缩营养液稀释法？

（二）技能拓展

拓展内容见表1-2至表1-4。

表1-2 任务单

任务编号	实训1-1
任务名称	A母液的配制
任务描述	A母液配制任务为：浓缩50倍，500mL，A母液成分为$Ca(NO_3)_2 \cdot 4H_2O$
计划工时	2
完成任务要求	1. 准确计算出配制A母液需要称取的药品数量。 2. 准确称量出配制A母液所需的固体药品。 3. 充分溶解固体药品。 4. 准确配制出一定浓度的A母液。 5. 把配好的A母液装入指定的试剂瓶中，并写好标签。 6. 将用过的仪器洗涤或擦拭干净。 7. 任务完成情况总体良好。 8. 说明完成本任务的方法和步骤。 9. 完成任务后各小组之间相互展示、评比。 10. 针对任务实施过程中的具体操作提出合理建议。 11. 工作态度积极认真
任务实现流程分析	1. 布置任务。 2. 按步骤操作：计算→称量→溶解→转移→定容→贮液。 3. 对A母液的配制过程进行评价
提供素材	百分之一天平、容量瓶（250mL，1个）、烧杯（250mL，2个）、玻璃棒、药匙、称量纸、滤纸、试剂瓶等

表1-3　实 施 单

任务编号	实训1-1
任务名称	A母液的配制
任务工时	2
实施方式	小组合作 □　　独立完成 □
实施步骤	

表 1-4　评 价 单

<table>
<tr><td>任务编号</td><td colspan="5">实训 1-1</td></tr>
<tr><td>任务名称</td><td colspan="5">A 母液的配制</td></tr>
<tr><td rowspan="16">考核要点</td><td>考核内容（主要技能）</td><td>标准分值</td><td>自我评价</td><td>小组评价</td><td>教师评价</td></tr>
<tr><td>计算</td><td>10</td><td></td><td></td><td></td></tr>
<tr><td>称量</td><td>5</td><td></td><td></td><td></td></tr>
<tr><td>溶解</td><td>5</td><td></td><td></td><td></td></tr>
<tr><td>转移</td><td>10</td><td></td><td></td><td></td></tr>
<tr><td>洗涤</td><td>5</td><td></td><td></td><td></td></tr>
<tr><td>定容</td><td>10</td><td></td><td></td><td></td></tr>
<tr><td>摇匀</td><td>5</td><td></td><td></td><td></td></tr>
<tr><td>贮液</td><td>5</td><td></td><td></td><td></td></tr>
<tr><td>任务完成情况</td><td>10</td><td></td><td></td><td></td></tr>
<tr><td>任务说明</td><td>10</td><td></td><td></td><td></td></tr>
<tr><td>任务展示</td><td>5</td><td></td><td></td><td></td></tr>
<tr><td>工作态度</td><td>5</td><td></td><td></td><td></td></tr>
<tr><td>提出建议</td><td>10</td><td></td><td></td><td></td></tr>
<tr><td>文明生产</td><td>5</td><td></td><td></td><td></td></tr>
<tr><td>小计</td><td>100</td><td></td><td></td><td></td></tr>
<tr><td>问题总结</td><td colspan="5"></td></tr>
</table>

任务二 B母液配制

任务描述

营养液配制包括母液配制和工作液配制，先配制母液，再稀释成工作液使用，B母液配制任务：浓缩200倍，配制体积500mL。B母液成分为$NH_4H_2PO_4$，标准用量为153mg/L，溶剂为蒸馏水。营养液配制采用日本园试配方。

任务分析

B母液的主要成分为硫酸钾、硝酸钾、磷酸二氢钾、硫酸镁、硫酸锰、硫酸铜、硫酸锌、硼砂和钼酸钠等。本次营养液配制B母液成分选择一种最常用的药剂$NH_4H_2PO_4$，而且选用的溶剂为蒸馏水，省去了酸碱度、硬度、悬浮物等的检查。所以配制方法相对简单，配制时主要注意计算、称量、溶解、定容和贮液。

1. 计算 根据给出的浓缩倍数、标准用量以及配制母液的体积，准确计算出B母液的称取量，并注意保留正确的有效数字位数。

2. 称量 B母液为大量元素，故选用百分之一电子天平进行称量，注意百分之一天平的使用方法。

3. 溶解 称量好的药剂要放入烧杯中充分搅拌溶解。

4. 定容 选用合适容量的容量瓶进行溶液的配制。

5. 贮液 将配好的B母液倒入白色试剂瓶中贮存。

本任务工作流程如下：

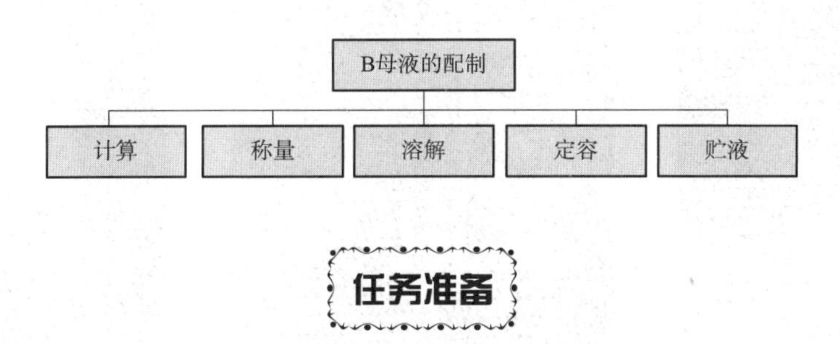

任务准备

完成本次任务需要在实训场所做如下准备：

1. 工具准备 百分之一天平、容量瓶（500mL，1个）、烧杯（500mL，2个）、玻璃棒、药匙、称量纸、滤纸、试剂瓶、洗瓶等（图1-24至图1-36）。

2. 药剂准备 磷酸二氢铵（图 1-37）等。

3. 人员准备 将学生分成若干小组，每组 4～6 人，确定小组长，分配任务。

任务实施

1. 计算 配制浓缩 200 倍的 B 母液 500mL 需要称量多少克 $NH_4H_2PO_4$？根据园试配方母液配制要求进行计算，将称取量计算结果填入表 1-5 中。

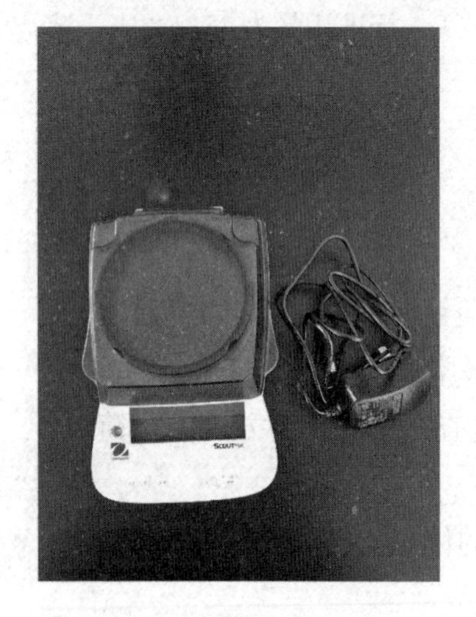

图 1-24 百分之一天平

图 1-25 500mL 容量瓶

图 1-26 500mL 烧杯

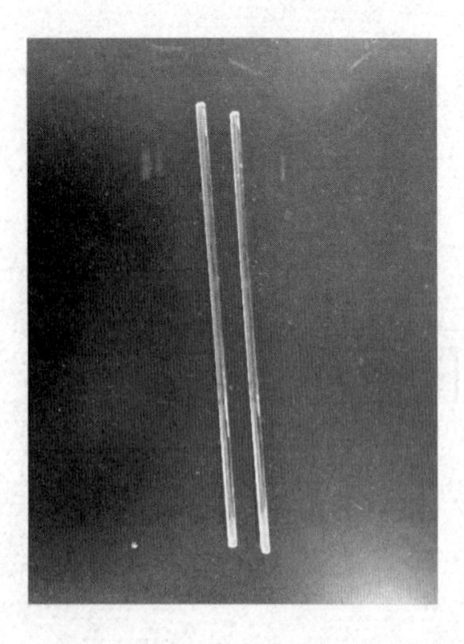

图 1-27 玻璃棒

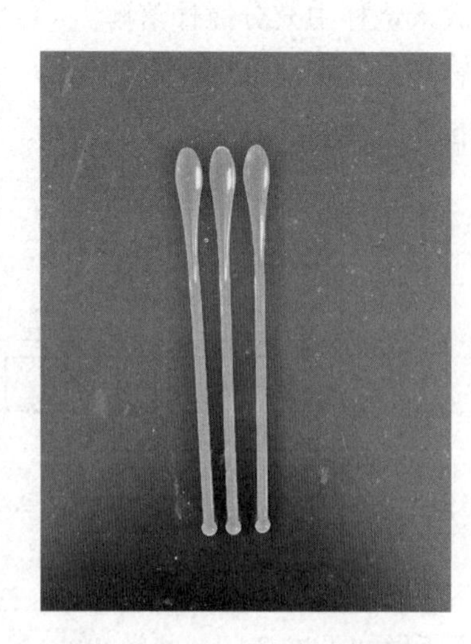

图 1-28 药 匙

图 1-29 称量纸

图 1-30　滤　纸

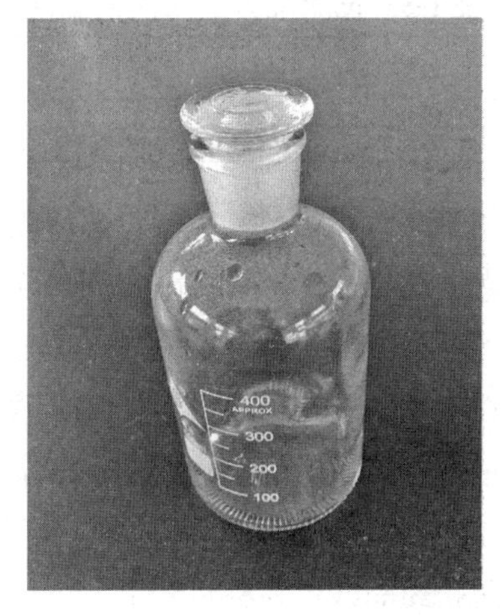

图 1-31　试剂瓶

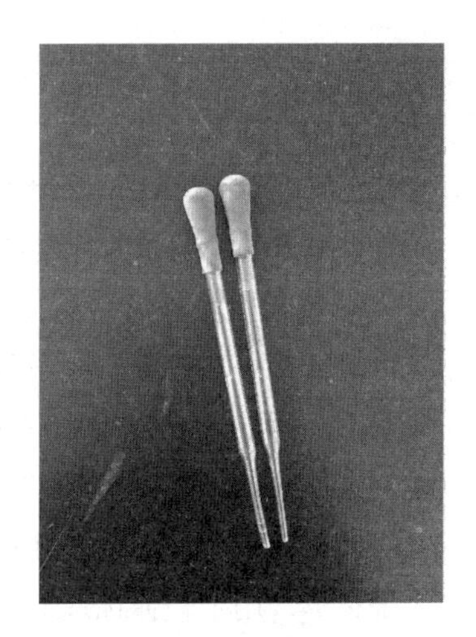

图 1-32　胶头滴管

图 1-33　计算器

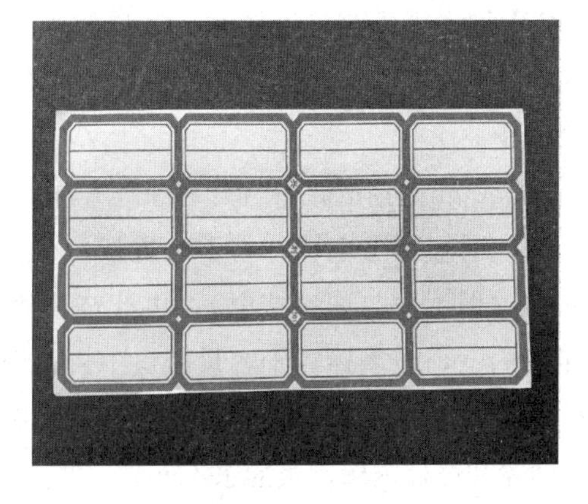

图 1-34　标签纸

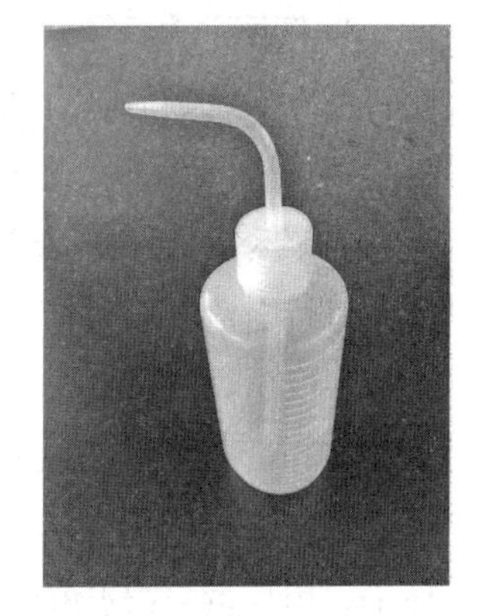

图 1-35　洗　瓶

图 1-36　蒸馏水

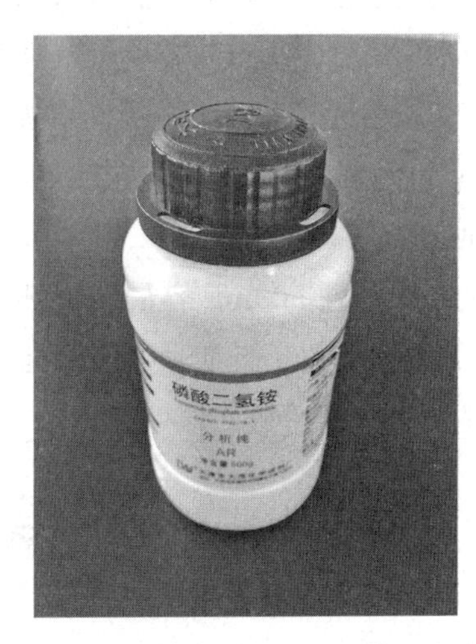

图 1-37　磷酸二氢铵

表 1-5 园试配方 B 母液的配制

母液成分	成　分	标准用量/（mg/L）	浓缩倍数	配制母液体积/mL	称取量/g
磷酸盐（B液）	$NH_4H_2PO_4$	153	200	500	

计算方法：称取量=标准用量×浓缩倍数×配制母液体积

2. 称量 短按清零/去皮键（Yes）开机，待电子天平显示屏读数归零后，打开天平盖，将称量纸折好轻放置于电子天平称量盘中央，去皮。取 B 药，药瓶标签握手心，瓶盖朝上放置于桌面上；用药匙取药倒在称量纸上，当读数接近称量数时，用食指轻弹药勺柄，使试样一点点地落入称量纸上，当达到所需质量时停止加样；多余的药品倒入废纸缸里，将用过的药匙放在卫生纸上待清洗；盖上药瓶盖子后放回原处；取 500mL 烧杯，将称好的药品倒入烧杯中，用手轻弹称量纸，防止药品残留在称量纸上，后把称量纸扔到废纸缸中；合上天平盖，长按清零/去皮键（Yes）关机，关闭天平，拔下电源。

3. 溶解 在 500mL 烧杯中加入需配制母液体积 1/2 量的水，用玻璃棒搅拌，使玻璃棒朝一个方向（顺时针、逆时针均可）搅拌，搅拌不要碰撞容器壁、容器底，不要发出响声，直至固体全部溶解，放于桌面上。

4. 转移、定容、混匀 取 500mL 容量瓶，打开容量瓶盖子，把盛装 B 液的烧杯通过玻璃棒进行引流入容量瓶中；引流时左手玻璃棒，右手拿烧杯，在容量瓶口上慢慢将玻璃棒从烧杯中取出，并将它插入瓶口（但不要与瓶口接触），再让烧杯嘴紧靠玻璃棒，玻璃棒下端紧靠在容量瓶刻度线以下瓶颈内壁，玻璃棒置于容量瓶口中央；慢慢倾斜烧杯，使溶液沿着玻璃棒流下，转移完毕，烧杯沿玻璃棒上拉，顺势直立烧杯，在瓶口上方，将玻璃棒放回烧杯中。用少量蒸馏水淋洗玻璃棒和烧杯内壁，蒸馏水不外溅，冲洗 3 次，冲洗液全部转移入容量瓶；加蒸馏水至标线下约 1cm，放置 1min；用洗瓶在废液缸上冲洗玻璃棒，用滤纸擦干放回原处，将滤纸扔到废纸缸中；取胶头滴管吸取少量蒸馏水，后拿起容量瓶至标线与视线相平，用滴管滴加蒸馏水，滴管尖嘴口与容量瓶瓶口平齐（0.5cm），不得伸入容量瓶加液，加至溶液凹液面与标线相切；盖好瓶塞，用一手食指按住瓶塞，拇指中指握住瓶颈，另一手用指尖托住瓶底边缘，倒置振摇，将溶液摇匀，反复 3 次。B 液配好后放置在实验台上。

5. 装瓶 取试剂瓶，打开瓶盖，倒置于桌面上，打开容量瓶瓶塞，用拇指和食指固定住瓶塞，一手的指尖托住 500mL 容量瓶底部，将液体倒入试剂瓶中，盖上瓶塞后贴上标签（工位号、名称、浓缩倍数、日期）放回原处；清洗用过的烧杯和容量瓶，先用自来水冲洗，再用蒸馏水润洗，各 3 遍后放回原处。

任务小结

B 母液药品称量数量要计算准确，后应选用百分之一天平进行称量，称量时切记药品散落到天平称盘外面。称后倒入烧杯中要用玻璃棒搅拌充分溶解后再进行转移，转移后烧杯要润洗 3 遍，3 次润洗液都要转移到容量瓶中，不能有遗漏。定容时，视线要与标线相切，不可俯视或仰视。装瓶后要贴好标签，注意标签正确写法。

知识支撑

（一）A、B 母液配制计算

根据园试配方母液配制要求进行计算（浓缩液倍数和配制母液体积在试题中给出），将称取量计算结果填入表 1-6 中。

表 1-6 园试配方 A、B 母液配制要求

母液成分	成　　分	标准用量/（mg/L）	浓缩倍数	配制母液体积/mL	称取量/g
钙盐（A 液）	$Ca(NO_3)_2 \cdot 4H_2O$	945	75	250	
磷酸盐（B 液）	$NH_4H_2PO_4$	153	87	500	

计算方法：称取量＝标准用量×浓缩倍数×配制母液体积

（二）百分之一电子天平的使用

本操作可选用 Scout SE 系列天平。

1. 使用天平的注意事项

（1）使用前请确认适配器符合当地的电源要求。请在干燥稳定的环境中使用，不要在潮湿或者腐蚀性环境中储存和使用。

（2）对于过热或过冷的称量物，等其降回到室温后方可称量。

（3）称量物的总质量不能超过天平的称量范围，在固定质量称量时要特别注意。

（4）清零和读取称量读数时，要留意天平门是否已关好。称量读数要立即记录在实验记录本中。

（5）所有称量物都必须置于一定的洁净干燥容器（如烧杯、表面皿、称量瓶、称量纸等）中进行称量，以免腐蚀天平。

（6）为避免手上的油脂汗液污染，不能用手直接用手拿取容器。称取易挥发或易与空气作用的物质时，必须使用称量瓶，以确保在称量的过程中物质质量不发生变化。

2. 操作面板（图 1-38）

（1）清零/去皮键（Yes）。主功能（短按）：如果天平处于关机状态，则开机。如果天平处于称量状态，则清零/去皮。第二功能（长按）：关机。

（2）菜单。主功能（短按）：进入用户菜单，短按切换菜单选项。

（3）打印校准。主功能（短按）：打印当前读数。第二功能（长按）：启动量程校正功能。

（4）单位转换称量模式（NO）。主功能（短按）：选择下一可选的称量单位。第二功能

（长按）：在当前称量单位和可选的称量模式之间切换。

3. 安装

（1）使用场所的选择。天平应在清洁、稳定的环境中使用，以保证称量精确。请不要在温度变化剧烈、有磁场或产生磁场的设备、气流较大或者有震动的环境中使用天平。在使用天平前请按图示调整水平，即把气泡调到圆圈中内（图 1-39）。

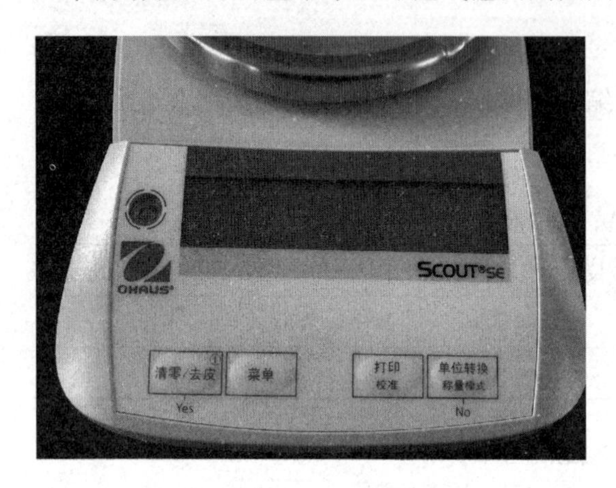

图 1-38　百分之一天平控制面板

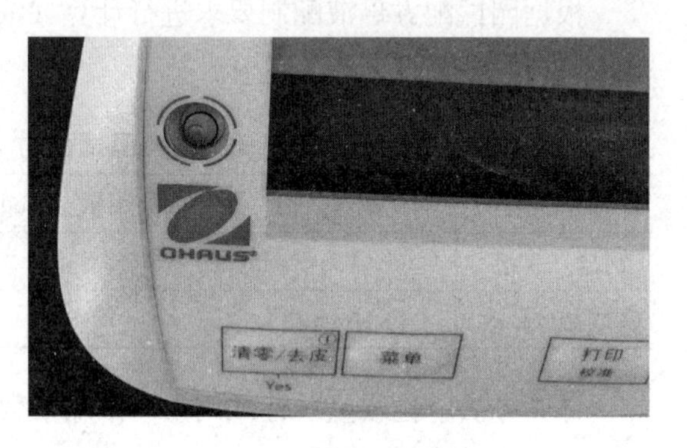

图 1-39　调　平

（2）运输保护装置、称盘安装和校正锁定开关。在使用天平之前必须打开运输保护装置。将运输保护装置设到解锁位置。将金属称盘放置到秤盘支架上。校正锁定开关用于保护菜单设置以避免未经许可的修改。校正锁定开关滑动到解锁位置。

（3）电源安装

①电池安装。天平可以使用电池作为电源。

②量程校正。短按清零/去皮，按键开机。长按打印/校准，按键进入量程校正功能，当天平显示“AL”时释放按键。天平将立即开始捕捉零点，同时显示“－【－”。零点捕捉完成后，天平显示需要加载的校正砝码重量。请在秤盘上放置所需砝码，短按 Yes 键，天平捕捉加载重量，同是显示“－【－”。加载点捕捉完成后，天平显示“DONE”，量程校正完成。建议：在量程校正之前，预热天平 5min 可提高校正的精度。

4. 电子天平的称量方法　根据不同的称量对象和试验要求，需采用相应的称量方法和操作步骤。

（1）直接称量法。此法用于称量某一物体的质量，如称量小烧杯的质量、坩埚的质量；适合称量洁净干燥、不易升华的固体试样。称量方法如下：在天平显示屏显示 0.00g 时，将被测物小心置于称盘上，待数字不再变动后即得被测物的质量。

（2）固定质量称量法。又称增量法，用于称量某一固定质量的试剂或试样。这种称量法适用于称量不易吸潮、在空气中能稳定存在的粉末或小颗粒（最小颗粒应小于 0.1mg）样品，以便调节其质量。

本操作可以在天平中进行，用左手手指轻击右手腕部，将牛角匙中样品慢慢振落于容器内，当达到所需质量时停止加样，显示平衡后即可记录所称取试样的质量。

（3）递减称量法。又称减量法，用于称量一定质量范围内的样品和试剂。主要针对易挥发、易吸水、易氧化和易与二氧化碳反应的物质。用纸条从干燥器中取出称量瓶，用纸条夹住瓶盖柄打开瓶盖，用牛角匙加入适量试样（多于所需总量，但不超过称量瓶容积的2/3），盖上瓶盖。将称量瓶置于称盘上，称出称量瓶及试样的初始质量（也可按清零键，使其显示0.000 0g）。用纸条将称量瓶取出，在接收容器的上方倾斜瓶身，用称量瓶盖轻敲瓶口上部使试样缓缓落入容器中。当估计敲落试样接近所需量时（一般第二份可根据第一份的体积估计），一边继续用瓶盖轻敲瓶口上部，同时将瓶身缓缓竖直，使沾附于瓶口的试样落下，然后盖好瓶盖，把称量瓶放回天平称盘，准确称出其质量。两次质量差，即为试样的质量（若事先已清零，则显示值的绝对值即为试样质量）。若一次差减出的试样量未达要求的质量范围，可重复相同的操作，直至合乎要求。按此方法连续递减，可称取多份试样（试验中常称取3份试样）。若敲出质量多于所需质量时，则需重称，已取出试样不能收回，需弃去。

5. 称量结束后的工作 称量结束后，长按清零/去皮键（Yes）关闭天平，将天平盖合好，用天平罩罩好。在天平的使用记录本上记下称量操作的时间和天平状态，并签名。整理好台面之后方可离开。

（三）容量瓶及其使用

容量瓶是一种细颈梨形平底玻璃瓶，带有磨口玻璃塞，颈上有标线，主要用于配制准确浓度的溶液或定量稀释溶液的量的量入式玻璃仪器。容量瓶的大小不等，小的有5mL、25mL、50mL、100mL，大的有250mL、500mL、1 000mL、2 000mL等。

1. 检漏 容量瓶使用前要先检漏。加水至标线附近，盖好瓶塞后，左手用食指按住塞子，其余手指拿住瓶颈标线以上部分，右手指尖托住瓶底，将瓶倒立2min，如不漏水，将瓶直立，转动瓶塞180°，再倒立2min，如不漏即可使用（图1-40）。使用前先用自来水冲洗，再用蒸馏水润洗3次备用。

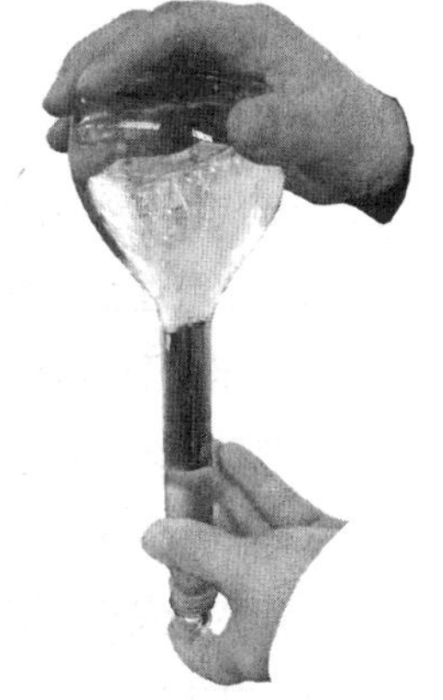

图1-40 检 漏

2. 溶液的配制

（1）称量溶解。将准确称量的待溶物置于小烧杯中，加水溶解，然后将溶液定量转入容量瓶中。

（2）转移溶样。定量转移溶样时，左手拿玻璃棒，右手拿烧杯，使烧杯嘴紧靠玻璃棒，玻璃棒的下端靠在瓶颈内壁上，使溶液沿玻璃棒和内壁流入容量瓶中（图1-41），烧杯中溶液流完后，将烧杯沿玻璃棒往上提，并逐渐竖直烧杯，将玻璃棒放回烧杯，用洗瓶冲洗玻璃棒和烧杯壁数次，将洗液用如上方法定量转入容量瓶中。

（3）定容。定量转移完成后就可以加蒸馏水稀释，当蒸馏水加至容量瓶鼓肚的3/4时，用右手食指和中指夹住瓶塞，将瓶拿起，按同一方向轻轻摇转，使溶液初步混合均匀（图1-42），注意不能倒转，继续加蒸馏水至距标线约1cm处，等待1～2min，使附在瓶颈内壁的溶液流下后，再用滴管滴加水到弯液面下缘与标线相切（图1-43）。

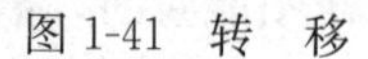

图1-41 转 移

图1-42 摇 匀

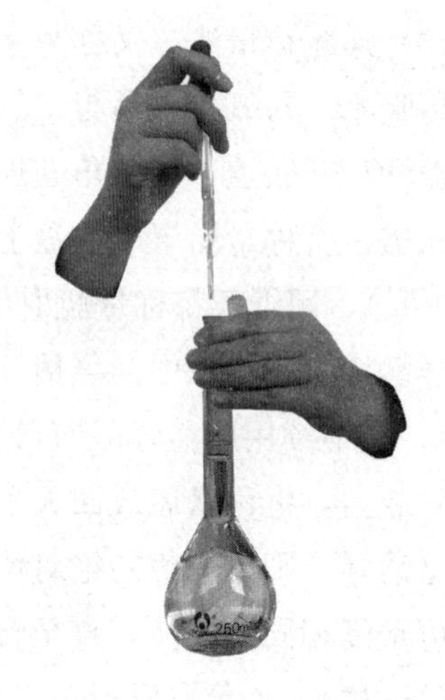

图1-43 定 容

（4）混合均匀。定容后盖上瓶塞，一手用食指按住塞子，其余手指拿住瓶颈标线以上部分，一手指尖托住瓶底，将容量瓶倒转，使气泡上升到顶，使瓶振荡，正立后再次倒转进行振荡（图1-44），如此反复10次以上，使瓶内溶液混合均匀。

图1-44 混 匀

3. 定量稀释溶液 用移液管移取一定体积的溶液于容量瓶中，加水到距标线约1cm处，等待1～2min，使附在瓶颈内壁的溶液流下后，再用滴管滴加水至弯液面下缘与标线相切，然后盖上瓶塞，一手用食指按住塞子，其余手指拿住瓶颈标线以上部分，一手指尖托住瓶底，将容量瓶倒转，使气泡上升到顶，使瓶振荡，正立后再次倒转进行振荡，如此反复10次以上，使瓶内溶液混合均匀。

4. 使用注意事项

（1）若振荡后液面下降，为正常现象，不要加蒸馏水补齐。热溶液应先冷至室温再配制。

（2）不要用容量瓶长期存放溶液，未用完的溶液应转移至试剂瓶中保存。

（3）若移液和振荡的过程中溶液和洗液洒落至瓶外，不论多少，必须重配。

（四）化学试剂的取用

1. 固体试剂的取用规则

（1）要用干净的药匙取用。用过药匙必须洗净和擦干后才能使用，以免污染试剂。

（2）取用试剂后立即盖紧瓶盖，防止药剂与空气中的氧气等起反应。

（3）称量固体试剂时，必须注意不要取多，多取的药品不能倒回原瓶。因为取出的药品已经接触空气，有可能已经受到污染，再倒回去容易污染瓶里的其他试剂。

（4）一般的固体试剂可以放在称量纸或表面皿上称量。具有腐蚀性、强氧化性或易潮解的固体试剂不能在称量纸上称量，应放在玻璃容器内称量。如氢氧化钠有腐蚀性，又易潮解，最好放在烧杯中称取，否则容易腐蚀天平。

（5）有毒的药品称取时要做防护措施。如戴好口罩、手套等。

2. 液体试剂的取用规则

（1）从滴瓶中取液体试剂时，要用滴瓶中的滴管，滴管绝不能伸入所用的容器中，以免接触器壁而污染药品。从试剂瓶中取少量液体试剂时，则需使用专用滴管。装有药品的滴管不得横置或滴管口向上斜放，以免液体滴入滴管的胶皮帽中，腐蚀胶皮帽，再取试剂时易受到污染。

（2）从细口瓶中取出液体试剂时，用倾注法。先将瓶塞取下，倒放在桌面上，手握住试剂瓶上贴标签的一面，逐渐倾斜瓶子，让试剂沿着洁净的管壁流入试管或沿着洁净的玻璃棒注入烧杯中。取出所需量后，将试剂瓶口在容器上靠一下，再逐渐竖起瓶子，以免遗留在瓶口的液体滴流到瓶的外壁。

（3）定量取用液体时，用量筒或移液管取。量筒用于量取一定体积的液体，可根据需要选用不同量度的量筒，而取用准确的量时就必须使用移液管。取用挥发性强的试剂时要在通风橱中进行，做好安全防护措施。

（五）药匙的使用

持药勺要用自己平时习惯的手，将药勺柄端顶在掌心，用拇指和中指拿稳药勺（图 1-45），后将其伸向承接药品的称量纸中心部位上方 1～2cm 处，将药勺微微倾斜，并用食指轻轻弹动药勺柄使试样慢慢落下，直到天平显示所需的数字。

药匙的使用

（六）胶头滴管的使用

胶头滴管的握持方法：用中指和无名指夹住玻璃管部分以保持稳定，用拇指和食指捏住胶头以控制试剂吸入或滴加量（图 1-46）。使用前先捏紧胶头，再放入液体中吸取液体；用滴管取用液体时，滴管应距试管口 0.5cm 垂直悬滴，不能伸入试管口内，以免污染试剂；滴管不能横放或倒置，以免药液流入滴管的橡皮管中；滴管不能吸得太满，不能一管多用。

胶头滴管的使用

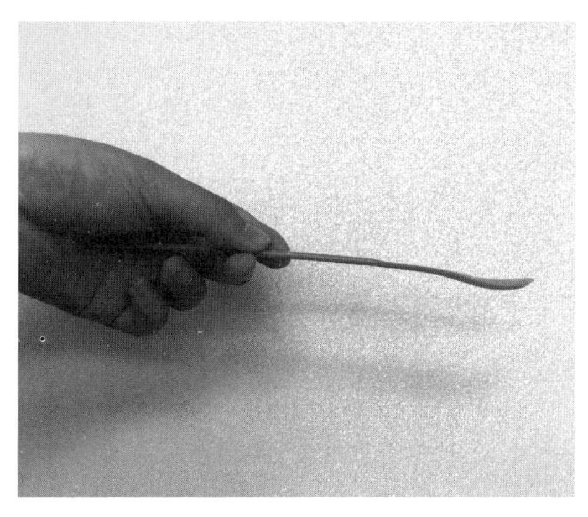

图 1-45　药匙的使用

图 1-46　胶头滴管的握持方法

拓展训练

（一）知识拓展

1. 计算题

计算配制 250mL 浓缩 150 倍 A 液需要称取多少克 $Ca(NO_3)_2 \cdot 4H_2O$？［园试配方 $Ca(NO_3)_2 \cdot 4H_2O$ 标准用量为 945mg/L］

2. 简答题

（1）简述药匙的使用方法。

（2）简述胶头滴管的使用方法。

（3）简述用容量瓶配制一定浓度溶液的方法步骤。

（二）技能拓展

拓展内容见表 1-7 至表 1-9

表 1-7 任务单

任务编号	实训 1-2
任务名称	B母液的配制
任务描述	B母液配制任务为：浓缩 250 倍，250mL，B母液成分为 $NH_4H_2PO_4$
任务工时	2
完成任务要求	1. 准确计算出配制B母液需要称取的药品数量。 2. 准确称量出配制B母液所需的固体药品。 3. 充分溶解固体药品。 4. 准确配制出一定浓度的B母液。 5. 把配好的B母液装入指定的试剂瓶中，并写好标签。 6. 将用过的仪器洗涤或擦拭干净。 7. 任务完成情况总体良好。 8. 说明完成本任务的方法和步骤。 9. 完成任务后各小组之间相互展示、评比。 10. 针对任务实施过程中的具体操作提出合理建议。 11. 工作态度积极认真
任务实现流程分析	1. 布置任务。 2. 按步骤操作：计算→称量→溶解→转移→定容→贮液。 3. 对B母液的配制过程进行评价
提供素材	百分之一天平、容量瓶（250mL，1个）、烧杯（250mL，2个）、玻璃棒、药匙、称量纸、滤纸、试剂瓶等

表 1-8 实 施 单

任务编号	实训 1-2
任务名称	B 母液的配制
计划工时	2
实施方式	小组合作 □　　独立完成 □
实施步骤	

表 1-9　评 价 单

<table>
<tr><td>任务编号</td><td colspan="5">实训 1-2</td></tr>
<tr><td>任务名称</td><td colspan="5">B 母液的配制</td></tr>
<tr><td rowspan="16">考核要点</td><td>考核内容（主要技能）</td><td>标准分值</td><td>自我评价</td><td>小组评价</td><td>教师评价</td></tr>
<tr><td>计算</td><td>10</td><td></td><td></td><td></td></tr>
<tr><td>称量</td><td>5</td><td></td><td></td><td></td></tr>
<tr><td>溶解</td><td>5</td><td></td><td></td><td></td></tr>
<tr><td>移液</td><td>10</td><td></td><td></td><td></td></tr>
<tr><td>洗涤</td><td>5</td><td></td><td></td><td></td></tr>
<tr><td>定容</td><td>10</td><td></td><td></td><td></td></tr>
<tr><td>摇匀</td><td>5</td><td></td><td></td><td></td></tr>
<tr><td>贮液</td><td>5</td><td></td><td></td><td></td></tr>
<tr><td>任务完成情况</td><td>10</td><td></td><td></td><td></td></tr>
<tr><td>任务说明</td><td>10</td><td></td><td></td><td></td></tr>
<tr><td>任务展示</td><td>5</td><td></td><td></td><td></td></tr>
<tr><td>工作态度</td><td>5</td><td></td><td></td><td></td></tr>
<tr><td>提出建议</td><td>10</td><td></td><td></td><td></td></tr>
<tr><td>文明生产</td><td>5</td><td></td><td></td><td></td></tr>
<tr><td>小计</td><td>100</td><td></td><td></td><td></td></tr>
<tr><td>问题总结</td><td colspan="5"></td></tr>
</table>

任务三 C 母液配制

任务描述

营养液配制包括母液配制和工作液配制，先配制母液，再稀释成工作液使用。C 母液配制任务：浓缩 1 000 倍，配制体积 100mL。C 母液成分为 $FeSO_4 \cdot 7H_2O$ 和 Na_2-EDTA，其标准用量分别为 13.9mg/L 和 18.6mg/L，溶剂为蒸馏水。营养液配制采用日本园试配方。

任务分析

C 母液是将微量元素以及起稳定微量元素有效性（特别是铁）的络合物放在一起溶解。本次营养液配制 C 母液成分选择一种最常用的微量元素 $FeSO_4 \cdot 7H_2O$ 和 Na_2-EDTA，而且选用的溶剂为蒸馏水，省去了酸碱度、硬度、悬浮物等的检查。所以配制方法相对简单，配制时主要注意计算、称量、溶解、定容、贮液。

1. 计算 根据给出的浓缩倍数、标准用量以及配制母液的体积，准确计算出 C 母液的称取量，并注意保留正确的有效数字位数。

2. 称量 C 母液为微量元素，用量少，选用万分之一电子天平进行称量。注意万分之一天平的使用方法。

3. 溶解 称量好的药剂要放入烧杯中充分搅拌溶解。

4. 定容 选用合适容量的容量瓶进行溶液的配制。

5. 贮液 将配好的 C 母液倒入棕色试剂瓶中贮存。

本任务的工作流程如下：

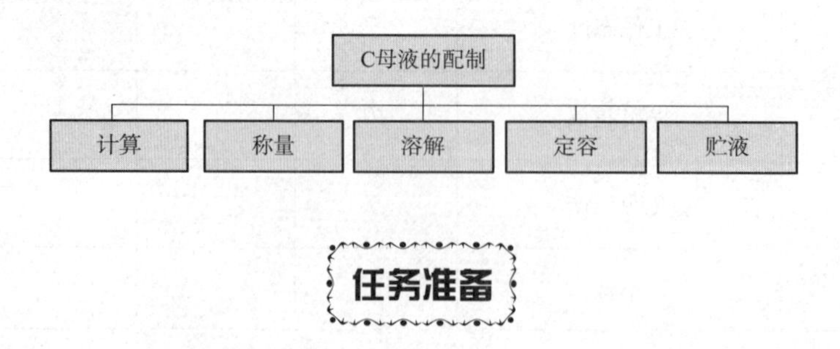

任务准备

完成本次任务需要在实训场所做如下准备：

1. 工具准备 万分之一天平、容量瓶（100mL，1 个）、烧杯（100mL，2 个）、玻璃棒、药匙、称量纸、滤纸、试剂瓶等（图 1-47 至图 1-61）。

2. 药剂准备 七水硫酸亚铁、乙二胺四乙酸二钠等（图 1-62、图 1-63）。

3. 人员准备 将学生分成若干小组，每组 4～6 人，确定小组长，分配任务。

任务实施

1. 计算 配制浓缩 1 000 倍 100mL C 母液需要称量多少克 $FeSO_4 \cdot 7H_2O$ 和 Na_2-EDTA？

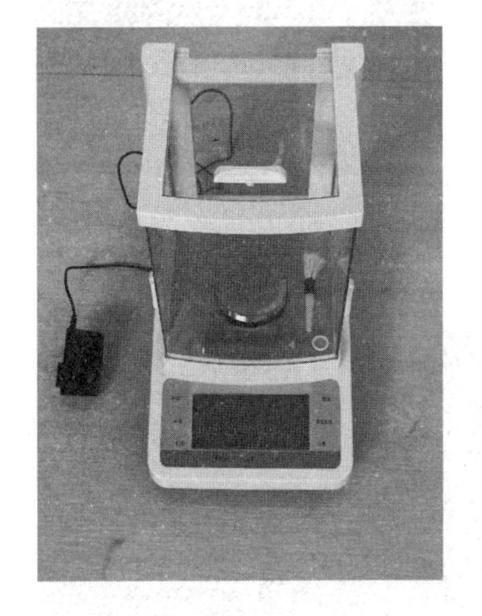

图 1-47 万分之一天平

图 1-48 100mL 烧杯

图 1-49 100mL 容量瓶

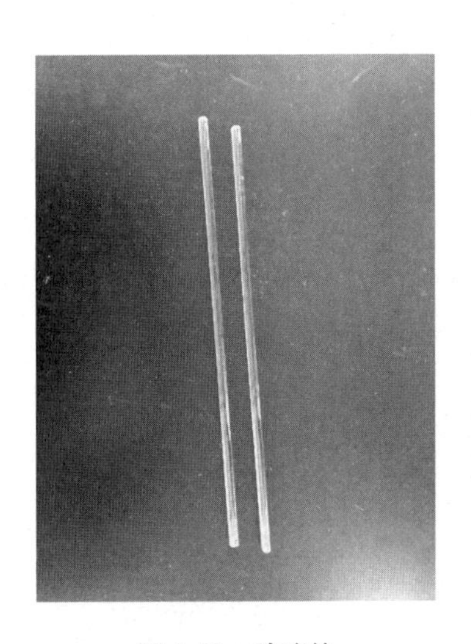

图 1-50 玻璃棒

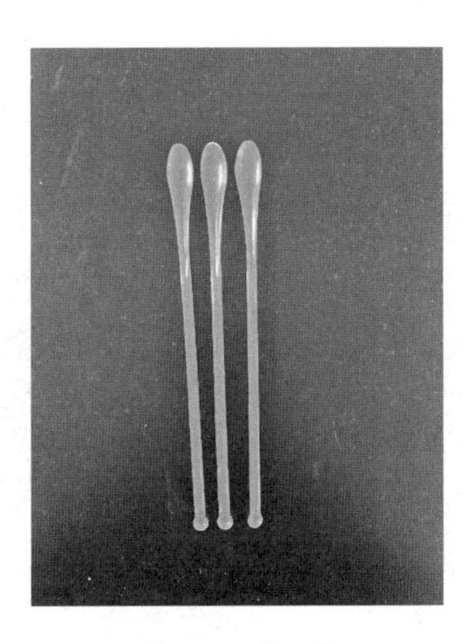

图 1-51 药 匙

图 1-52 称量纸

图 1-53　滤　纸

图 1-54　棕色试剂瓶

图 1-55　卷　纸

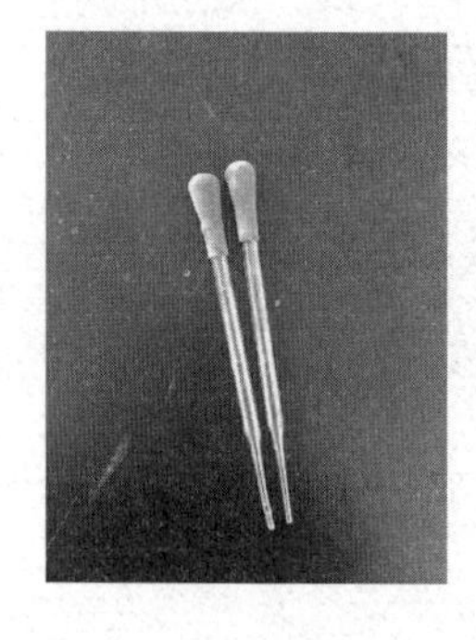

图 1-56　胶头滴管

图 1-57　标　签

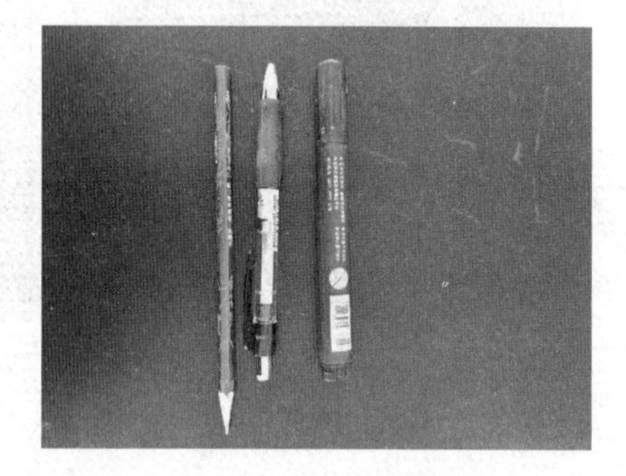

图 1-58　记号笔

图 1-59　计算器

图 1-60　蒸馏水

图 1-61　废纸缸

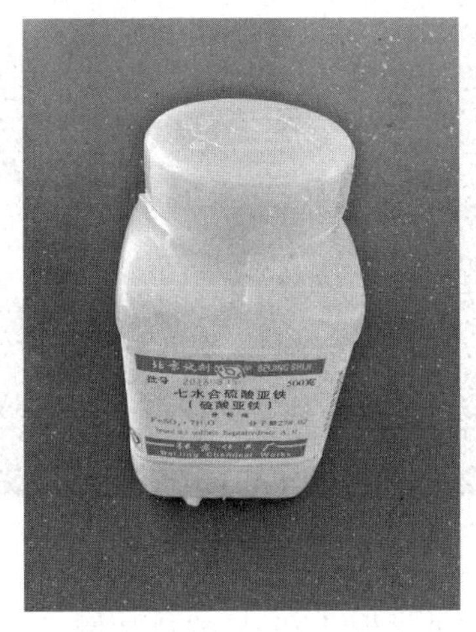

图 1-62　$FeSO_4 \cdot 7H_2O$

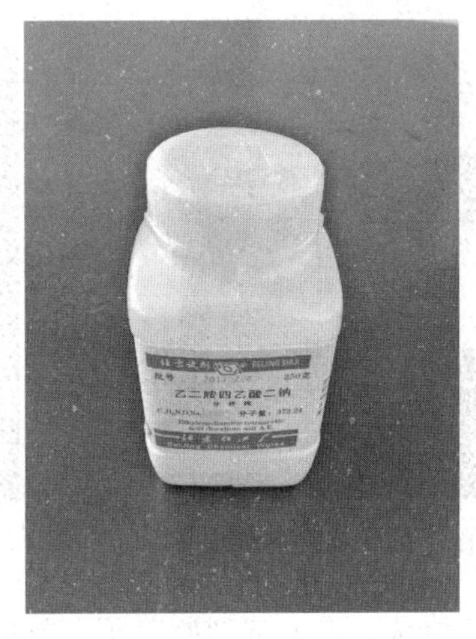

图 1-63　Na_2-EDTA

根据园试配方 C 母液配制要求进行计算，将称取量计算结果填入表 1-10 中。

表 1-10　园试配方 C 母液的配制要求

母液成分	成　分	标准用量/（mg/L）	浓缩倍数	配制母液体积/mL	称取量/g
微量元素（C 液）	$FeSO_4 \cdot 7H_2O$	13.9	1 000	100	
	Na_2-EDTA	18.6			

计算方法：称取量＝标准用量×浓缩倍数×配制母液体积

2. 称量并配制 $FeSO_4 \cdot 7H_2O$ 溶液　使用天平刷清扫电子分析天平；电子分析天平调平；开启电子分析天平；打开一侧的玻璃门，将折好的称量纸轻轻放在电子分析天平称量盘上，关上玻璃门，待读数稳定后去皮。将电子分析天平一侧玻璃门打开，左手拿 $FeSO_4 \cdot 7H_2O$ 药瓶，药瓶标签握手心，瓶盖朝上放置于桌面上，右手拿药匙，将药品从药瓶中取出放于称量纸上（图 1-64）；加样至接近读数时，左手手指轻击右手腕部，将药匙中样品慢慢震落至称量纸内，当达到所需质量时停止加样；关上电子分析天平玻璃门，进行读数，误差控制在±0.000 2g；到达标准称取量，多余的药品倒入废纸缸中，药匙放置在卫生纸上中待清洗，盖上试剂瓶盖子，放回原处。取 100mL 的烧杯倒入 30mL 水放在实验台上。打开一侧玻璃门，将称量好的药品取出倒入盛水烧杯中（图 1-65），称量纸放入废纸缸中，关闭天平门，按去皮键，使天平读数归零，用玻璃棒搅拌药品至全部溶解。

3. 称量并配制 Na_2-EDTA 溶液　打开一侧的玻璃门，将折好的称量纸轻轻放在电子分析天平称量盘上，关上玻璃门，待读数稳定后，去皮。将电子分析天平一侧玻璃门打开，左手拿 Na_2-EDTA 药瓶（药瓶标签握手心，瓶盖朝上放置于桌面上），右手拿药匙，将药品从药瓶中取出放于称量纸上；加样至接近读数时，左手手指轻击右手腕部，将药匙中样品慢慢震落至称量纸内，当达到所需质量时停止加样；关上电子分析天平玻璃门，进行读数，误差控制在±0.000 2g；到达标准称取量，停止加药。多余的药品倒入废纸缸中，药匙放置在卫

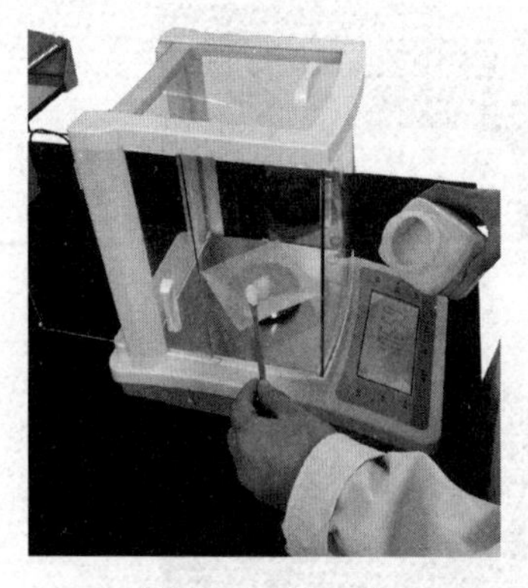

图 1-64 称 量

图 1-65 倒 药

生纸上中待清洗，盖上试剂瓶盖子，放回原处。取 100mL 的烧杯倒入 30mL 水放在实验台上。打开一侧玻璃门，将称量好的药品取出加入盛水烧杯中，称量纸放入废纸缸中。关闭天平门，用玻璃棒搅拌药品至全部溶解（图 1-66），全部称量结束关闭显示屏。

4. 混合 将溶有 $FeSO_4 \cdot 7H_2O$ 的溶液缓慢倒入 Na_2-EDTA 的溶液中，边加边用玻璃棒搅拌（图 1-67），并把装有 $FeSO_4 \cdot 7H_2O$ 的溶液的烧杯用蒸馏水润洗 3 遍倒入 Na_2-EDTA 的溶液的烧杯中。

图 1-66 溶 解

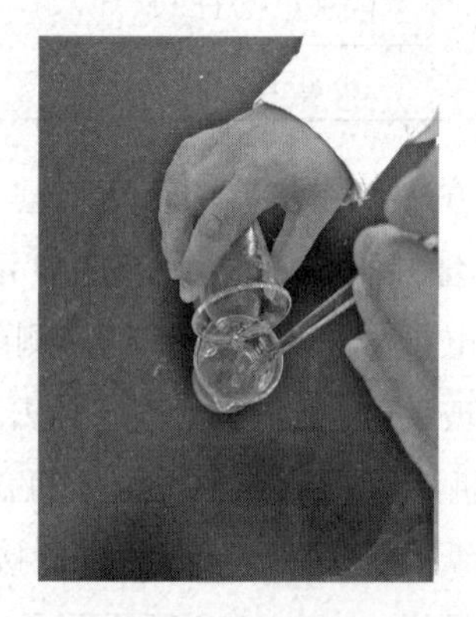

图 1-67 混 合

5. 转移、定容、混匀 取 100mL 容量瓶，打开容量瓶盖子，把盛装混合液的烧杯通过玻璃棒进行引流入容量瓶中；使溶液沿着玻璃棒流下，转移完毕，用少量蒸馏水淋洗玻璃棒和烧杯内壁，蒸馏水不外溅，冲洗 3 次，冲洗液全部转移入容量瓶；加蒸馏水至标线下约 1cm，放置 1min；改用胶头滴管吸取少量蒸馏水，滴加蒸馏水，至溶液凹液面与标线相切；盖好瓶塞，倒置振摇，将溶液摇匀，反复 3 次。C 液配好后放置在实验台上。

图 1-68 装 瓶

6. 贮液 取棕色试剂瓶，打开瓶盖，倒置于桌面上，打开容量瓶瓶塞，将液体倒入试剂瓶中，盖上瓶塞后贴上已写好名称、浓缩倍数、日期和工位号的标签（图 1-68），清洗用过的烧杯和容量瓶并放回原处。

任务小结

C母液药品称量数量要计算准确，注意小数点后保留4位，应选用万分之一天平进行称量，称量准确率为±0.000 2，称量时切忌药品散落到天平称盘外面。万分之一天平精确度很高，使用时要多加练习，才能熟练掌握。药品称后倒入烧杯中要用玻璃棒搅拌至充分溶解后再进行转移，转移注意避免液体溅出，转移后烧杯要润洗3遍，3次润洗液都要转移到容量瓶中，不能有遗漏。定容时，视线要与标线相切，不可俯视或仰视。注意：C母液要装入棕色试剂瓶中，并贴好标签。

知识支撑

C母液的计算方法

根据园试配方C母液配制要求进行计算（浓缩液倍数和配制母液体积在试题中给出），将称取量计算结果填入表1-11中。

表1-11　园试配方C母液配制要求

母液成分	成　　分	标准用量/（mg/L）	浓缩倍数	配制母液体积/mL	称取量/g
微量元素（C液）	$FeSO_4 \cdot 7H_2O$	13.9	800	100	
	Na_2-EDTA	18.6			

计算方法：称取量＝标准用量×浓缩倍数配制×母液体积

注意：单位换算要保持一致；微量元素小数点后保留4位小数。

拓展训练

（一）知识拓展

1. 简答题

（1）什么情况下用直接称量法？什么情况下用减量称量法？

（2）什么是固定质量称量法？

（3）用差减法称取试样，若称量瓶内的试样吸湿，将对称量结果会造成什么误差？若试样倾倒入烧杯内以后再吸湿，对称量是否有影响？

2. 计算题

计算配制1 000倍C母液100mL需要称取$FeSO_4 \cdot 7H_2O$和Na_2-EDTA各多少克？（园试配方$FeSO_4 \cdot 7H_2O$标准用量为13.9mg/L，Na_2-EDTA标准用量为18.6mg/L）

（二）技能拓展

拓展内容见表1-12至表1-14。

表1-12 任 务 单

任务编号	实训1-3
任务名称	C母液的配制
任务描述	C母液配制任务为：浓缩1 000倍，100mL，C母液成分为 $FeSO_4 \cdot 7H_2O$ 和 Na_2-EDTA
计划工时	4
完成任务要求	1. 准确计算出配制C母液需要称取的药品数量。 2. 准确称量出配制C母液所需的固体药品。 3. 充分溶解固体药品。 4. 准确配制出一定浓度的C母液。 5. 把配好的C母液装入指定的棕色试剂瓶中，并写好标签。 6. 将用过的仪器洗涤或擦拭干净。 7. 任务完成情况总体良好。 8. 说明完成本任务的方法和步骤。 9. 完成任务后各小组之间相互展示、评比。 10. 针对任务实施过程中的具体操作提出合理建议。 11. 工作态度积极认真
任务实现流程分析	1. 布置任务。 2. 按步骤操作：计算→称量→溶解→转移→定容→贮液。 3. 对C母液的配制过程进行评价
提供素材	万分之一天平、容量瓶（100mL，1个）、烧杯（100mL，2个）、玻璃棒、药匙、称量纸、滤纸、试剂瓶等

表 1-13　实 施 单

任务编号	实训 1-3
任务名称	C 母液的配制
计划工时	2
实施方式	小组合作 □　独立完成 □
实施步骤	

表 1-14　评 价 单

<table>
<tr><td>任务编号</td><td colspan="5">实训 1-3</td></tr>
<tr><td>任务名称</td><td colspan="5">C 母液的配制</td></tr>
<tr><td rowspan="15">考核要点</td><td>考核内容（主要技能）</td><td>标准分值</td><td>自我评价</td><td>小组评价</td><td>教师评价</td></tr>
<tr><td>计算</td><td>10</td><td></td><td></td><td></td></tr>
<tr><td>称量</td><td>5</td><td></td><td></td><td></td></tr>
<tr><td>溶解</td><td>5</td><td></td><td></td><td></td></tr>
<tr><td>移液</td><td>10</td><td></td><td></td><td></td></tr>
<tr><td>洗涤</td><td>5</td><td></td><td></td><td></td></tr>
<tr><td>定容</td><td>10</td><td></td><td></td><td></td></tr>
<tr><td>摇匀</td><td>5</td><td></td><td></td><td></td></tr>
<tr><td>贮液</td><td>5</td><td></td><td></td><td></td></tr>
<tr><td>任务完成情况</td><td>10</td><td></td><td></td><td></td></tr>
<tr><td>任务说明</td><td>10</td><td></td><td></td><td></td></tr>
<tr><td>任务展示</td><td>5</td><td></td><td></td><td></td></tr>
<tr><td>工作态度</td><td>5</td><td></td><td></td><td></td></tr>
<tr><td>提出建议</td><td>10</td><td></td><td></td><td></td></tr>
<tr><td>文明生产</td><td>5</td><td></td><td></td><td></td></tr>
<tr><td></td><td>小计</td><td>100</td><td></td><td></td><td></td></tr>
<tr><td>问题总结</td><td colspan="5"></td></tr>
</table>

任务四　工作液配制

任务描述

营养液配制包括母液配制和工作液配制，先配制母液，再稀释成工作液使用。前面 A、B、C 三种母液已配制完成，下面根据生产需要进行稀释，配制工作液。配制任务为：分别移取 1/2 剂量的 A、B、C 三种母液，混合稀释配制成 1 000mL 的工作液。

任务分析

把已配制好的 A、B、C 三种母液按一定比例稀释成一定体积的工作液，首先要根据配制工作液的体积和母液的浓缩倍数计算出母液的移取量，然后移取，稀释混合，搅拌防止沉淀产生，最终稀释成植物所需浓度的工作液。

1. 计算　根据给出的配制工作液的体积、配制剂量、浓缩倍数，准确计算出 A、B、C 三种母液的移取量，并注意保留正确的有效数字位数。

2. 移取　根据移取体积不同选择不同容量的移液管分别移取 A、B、C 三种母液。

3. 定容　选用合适容量的容量瓶进行工作液的稀释。

本任务的工作流程如下：

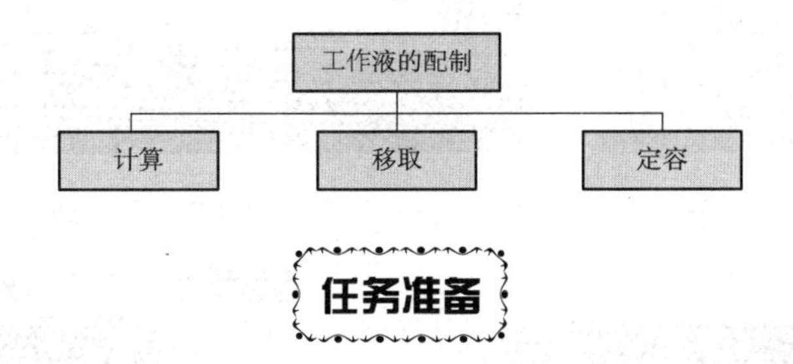

任务准备

完成本次任务需要在实训场所做如下准备：

1. 工具准备　容量瓶（1 000mL，1 个）、烧杯（20mL、100mL、250mL、500mL）、带把量杯（1 000mL）、移液管（2mL、5mL、10mL）、废液缸、胶头滴管、玻璃棒、滤纸等（图 1-69 至图 1-75）。

2. 人员准备　将学生分成若干小组，每组 4～6 人，确定小组长，分配任务。

任务实施

1. 计算　配制 1 000mL 工作液需量取 1/2 剂量的浓缩倍数 80 的 A 母液多少毫升？需量

取 1/2 剂量的浓缩倍数 200 的 B 母液多少毫升？需量取 1/2 剂量的浓缩倍数 1 000 的 C 母液多少毫升？根据工作液配制剂量要求计算移取母液的量，并将计算结果填入表 1-15 中（配制剂量在试题中给出）。

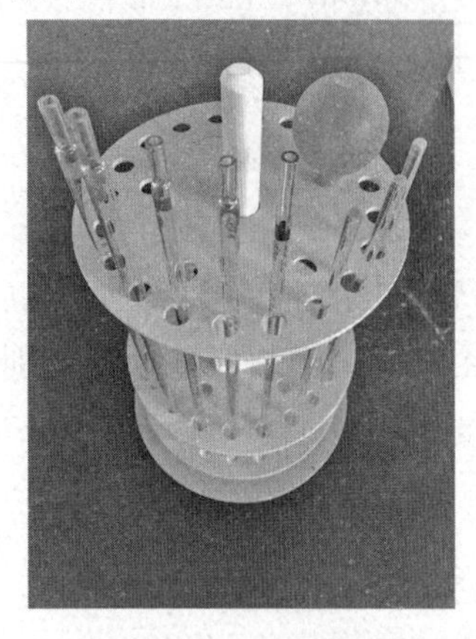

图 1-69　移液管及架

图 1-70　带把量杯

图 1-71　滤　纸

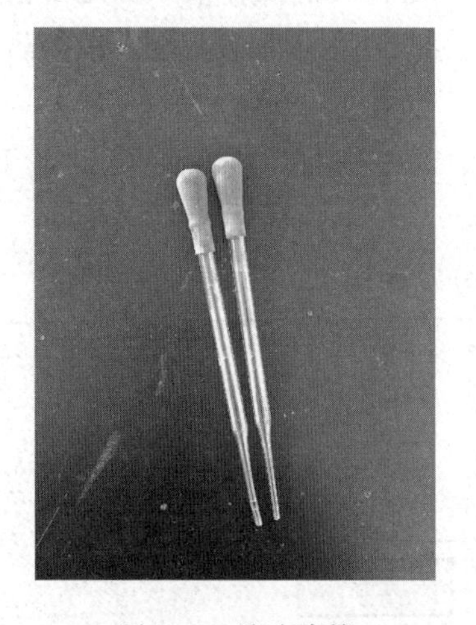

图 1-72　胶头滴管

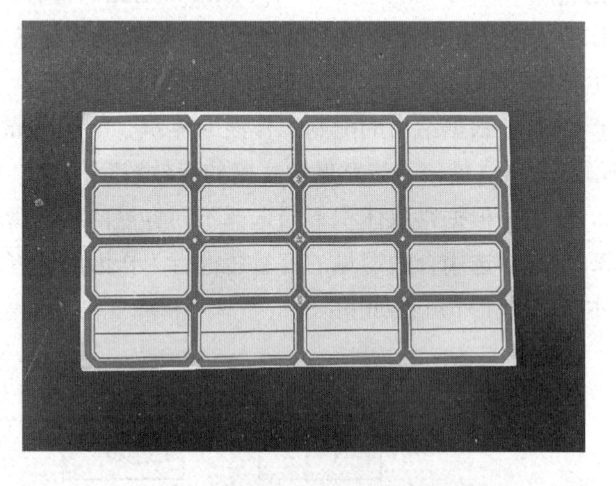

图 1-73　标签纸

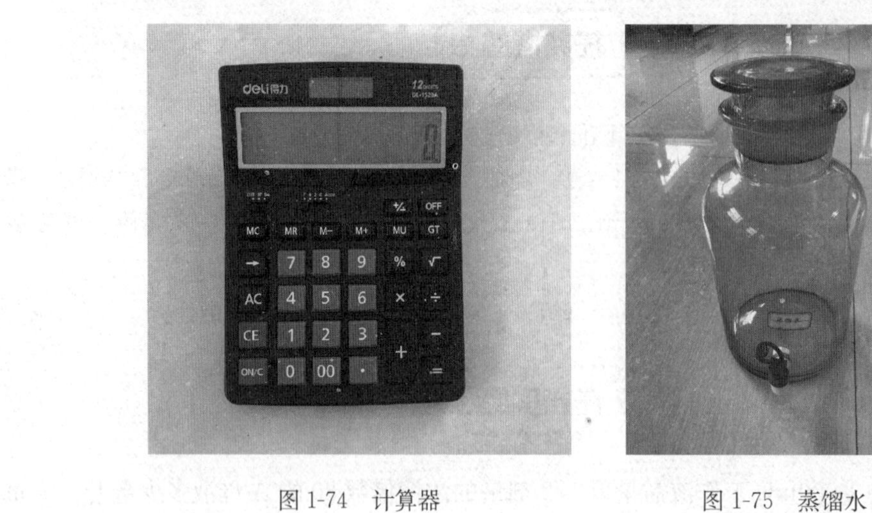

图 1-74　计算器

图 1-75　蒸馏水

表 1-15　工作液的配制要求

浓缩母液	浓缩倍数	配制工作液量/mL	配制剂量	移取母液量/mL
A 液	80	1 000	1/2	
B 液	200		1/2	
C 液	1 000		1/2	

计算方法：移取母液量＝配制工作液量÷浓缩倍数×配制剂量

2. 移液

（1）在带把量杯里加入一定体积（配制体积的 1/3～1/2）的蒸馏水。

（2）根据计算所得的体积选择 10mL 移液管移取 A 母液 6.25mL。

（3）将适量 A 液倒入 250mL 烧杯中；移液管润洗 3 次（润洗时用洗耳球吸取液体至管身 1/3 处，用右手食指按住管上口），放平旋转，使液体布满全管片刻，直立管身让液体从尖端放到废液缸中，重复 3 遍，之后将烧杯中剩余的液体倒入废液缸中；再次倒入适量 A 液至该 250mL 烧杯中，根据要求移取 A 液体积；吸取 A 液时左手持洗耳球（先挤出洗耳球中空气再接在移液管口上），右手大拇指和中指拿住移液管上部（标线以上，靠近管口），移液管竖直插入液面以下（约 1cm），当溶液上升至所需体积以上时，迅速用右手食指紧按管口，将移液管取出液面，右手垂直拿住移液管使管尖紧靠液面以上的烧杯壁，微微松开食指并用中指及拇指捻动管身，直到凹液面缓缓下降到与标线相切，再次按紧管口，使溶液不再流出；取 1 000mL 带把量杯 ，把移液管慢慢地垂直移入带把量杯上，并使移液管紧靠液面以上的带把量杯内壁，松开食指让溶液自由流下，左手同时用玻璃棒搅拌溶液（图 1-76）。待溶液液面至管尖后停留 15s 取出移液管，不得吹出液体；将烧杯中剩余药液倒入废液缸中，用自来水冲洗移液管和烧杯 3 遍，蒸馏水润洗移液管和烧杯 3 遍，用滤纸吸去移液管管外及管尖的水后放回原处。

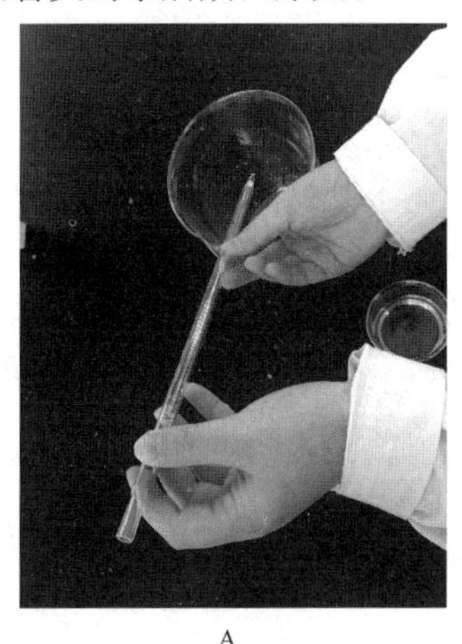
A

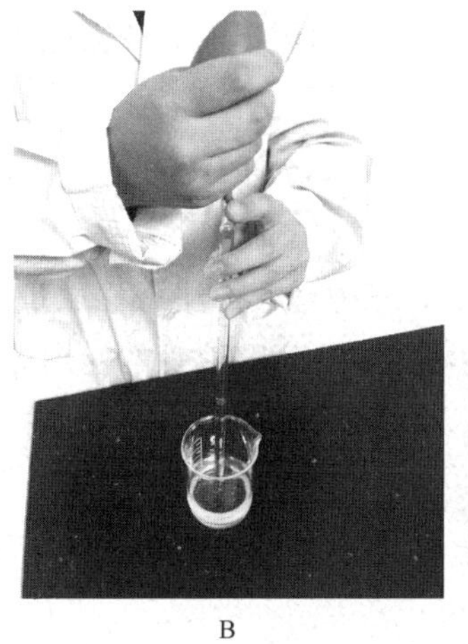
B

C

图 1-76　移　液

A. 用母液润洗移液管　B. 吸取母液　C. 注入容器中

（4）按照上述方法依次移取 B 液和 C 液。注意：移取准确量的 B、C 液注入带把量杯时，要同时用烧杯缓慢往量杯中注入蒸馏水，之后用玻璃棒充分搅拌。

3. 定容 选取 1 000mL 容量瓶，将玻璃棒下端紧靠容量瓶刻度线以下瓶颈，玻璃棒置容量瓶口中央；右手拿带把量杯，左手拿玻璃棒，将液体引流入容量瓶（图 1-77）。转移完毕，烧杯沿玻璃棒上拉，顺势直立烧杯，用少量蒸馏水淋洗玻璃棒和烧杯内壁，蒸馏水不外溅，冲洗 3 次，冲洗液全部转移入容量瓶。加蒸馏水至总量 2/3 左右，水平旋转进行初混。加蒸馏水至标线下约 1cm，放置 1min。用滴管滴加蒸馏水，滴管尖嘴口与容量瓶瓶口平齐，不得伸入容量瓶加液，加至溶液凹液面与标线相切。用食指按住瓶塞倒置振摇，将溶液摇匀。在装有工作液的容量瓶上贴上名称、工位号、日期标签（图 1-78、图 1-79）。

图 1-77 转 移

图 1-78 工作液

图 1-79 工作液标签

4. 洗涤并整理桌面

（1）洗涤带把量杯及用过的玻璃仪器。

（2）塑料药匙在水槽里冲洗后拿卷纸擦干净后放回原位。

任务小结

工作液配制要先移取 A、B、C 三种母液，注意移取量的计算方法以及小数点后保留位数。用移液管准确移取一定量的液体，注意移液管的使用方法，移取前要先用移取液润洗 3 遍再进行移取。另外，每次倒入药液混合时要注意充分搅拌。

知识支撑

（一）工作液配制的计算方法

配制 1 000mL 工作液需量取 1/2 剂量的浓缩倍数 70 的 A 母液多少毫升？需量取 1/2 剂

量的浓缩倍数280的B母液多少毫升？需量取1剂量的浓缩倍数900的C母液多少毫升？根据工作液配制剂量要求计算移取母液的量，并将计算结果填入表1-16中。

表1-16　工作液的配制要求

浓缩母液	浓缩倍数	配制工作液量/mL	配制剂量	移取母液量/mL
A液	70	1 000	1/2	
B液	280		1/2	
C液	900		1	

计算方法：移取母液量＝配制工作液量÷浓缩倍数×配制剂量

（二）移液管及其使用

要求准确地移取一定体积的溶液时，可用各种不同容量的移液管。常用的移液管有10mL、25mL和50mL等。移液管的中间为一膨大的球部，上下均为较细的管颈，上端还刻有一根标线。在一定的温度下，移液管的标线至下端出口间的容量是一定的。另外，还有一种带分刻度的移液管，它的中间没有球部，一般称为吸量管。可用来吸取10mL以下的液体。移液管和吸量管的使用方法相同。每支移液管上都标有它的容量和使用温度。根据所移溶液的体积和要求选择合适规格的移液管使用，在滴定分析中准确移取溶液一般使用移液管，在反应需控制试液加入量时一般使用吸量管。本次工作液的配制需要选用吸量管，以控制母液的加入量。下面详细介绍一下移液管的基本操作方法：

1. 检查　首先检查移液管的管口和尖嘴有无破损，若有破损则不能使用；然后看一下移液管标记、准确度等级、刻度标线位置等。

2. 洗净移液管　先用自来水淋洗，然后用铬酸洗涤液浸泡，操作方法：用右手拿移液管或吸量管上端合适位置，食指靠近管上口，中指和无名指张开握住移液管外侧，拇指在中指和无名指中间位置握在移液管内侧，小指自然放松；左手拿洗耳球，持握拳式，将洗耳球握在掌中，尖口向下，握紧洗耳球，排出球内空气，将洗耳球尖口插入或紧接在移液管（吸量管）上口，注意不能漏气。慢慢松开左手手指，将洗涤液慢慢吸入管内，直至刻度线以上部分，移开洗耳球，迅速用右手食指堵住移液管（吸量管）上口，等待片刻后，将洗涤液放回原瓶。并用自来水冲洗移液管（吸量管）内、外壁至不挂水珠，再用蒸馏水洗涤3次，控干水备用。

3. 吸取溶液　摇匀待吸溶液，将待吸溶液倒一小部分于一洗净并干燥的小烧杯中，用滤纸将清洗过的移液管尖端内外的水吸干，并插入小烧杯中吸取溶液，当吸至移液管容量的1/3时，立即用右手食指按住管口，取出，横持并转动移液管，使溶液流遍全管内壁，将溶液从下端尖口处排入废液杯内（图1-80）。如此操作，润洗3～4次后即可吸取溶液。

图1-80　润　洗

将用待吸液润洗过的移液管插入待吸液面下 1～2cm 处，用洗耳球按上述操作方法吸取溶液（移液管插入溶液不能太深，并要边吸边下插入，始终保持此深度）。当管内液面上升至标线以上 1～2cm 处时，迅速用右手食指堵住管口（此时若溶液下落至标线以下，应重新吸取），将移液管提出待吸液面，并使管尖端接触待吸液容器内壁片刻后提起，用滤纸擦干移液管或吸量管下端黏附的少量溶液，在移动移液管或吸量管时，应将移液管或吸量管保持垂直，不能倾斜（图 1-81）。

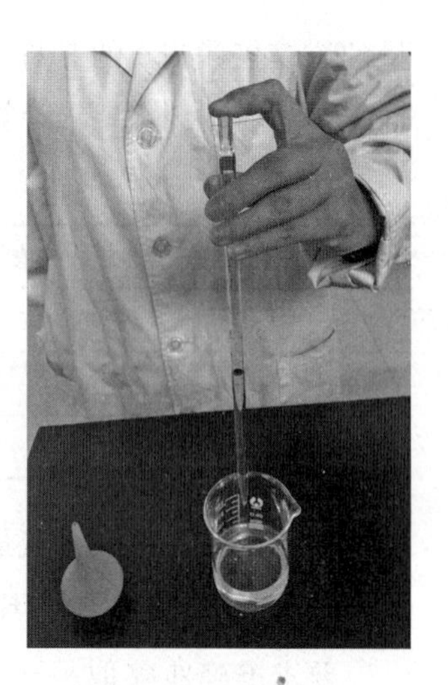

图 1-81　移　取

4. 调节液面　左手另取一干净小烧杯，将移液管管尖紧靠小烧杯内壁，小烧杯保持倾斜，使移液管保持垂直，刻度线和视线保持水平（左手不能接触移液管）。稍稍松开食指（可微微转动移液管或吸量管），使管内溶液慢慢从下口流出，液面降至刻度线时，按紧右手食指，停顿片刻，再按上法将溶液的弯月面底线放至与标线上缘相切为止，立即用食指压紧管口。将尖口处紧靠烧杯内壁，向烧杯口移动少许，去掉尖口处的液滴。将移液管或吸量管小心移至承接溶液的容器中。

5. 放出溶液　将移液管或吸量管直立，接收器倾斜，管下端至接收器内壁，放开食指，让溶液沿接收器内壁流下，管内溶液流完后，保持放液状态停留 15s，将移液管或吸量管尖端在接收器靠点处靠壁前后小距离滑动几下（或将移液管尖端靠接收器内壁旋转一周），即可移走移液管。

6. 洗净移液管　移液管洗净后放置在移液管架上。

7. 注意事项

（1）移液管（吸量管）不应在烘箱中烘干。

（2）移液管（吸量管）不能移取太热或太冷的溶液。

（3）同一试验中应尽可能使用同一移液管。

（4）移液管和容量瓶常配合使用，因此在使用前常做两者的相对体积校准。

（5）使用前必须清洗干净，用吸水纸将尖端内外的水除去，然后用待吸溶液洗 3 次，洗过的溶液应从流液口放出弃之。

（6）吸取溶液时，管尖应深入液面 10～20mm，并随液面下降而下降，用洗耳球在移液管另一侧将液体吸入管中（切忌用嘴吸），吸液时不要让液面升得太高，使管壁沾附过多的液体，以免在调定液面和排液时流下来，影响容量的准确度。调定液面或放液时吸管均应垂直放置，其流液口与容器内壁相接触，接受容器需倾斜 30°。为保证液体完全流出，要等待约 3s 方可拿开。吸管内的溶液按规定方法排出后，移液管尖嘴的残留液，如果移液管上没有标明“吹”的字样，不能排到接收容器中。

拓展训练

（一）知识拓展

1. 计算题

计算配制 1 000mL 该工作液需 1/2 剂量的 A、C 液，1 剂量的 B 液各多少毫升？（浓缩倍数：A 液为 50；B 液为 200；C 液为 1 000）

2. 简答题

简述移液管的使用方法和步骤？

（二）技能拓展

拓展内容见表 1-17 至表 1-19。

表 1-17 任 务 单

任务编号	实训 1-4
任务名称	工作液的配制
任务描述	工作液配制任务：A 液浓缩 250 倍，配制剂量为 1；B 液浓缩 150 倍，配制剂量为 1/2；C 液浓缩 800 倍，配制剂量为 1；工作液体积为 1 000mL
计划工时	2
完成任务要求	1. 准确计算出需移取的 A、B、C 母液体积。 2. 准确移取 A、B、C 母液。 3. A、B、C 稀释后充分混合。 4. 准确配制出一定浓度的工作液。 5. 将配制好的工作液贴好标签。 6. 将用过的仪器洗涤或擦拭干净。 7. 任务完成情况总体良好。 8. 说明完成本任务的方法和步骤。 9. 完成任务后各小组之间相互展示、评比。 10. 针对任务实施过程中的具体操作提出合理建议。 11. 工作态度积极认真
任务实现流程分析	1. 布置任务。 2. 按步骤操作：计算→移取→定容。 3. 对工作液的配制过程进行评价
提供素材	容量瓶（1 000mL，1 个）、烧杯（20mL、100mL、250mL、500mL）、带把量杯（1 000mL）、移液管（2mL、5mL、10mL）、废液缸、胶头滴管、玻璃棒、滤纸等

表 1-18　实 施 单

任务编号	实训 1-4
任务名称	工作液的配制
计划工时	2
实施方式	小组合作 □　独立完成 □
实施步骤	

表 1-19 评 价 单

<table>
<tr><td>任务编号</td><td colspan="5">实训 1-4</td></tr>
<tr><td>任务名称</td><td colspan="5">工作液的配制</td></tr>
<tr><td rowspan="16">考核要点</td><td>考核内容（主要技能）</td><td>标准分值</td><td>自我评价</td><td>小组评价</td><td>教师评价</td></tr>
<tr><td>计算</td><td>10</td><td></td><td></td><td></td></tr>
<tr><td>量取</td><td>10</td><td></td><td></td><td></td></tr>
<tr><td>移液</td><td>5</td><td></td><td></td><td></td></tr>
<tr><td>搅拌</td><td>5</td><td></td><td></td><td></td></tr>
<tr><td>洗涤</td><td>5</td><td></td><td></td><td></td></tr>
<tr><td>转移</td><td>10</td><td></td><td></td><td></td></tr>
<tr><td>定容</td><td>5</td><td></td><td></td><td></td></tr>
<tr><td>整理桌面</td><td>5</td><td></td><td></td><td></td></tr>
<tr><td>任务完成情况</td><td>10</td><td></td><td></td><td></td></tr>
<tr><td>任务说明</td><td>10</td><td></td><td></td><td></td></tr>
<tr><td>任务展示</td><td>5</td><td></td><td></td><td></td></tr>
<tr><td>工作态度</td><td>5</td><td></td><td></td><td></td></tr>
<tr><td>提出建议</td><td>10</td><td></td><td></td><td></td></tr>
<tr><td>文明生产</td><td>5</td><td></td><td></td><td></td></tr>
<tr><td>小计</td><td>100</td><td></td><td></td><td></td></tr>
<tr><td>问题总结</td><td colspan="5"></td></tr>
</table>

【项目小结】

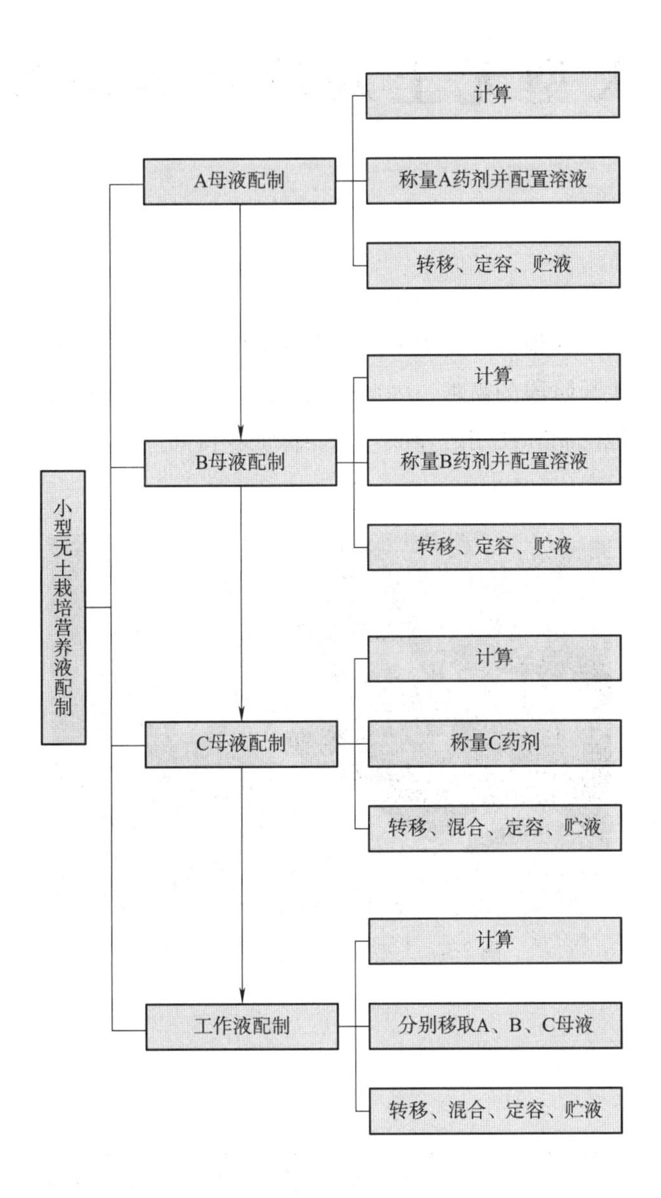
小型无土栽培营养液配制
A母液配制
计算
称量A药剂并配置溶液
转移、定容、贮液
B母液配制
计算
称量B药剂并配置溶液
转移、定容、贮液
C母液配制
计算
称量C药剂
转移、混合、定容、贮液
工作液配制
计算
分别移取A、B、C母液
转移、混合、定容、贮液

项目二

大型无土栽培营养液配制

【项目描述】

无土栽培的成功与否在很大程度上取决于营养液配方和浓度是否合适，以及营养液管理是否能满足植物不同生长阶段的需求。因此，只有深入了解营养液的组成和变化规律及其调控技术，合理、灵活地配制和使用营养液，才能保证获得高产、优质、快速的无土栽培效果(图 2-1)。

图 2-1　大型无土栽培营养液输送

【教学导航】

<table>
<tr><td rowspan="2">教学目标</td><td>知识目标</td><td>1. 熟练掌握水质化验的方法；掌握指示剂的应用条件和终点变化。
2. 了解营养液的组成及常见的营养液配方。
3. 掌握大型无土栽培营养液的配制方法</td></tr>
<tr><td>能力目标</td><td>1. 能够根据任务单要求进行水质检测。
2. 能够按照配方熟练地配制大型无土栽培所用的母液、工作液</td></tr>
<tr><td colspan="2">本项目学习重点</td><td>母液的配制方法和步骤</td></tr>
<tr><td colspan="2">本项目学习难点</td><td>工作液的配制方法和步骤</td></tr>
<tr><td colspan="2">教学方法</td><td>项目教学、任务驱动、案例引导法</td></tr>
<tr><td colspan="2">建议学时</td><td>10</td></tr>
</table>

任务一　水质检测

任务描述

配制营养液的用水十分重要。在研究营养液新配方及营养元素缺乏症等试验水培时，要使用蒸馏水或去离子水；无土栽培生产上一般使用井水和自来水，河水、泉水、湖水、雨水也可用于营养液配制。但无论采用何种水源，使用前都要经过分析化验以确定水质是否适宜（图 2-2）。

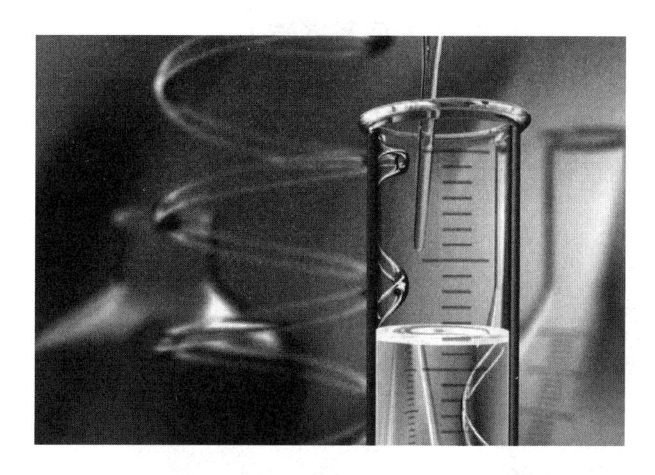

图 2-2　水质检测

任务分析

配制营养液的用水可以是自来水、蒸馏水、纯净水等。水质检测药剂及配剂分列如下：

1. 6mol/L NaOH 溶液　取 32g NaOH 溶于 500mL 水中。

2. $NH_3 \cdot H_2O$-NH_4Cl 缓冲液（pH 10）　取 6.75g NH_4Cl 溶于 20mL 水中，加入 57mL 氨水（15mol/L），然后用水稀释到 100mL。

3. 0.5%铬黑指示剂　铬黑 T 与固体无水 Na_2SO_4 以 1∶100 比例混合，研磨均匀，放入干燥的棕色瓶中，保存于干燥器内。

4. 1%钙指示剂　钙指示剂与固体无水 Na_2SO_4 以 2∶100 比例混合，研磨均匀，放入干燥的棕色瓶中，保存于干燥器内。

5. 0.01 mol/L Mg^{2+} 标准溶液　准确称取 0.615 8g $MgSO_4 \cdot 7H_2O$ 溶于少量水中，转入 250mL 容量瓶中，稀释至标线。

6. 0.01 mol/L EDTA 溶液　称取 3.7g EDTA 二钠盐溶于 1 000mL 纯净水中。若有不溶残渣，必须过滤除去。

7. 标定　用 25 mL 移液管吸取 Mg^{2+} 标准溶液于 250mL 锥形瓶中，加水 150mL，加入 $NH_3 \cdot H_2O$-NH_4Cl 缓冲液 5mL，铬黑指示剂 30mg，用 EDTA 溶液滴定，不断搅拌，滴定至溶液由酒红色变成纯蓝色，即为终点。

本任务工作流程如下：

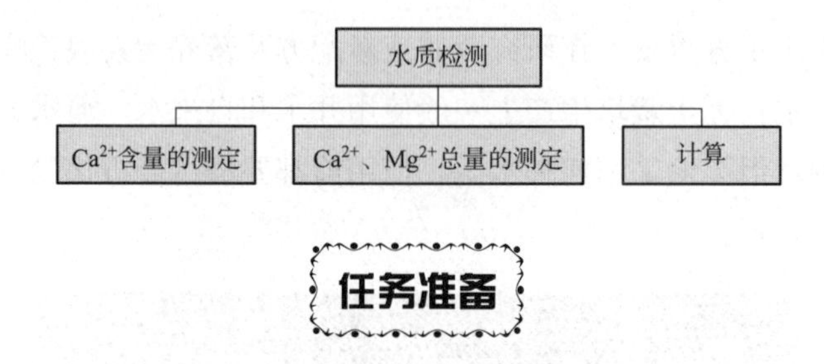

任务准备

1. 工具及材料准备　分析天平、滴定管、量筒（50mL）、烧杯（400mL）、锥形瓶（250mL）、干燥器、酸度计（或 pH 试纸）、甘油（图 2-3 至图 2-9）

图 2-3　分析天平

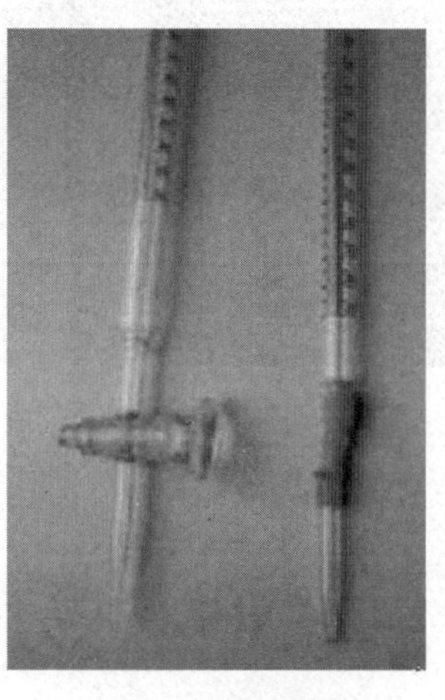

图 2-4　滴定管

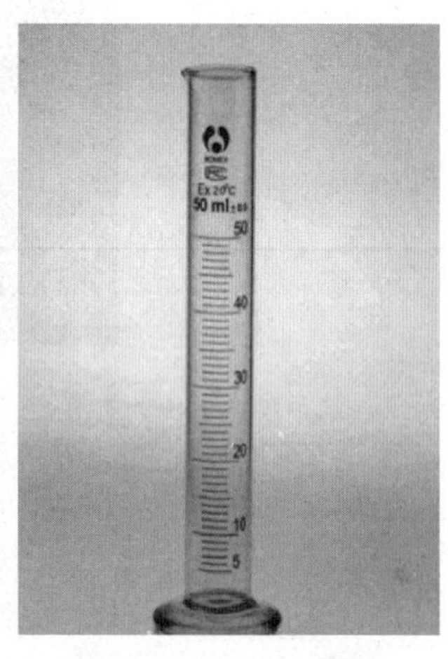

图 2-5　50mL 量筒

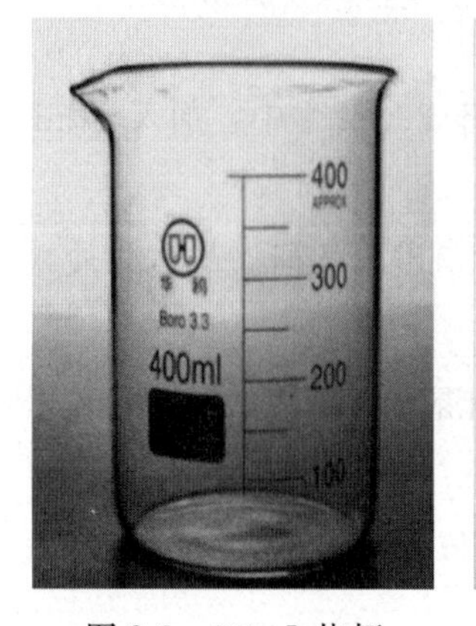

图 2-6　400mL 烧杯

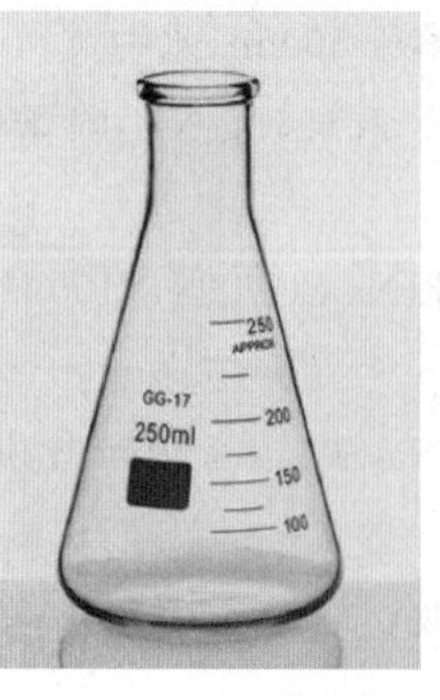

图 2-7　250mL 锥形瓶

图 2-8　干燥器

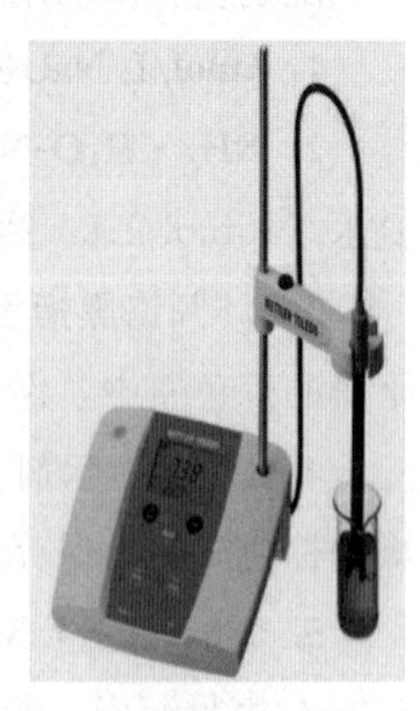

图 2-9　pH 计

2. 人员准备 将学生分成若干小组，每组 4～6 人，确定组长，明确任务。

任务实施

1. Ca^{2+}含量的测定 用量筒量取水样 50mL 倒入锥形瓶中，然后用移液管加入浓度为 6mol/L 的NaOH 溶液 1.5mL，用酸度计或 pH 试纸检测，使溶液的 pH>12。向溶液中加入钙指示剂约 30 mg，用 EDTA 溶液滴定。当溶液变为纯蓝色时，即为终点，记下所用体积（V_1），再用同样方法测定 1 份。注意滴定过程中要充分摇均，特别是接近终点时，必须慢慢滴加，否则容易造成 EDTA 过量。

2. Ca^{2+}、Mg^{2+}总量的测定 取水样 50mL 于锥形瓶中，加 $NH_3 \cdot H_2O$-NH_4Cl 缓冲液 5mL、铬黑指示剂 30mg，然后用 EDTA 溶液滴定。当溶液由酒红色变为纯蓝色时，即为终点，记下所需体积（V_2）。再用同样方法测定 1 份。

3. 计算 按下列公式计算出每升水样中 Ca^{2+}和 Mg^{2+}的含量（mg/L）。

$$\rho（Ca^{2+}）=\frac{C_{EDTA}\times V_1\times M_{Ca}}{50/1\ 000}$$

$$\rho（Mg^{2+}）=\frac{C_{EDTA}\times V_2-V_1\times M_{Ca}}{50/1\ 000}$$

式中 V_1表示当溶液变为纯蓝色时，终点时记下的体积，单位为 L；

V_2表示当溶液由酒红色变为纯蓝色时，终点时记下的体积，单位为 L；

C_{EDTA}表示 EDTA 溶液的浓度，单位为 mol/L；

M_{Ca}表示钙的摩尔质量，单位为 g/mol。

注意事项：

（1）测定 Ca^{2+}和 Mg^{2+}含量时要求溶液调至不同的 pH。

（2）滴定时要细心、耐心，开始时速度可以稍快，接近终点应稍慢，同时注意颜色变化，溶液原来的颜色消失即为滴定终点。

（3）当溶液中 Mg^{2+}含量较高时，水样中加入 NaOH 后会产生 $Mg(OH)_2$沉淀，使结果偏低或终点不明显［因 $Mg(OH)_2$沉淀吸附了指示剂］，可将溶液稀释后再测定。

任务小结

水质标准除有物理指标、化学指标外，还有微生物指标；对营养液配制用水则考虑是否影响产品质量或易于损害容器及管道。测试方法除了看、闻、观、尝、品、查外，还可以借助仪器设备进行水质离子测定、离子分析、水质采样、水质硬度测定、农药残毒测定等内容的实验室检测。

知识支撑

（一）水质分析的基本程序

水质分析的基本程序包括水样采集、保存、预处理、分析、结果计算和报告。营养液对水源、水质的要求如下：

1. 水源要求 雨水含盐量低，用于无土栽培较理想，但常含有铜和锌等微量元素，故配制营养液时可不加或少加。使用雨水时要考虑到当地的空气污染程度，若污染严重则不能使用。

雨水可以靠温室屋面上的降水面进行收集，如月降雨量达到100mm以上，则水培用水可以自给。由于降雨过程中会将空气中或附着在温室表面的尘埃和其他物质带入水中，因此要将收集到的雨水澄清、过滤，必要时可加入沉淀剂或其他消毒剂进行处理，而后遮光保存，以免滋生藻类。一般在下雨后10min左右的雨水不要收集，以冲去污染源。

以自来水作水源，生产成本高，水质有保障。以井水作水源，要考虑当地的地层结构，并要经过分析化验。无论采用何种水源，最好对水质进行一次分析化验或从当地水利部门获取相关资料，并据此调整营养液配方。

无土栽培生产时要求有充足的水量保障，尤其在夏天不能缺水。如果单一水源水量不足时，可以把自来水和井水、雨水、河水等混合使用，又可降低生产成本。

2. 水质要求 水质好坏对无土栽培的影响很大。在配制营养液时，首先要做好营养液水源的水质检查。检查项目包括：水的酸碱度（pH）、电解质浓度（EC）及硝态氮（NO_3^-）、氨态氮（NH_4^+）、磷（P）、钾（K）、钙（Ca）、镁（Mg）、钠（Na）、铁（Fe）、氯（Cl）的含量。由于地理环境和水来源的差异，上述成分有较大的差别。

水质要求的主要指标如下：

（1）硬度。用作营养液的水，硬度不能太高，一般以不超过10度为宜。

（2）酸碱度（pH）。一般要求pH 5.5～8.5。

（3）溶解氧。使用前的溶解氧应接近饱和，即4～5 mg/L。

（4）NaCl含量。<2 mol/L。不同作物、不同生育期要求不同。

（5）余氯。主要来自自来水消毒和设施消毒所残存的氯。氯对植物根有害，因此最好在自来水进入设施系统之前放置半天以上，在设施消毒后空置半天，以便余氯散逸。

（6）悬浮物。<10 mg/L。以河水、水库水作水源时要经过澄清之后才可使用。

（7）重金属及有毒物质含量。无土栽培的水中重金属及有毒物质含量不能超过国家标准（表2-1）。

表2-1 营养液用水重金属及有毒物质含量标准

名 称	标 准
汞（Hg）	≤0.005 mg/L

（续）

名　　称	标　　准
镉（Cd）	≤0.01 mg/L
砷（As）	≤0.01 mg/L
硒（Se）	≤0.01 mg/L
铅（Pb）	≤0.05 mg/L
六六六	≤0.02 mg/L
苯	≤2.50 mg/L
DDT	≤0.02 mg/L
铜（Cu）	≤0.10 mg/L
铬（Cr）	≤0.05 mg/L
锌（Zn）	≤0.20 mg/L
铁（Fe）	≤0.50 mg/L
氟化物	≤3.00 mg/L
酚	≤1.00 mg/L
大肠杆菌	≤1 000 个/L

另外，从电导率（EC 值）及 pH 来看，无土栽培用的优质水其电导率（EC 值）<0.2mS/cm，pH 5.5～6.0，多为饮用水、深井水、天然泉水和雨水。允许用水的 EC 值为 0.2～0.4mS/cm，pH 5.2～6.5。在无土栽培允许用水的水质中，包括部分硬水，要求水中钙含量>90mg/L，电导率<0.5mS/cm。EC 值≥0.5mS/cm，pH≥7.0 或 pH≤4.5，且含盐量过高的水质不允许使用。如因水源缺乏必须使用时，必须分析水中各种离子的含量，调整营养液配方和调节 pH 使之适于进行无土栽培，如个别元素含量过高则应慎用。

（二）知识链接

用络合滴定法测定水中 Ca^{2+}、Mg^{2+} 的含量的原理：络合滴定法最常用的络合剂是 EDTA（H_2Y^{2-}），用 EDTA 测定 Ca^{2+}、Mg^{2+} 时，通常在两种等分溶液中分别测定 Ca^{2+} 的含量和 Ca^{2+}、Mg^{2+} 总量。Mg^{2+} 含量可以用 EDTA 量的差数求出。在测定 Ca^{2+} 时，先用 NaOH 调节 pH 12，则 Mg^{2+} 生成难溶性的 $Mg(OH)_2$ 沉淀，此时加入钙指示剂，它只能与 Ca^{2+} 络合呈红色。当加入 EDTA 时，则 EDTA 首先与游离 Ca^{2+} 络合，然后夺取已和指示剂络合的 Ca^{2+}，而使指示剂游离出来，溶液由红色变成蓝色。由 EDTA 标准溶液的用量可计算出 Ca^{2+} 的含量。在测定 Ca^{2+}、Mg^{2+} 总量时，在 pH 为 10 的缓冲液中，加指示剂铬黑 T（H_2ln^-）之后，因稳定性排序为 $CaY^{2-} > MgY^{2-} > Mgln^- > Caln^-$，故铬黑 T 先与部分 Mg^{2+} 络合为 $Mgln^-$（酒红色）。当滴入 EDTA 时，则 EDTA 首先与 Ca^{2+}、Mg^{2+} 络合，然后再夺取 $Mgln^-$ 的 Mg^{2+}，使铬黑游离，溶液由酒红色变为天蓝色，指示已达等当点。从 EDTA 标准溶液的用量就可计算样品中的钙、镁离子的总量。

拓展训练

（一）知识拓展

1. 选择题

（1）在配制营养液时，用作营养液的水，硬度不能太高，一般以不超过（　　）为宜。

A. 10 度　　B. 15 度　　C. 20 度　　D. 25 度

（2）在配制营养液时，用作营养液的水，酸碱度（pH）一般要求为（　　）。

A. 3～4　　B. 4～5　　C. 5.5～8.5　　D. 8.5～9

（3）在配制营养液时，用作营养液的水，使用前的溶解氧应为（　　）mg/L。

A. 1～3　　B. 3～4　　C. 4～5　　D. 6～8

（4）在配制营养液时，用作营养液的水，NaCl 含量应＜（　　）。

A. 2mol/L　　B. 3mol/L　　C. 4mol/L　　D. 6mol/L

（5）在配制营养液时，用作营养液的水的悬浮物应＜（　　）。

A. 10mg/L　　B. 15mg/L　　C. 20mg/L　　D. 25mg/L

2. 简答题

（1）营养液对水质有何要求？

（2）如果 Ca^{2+}、Mg^{2+} 含量偏高时，在配制营养液时应如何调整？

（二）技能拓展

拓展内容见表 2-2 至表 2-4。

表 2-2 任 务 单

任务编号	实训 2-1
任务名称	营养液配制水质检测
任务描述	水质检测药剂的配制；Ca^{2+} 含量的测定；Ca^{2+}、Mg^{2+} 总量的测定
任务工时	2
完成任务要求	1. 准确进行 Ca^{2+} 含量的测定。 2. 准确进行 Ca^{2+}、Mg^{2+} 总量的测定。 3. 计算出每升水样中 Ca^{2+} 和 Mg^{2+} 的含量（mg/L）。 4. 将用过的仪器洗涤或擦拭干净。 5. 任务完成情况总体良好。 6. 说明完成本任务的方法和步骤。 7. 完成任务后各小组之间相互展示、评比。 8. 针对任务实施过程中的具体操作提出合理建议。 9. 工作态度积极认真
任务实现流程分析	1. 布置任务。 2. 按步骤操作：Ca^{2+} 含量的测定→Ca^{2+}、Mg^{2+} 总量的测定→计算出每升水样中 Ca^{2+} 和 Mg^{2+} 的含量（mg/L）。 3. 对营养液配制水质检测过程进行评价
提供素材	分析天平、滴定管、量筒（50mL）、烧杯（400mL）、锥形瓶（250mL）、干燥器、酸度计（或 pH 试纸）、甘油等

表 2-3 实 施 单

任务编号	实训 2-1
任务名称	营养液配制水质检测
任务工时	2
实施方式	小组合作 ☐ 独立完成 ☐
实施步骤	

表 2-4　评 价 单

任务编号	实训 2-1				
任务名称	水质检测				
考核要点	考核内容（主要技能）	标准分值	自我评价	小组评价	教师评价
	Ca^{2+} 含量的测定	10			
	Ca^{2+}、Mg^{2+} 总量的测定	10			
	滴定终点把握	10			
	计算结果	10			
	桌面清理	5			
	仪器摆放	5			
	按操作规程作业	5			
	任务完成情况	10			
	任务说明	10			
	任务展示	5			
	工作态度	5			
	提出建议	10			
	文明生产	5			
	小计	100			
问题总结					

任务二 母液配制

任务描述

为了营养液存放、使用方便，一般先配制浓缩的母液，使用时再稀释。但是母液不能过浓，否则化合物可能会过饱和而析出且配制时溶解慢。因为每种配方都含有相互之间产生难溶性物质的化合物，这些化合物在浓度高时更会产生难溶性的物质。因此，母液配制时不能将所有肥料都溶解在一起，因为浓缩后某些阴阳离子间会发生反应而沉淀。所以一般配成A、B、C 三种或更多种母液。

任务分析

配成的 A、B、C 三种母液最好存放在有色容器中，放在阴凉处。

1. A 母液 以钙盐为中心，凡不与钙作用产生沉淀的化合物在一起配制。一般包括 $Ca(NO_3)_2$、KNO_3，浓缩 100～200 倍。

2. B 母液 以磷酸盐为中心，凡不与磷酸根产生沉淀的化合物在一起配制。一般包括 $NH_4H_2PO_4$、$MgSO_4$，浓缩 100～200 倍。

3. C 母液 由铁和微量元素在一起配制而成。微量元素用量少，浓缩倍数可较高浓缩倍数 1 000～3 000 倍。

日本园试配方母液所需的试剂或肥料如表 2-5 所示。

表 2-5 日本园试营养液配方

盐类化合物分子式	用量/（mg/L）
$Ca(NO_3)_2 \cdot 4H_2O$	945
KNO_3	809
$NH_4H_2PO_4$	153
$MgSO_4 \cdot 7H_2O$	493
Na_2Fe-EDTA	20.0
H_3BO_3	2.86
$MnSO_4 \cdot 4H_2O$	2.13
$ZnSO_4 \cdot 7H_2O$	0.22
$CuSO_4 \cdot 5H_2O$	0.08
$(NH_4)_4MO_7O_{24} \cdot 4H_2O$	0.02

本任务工作流程如下：

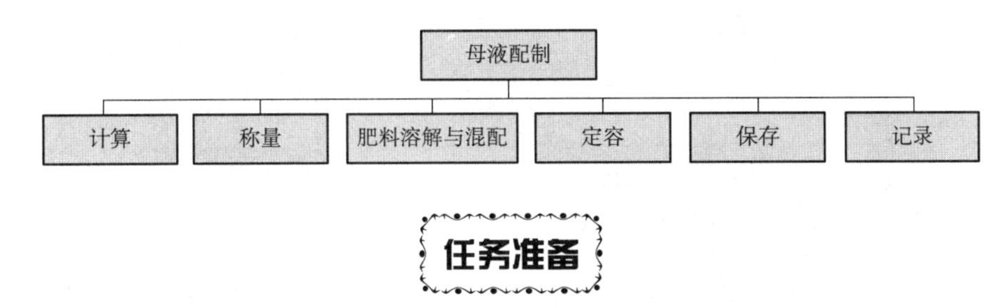

任务准备

1. 工具及材料准备 托盘天平或台秤（百分之一天平）、电子分析天平（万分之一天平）、水泵、酸度计、电导率仪、磁力搅拌器、黑色塑料桶（50L，2个）、塑料烧杯（500mL、1 000mL）或塑料盆、黑色塑料贮液罐（50L，3个）、塑料水管、标签纸、玻璃棒、短木棒或塑料棒、钢笔、记号笔、母液配制登记表（图2-10至图2-20）。

2. 药剂准备 硝酸钙、硝酸钾、磷酸二氢铵、硫酸镁、乙二胺四乙酸二钠、硼酸、硫酸锌、硫酸锰、硫酸铜、钼酸铵等（图2-21至图2-30）。

图2-10　托盘天平

图2-11　电子分析天平

图2-12　水　泵

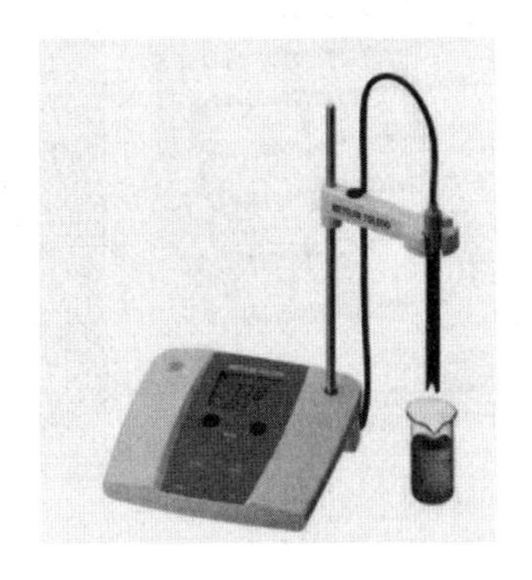

图2-13　酸度计

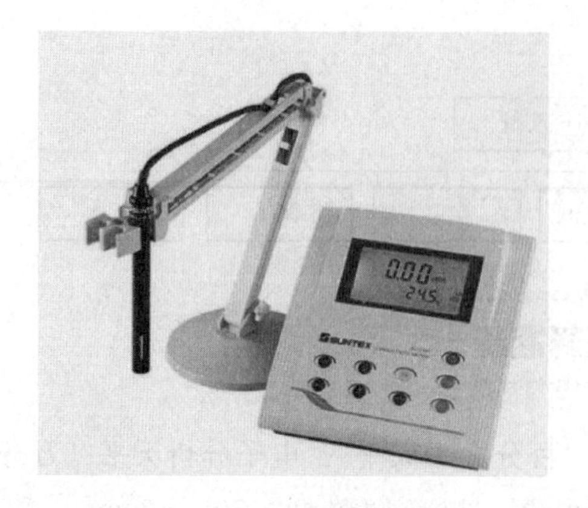

图 2-14 电导率仪

图 2-15 磁力搅拌器

图 2-16 黑色塑料贮液罐

图 2-17 塑料水管

图 2-18 标签纸

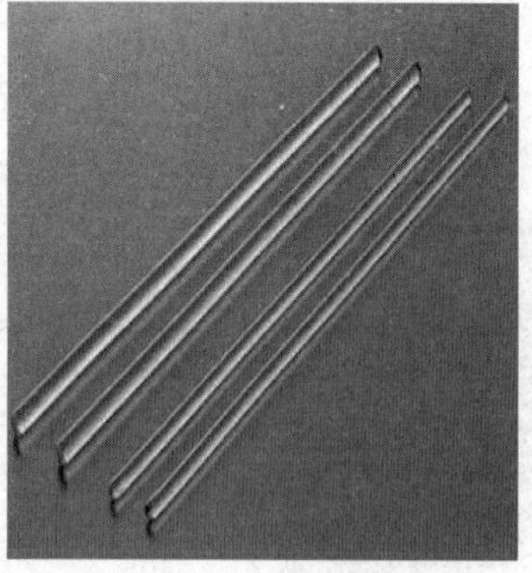

图 2-19 玻璃棒

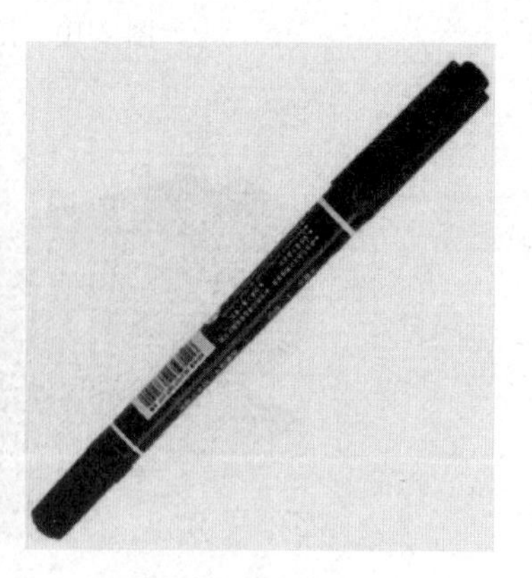

图 2-20 记号笔

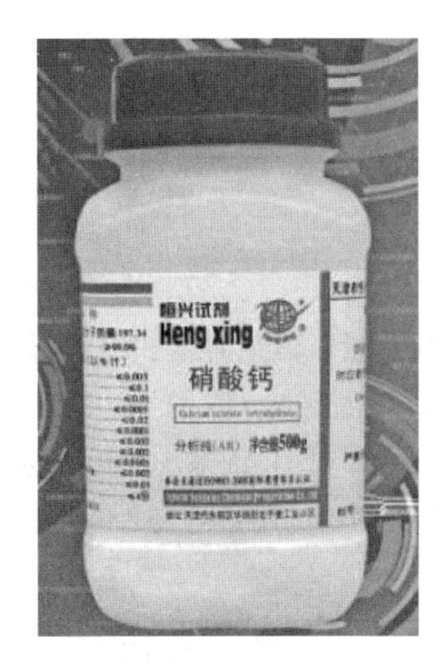

图 2-21　硝酸钙

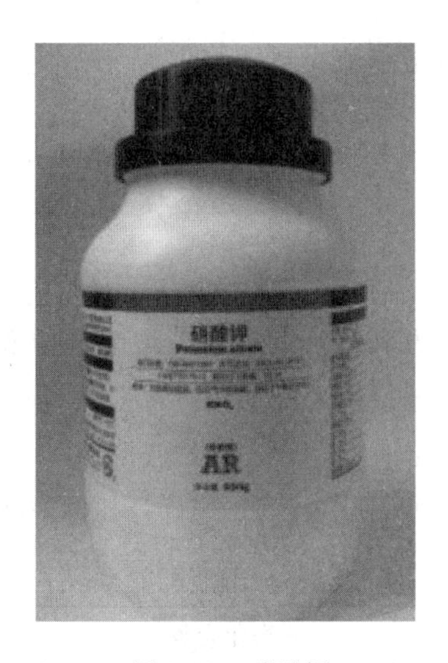

图 2-22　硝酸钾

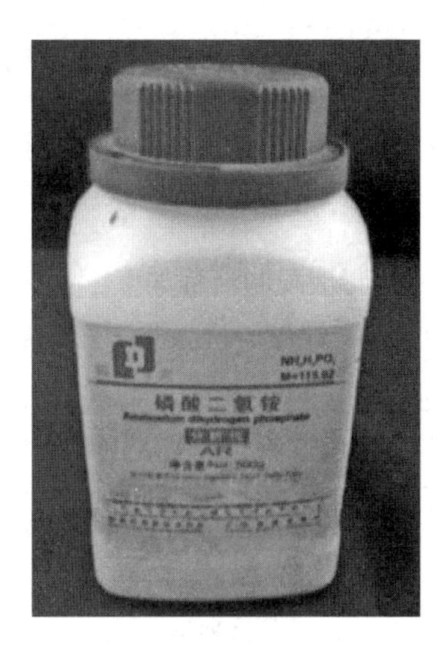

图 2-23　磷酸二氢铵

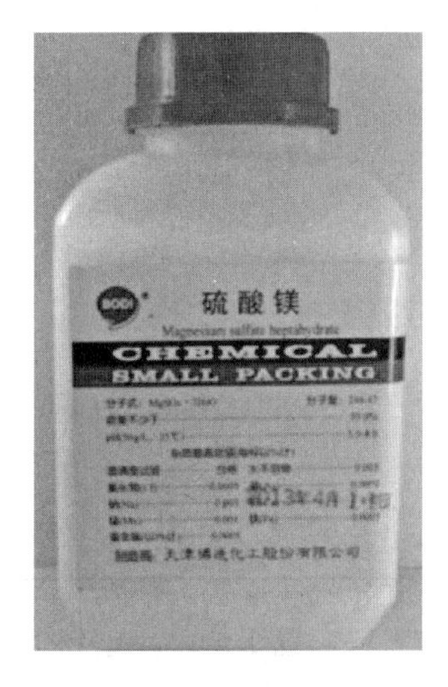

图 2-24　硫酸镁

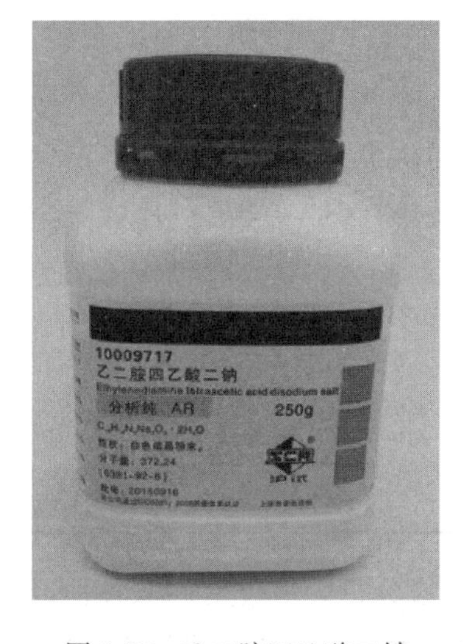

图 2-25　乙二胺四乙酸二钠

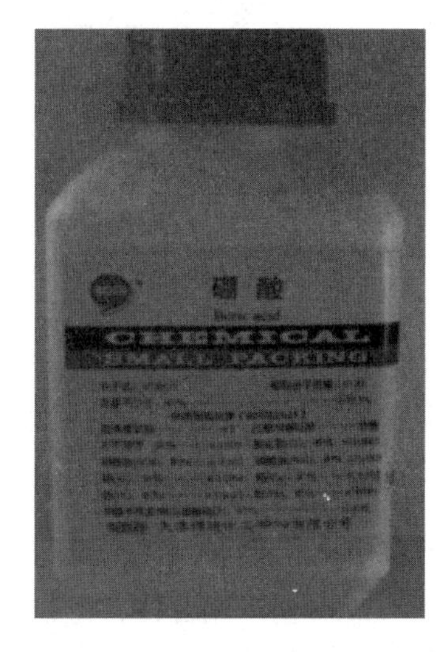

图 2-26　硼　酸

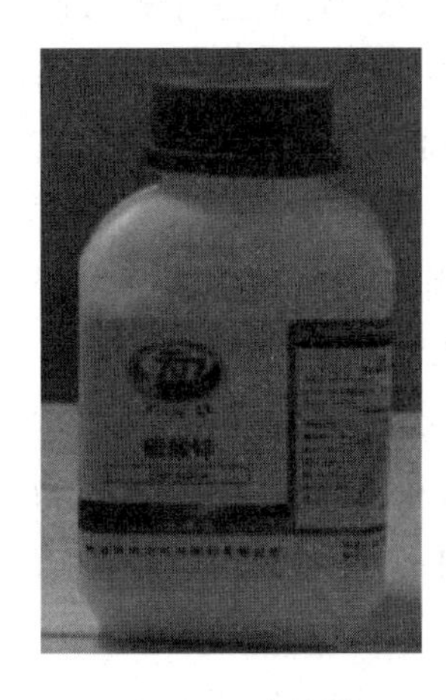

图 2-27　硫酸锌

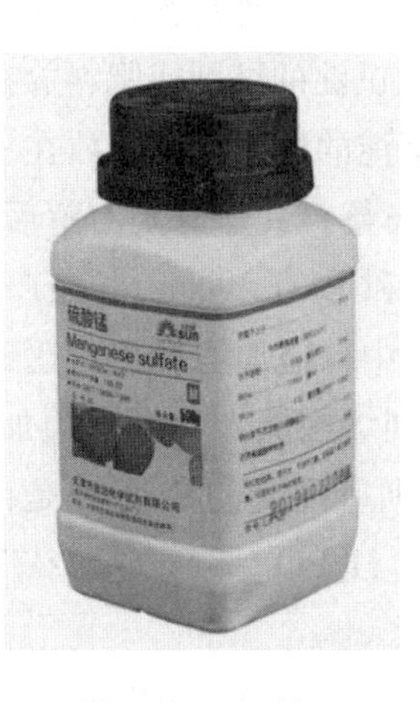

图 2-28　硫酸锰

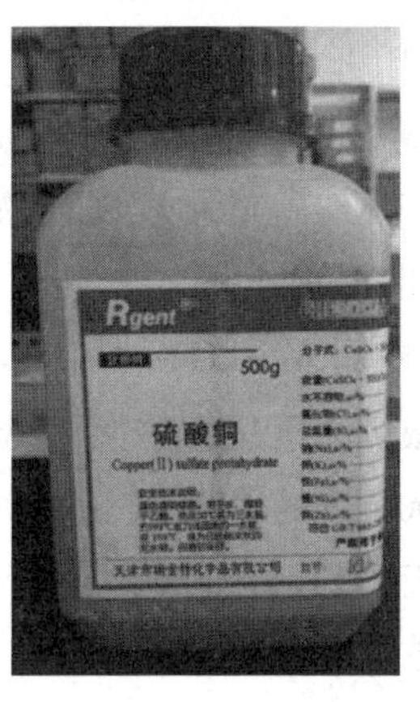

图 2-29　硫酸铜

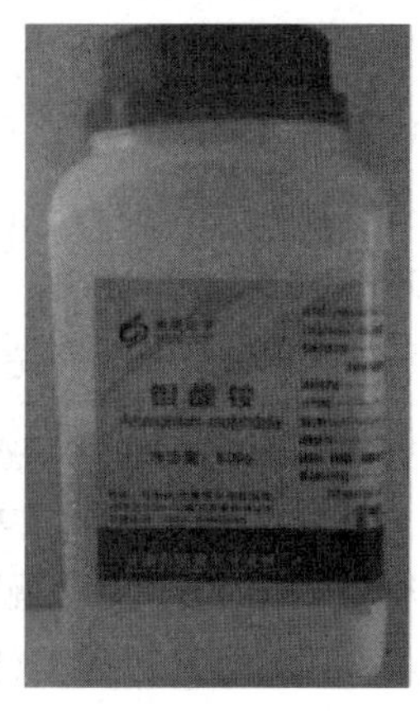

图 2-30　钼酸铵

3. 人员准备 将学生分成若干小组，每组4～6人，确定组长，明确任务。

任务实施

母液配制流程如下：

1. 计算 首先确定营养液配方和母液的种类、浓缩倍数和配制量，然后计算出各种试剂或肥料的用量。本次实训按照园试配方的要求配制10L浓缩100倍的A母液[$Ca(NO_3)_2 \cdot 4H_2O$和KNO_3]、B母液（$NH_4H_2PO_4$和$MgSO_4 \cdot 7H_2O$）和1L浓缩1 000倍的C母液（EDTA-Na_2Fe和各种微量元素化合物）。经计算，各种试剂或肥料的用量见表2-6。

表2-6 母液配方

母液种类	盐类化合物分子式	用量/（mg/L）
A母液	$Ca(NO_3)_2 \cdot 4H_2O$	945.00
B母液	$NH_4H_2PO_4$	153.00
C母液	EDTA-Na_2Fe	20.00
	H_3BO_3	2.86
	$CuSO_4 \cdot 5H_2O$	0.08
	KNO_3	809.00
	$MgSO_4 \cdot 7H_2O$	493.00
	$MnSO_4 \cdot 4H_2O$	2.13
	$ZnSO_4 \cdot 7H_2O$	0.22
	$(NH_4)_6 \cdot Mo_7O_{24} \cdot 4H_2O$	0.02

2. 称量 用台秤、托盘天平或分析天平分别称取各种试剂或肥料，置于烧杯、塑料盆等洁净的容器内。注意称量时做到稳、准、快，精确到±0.1g。

3. 肥料溶解与混配 母液分别配成A、B、C三种母液。分别用A、B、C三个贮液罐盛装。A母液以钙盐为中心，凡不与钙盐产生沉淀的试剂或肥料放在一起溶解，倒入A罐；B母液以磷酸盐为中心，凡不与磷酸盐产生沉淀的试剂或肥料放在一起溶解，倒入B罐；C母液以螯合铁盐为主，其他微量元素化合物与螯合铁盐分别溶解后，倒入C罐。如果没有现成的螯合铁试剂，也可用$FeSO_4 \cdot 7H_2O$和EDTA-Na_2 18.6g，用温水分别溶解后，将$FeSO_4 \cdot 7H_2O$溶液缓慢倒入EDTA-Na_2溶液中，边加边搅拌，达到均匀，然后倒入C罐，再将分别溶解的各种微量元素化合物溶液分别缓慢倒入C罐，边加边搅拌，最后加水定容至最终体积，即成1 000倍的C母液。本实训所配制的A母液是由$Ca(NO_3)_2 \cdot 4H_2O$和KNO_3分别溶解后混配而成；B母液是由$NH_4H_2PO_4$和$MgSO_4 \cdot 7H_2O$分别溶解后混配而成；C母液可以用于任何作物的无土栽培。

4. 定容 分别向A、B、C贮液罐注入清水至需配制的体积量，搅拌均匀后即可。

5. 保存 在A、B、C黑色塑料贮液罐（桶）上贴标签纸或记号笔标明母液名称、母液号、浓缩倍数或浓度、配制日期、配制人，然后置于阴凉避光处保存。如果母液存放时间较长时，应将其酸化，以防沉淀的产生。一般可用 HNO_3 酸化至pH 3～4。

6. 做好记录 每次母液配制结束后都要认真填写母液配制登记表，其样式见表2-7。

表2-7 母液配制登记

配方名称		使用对象
A母液	浓缩倍数	配制日期
	体积	计算人
B母液	浓缩倍数	审核人
	体积	配制人
C母液	浓缩倍数	备注
	体积	
原料名称及称取量		

任务小结

母液配制流程包括计算、称量、溶解、贴标签、保存、定容、混配。母液配制时一般配成A、B、C三种或更多种母液，防止浓缩后某些阴阳离子间发生反应而沉淀。

知识支撑

（一）酸度计的使用原理及构造

1. 酸度计的使用原理 酸度计所测量的pH是用来表示溶液酸碱度的一种方法，它用溶液中的H离子浓度的负对数来表示，即：

$$pH=-\lg (H^+)$$

我们所使用的酸度计，都是由电计和电极两个部分组成。在实际测量中，电极浸入待测溶液中，将溶液中的 H^+ 离子浓度转换成电压讯号，送入电计。电计将该信号放大，并经过对数转换为pH，然后由显示屏显示出pH。

2. 酸度计的构造 酸度计的主要部分是一个玻璃泡，泡的下半部为特殊组成的玻璃薄膜，敏感膜是在 SiO_2（$x=72\%$）基质中加入 Na_2O（$x=22\%$）和 CaO（$x=6\%$）烧结而成的特殊玻璃膜，厚度为30～100μm，在玻璃管中装有一定pH的溶液（内部溶液或内参比溶液），其中插入一根银-氯化银电极作为内参比电极（图2-31）。pH玻璃电极之所以能测定溶液pH，是由于玻璃膜与试液接触时会产生与待测溶液pH有关的膜电位。

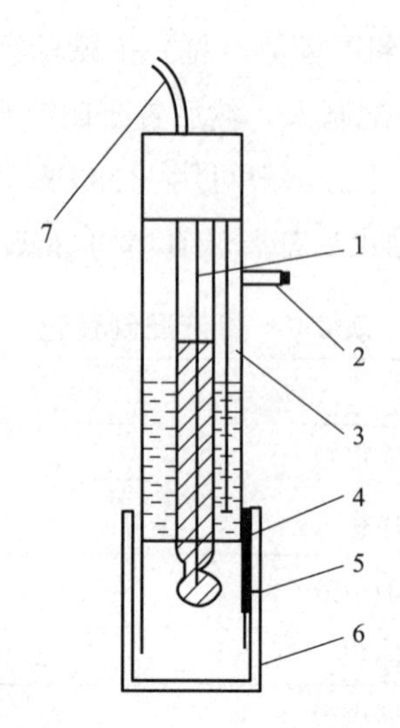

图 2-31　酸度计构造

1. pH 玻璃电极　2. 胶皮帽　3. 银-氯化银参比电极
4. 参比电极底部陶瓷芯　5. 塑料保护栅　6. 塑料保护帽　7. 电极引出端

（二）酸度计的使用步骤

1. 开机前准备

（1）取下复合电极套。

（2）连接仪器。

2. 开机　按下电源开关，预热 30min（短时间测量时，一般预热不短于 5min；长时间测量时，最好预热在 20min 以上，以便使其有较好的稳定性）。

3. 标定（图 2-32）

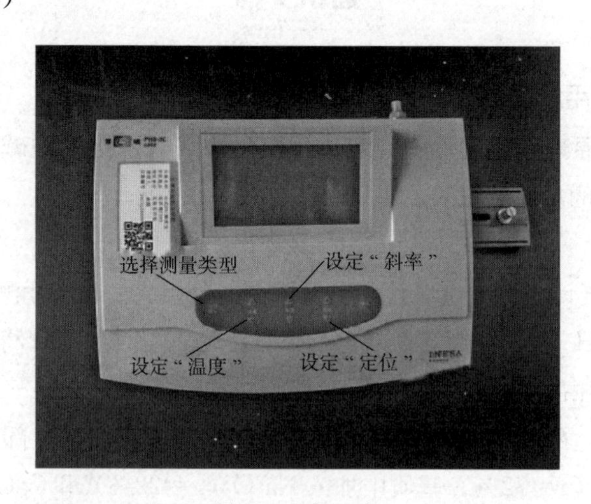

图 2-32　标　定

（1）把选择开关调到 pH 档。

（2）调节“温度”补偿至溶液温度值。

（3）把清洗过的电极插入 pH 6.86 缓冲液中。

（4）调节“定位”，使读数与 pH 一致。

（5）把清洗过的电极插入 pH 4.00 缓冲液中。

（6）调节“斜率”，使读数与 pH 一致。

注意：烧杯先用蒸馏水润洗，再用 10mL 缓冲溶液润洗 2 次，然后盛装缓冲溶液，校正完仪器后，倒回原先的容量瓶。

4. 测定溶液 pH

（1）先用蒸馏水清洗电极，再用被测溶液清洗一次。

（2）用洁净烧杯加入 80mL 自来水，把电极浸入溶液中，读出 pH。

（3）在水样中滴加盐酸 5 滴，搅拌均匀，测量其 pH。

（4）在上次水样中再滴加盐酸 5 滴，搅拌均匀，测量其 pH。

5. 结束

（1）关机。

（2）用蒸馏水清洗电极，用滤纸吸干。

（3）套上复合电极套，套内应放少量 KCl 补充液。

（4）拔下复合电极，接上短路插，以防止灰尘进入，影响测量准确性（图 2-33、图 2-34）。

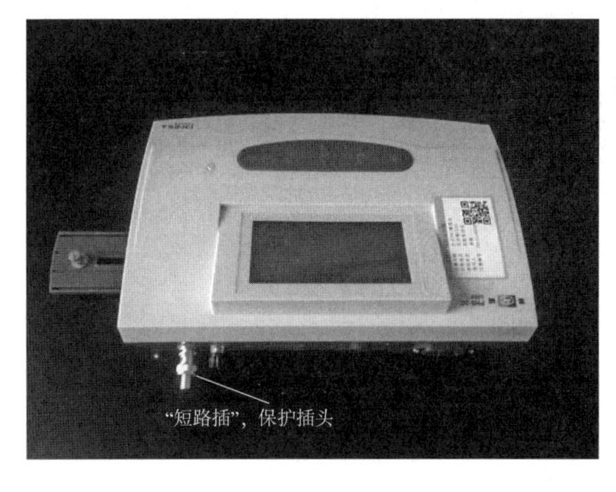

图 2-33　短路插

图 2-34　拔“短路插”

注意：

（1）存放时应将复合电极的玻璃探头部分套在盛有 3mol/L 氯化钾溶液的塑料套内（图 2-35）。

（2）玻璃电极的玻璃球泡玻璃膜极薄，容易破碎，切忌与硬物相接触。Q9 型插头连接方式如图 2-36 所示。

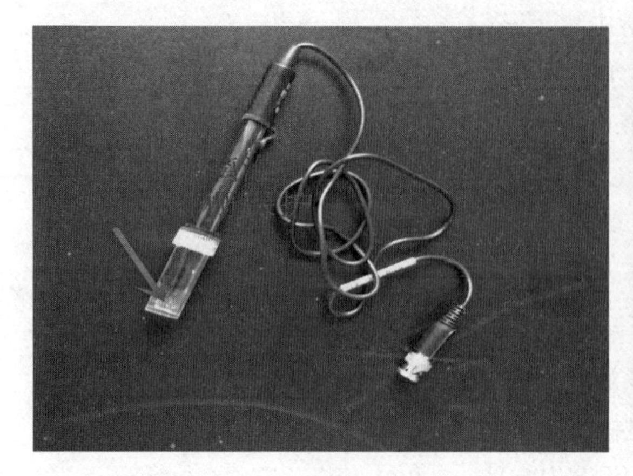

图 2-35　玻璃泡外保护装置

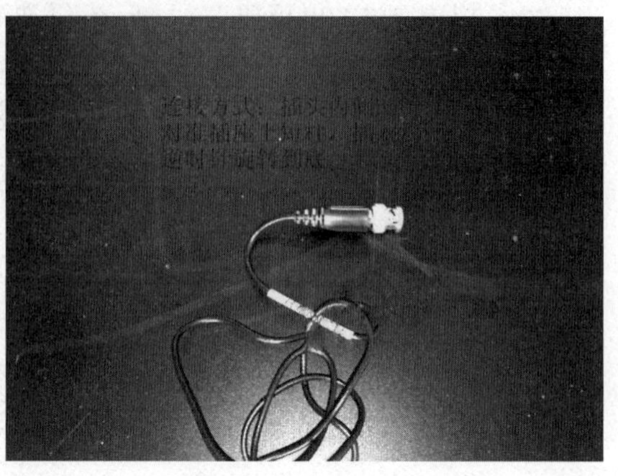

图 2-36　Q9 型插头

拓展训练

（一）知识拓展

简答题

（1）母液的种类有哪些？

（2）简述配制浓缩 A 母液或 B 母液的步骤。

（二）技能拓展

拓展内容见表 2-8 至表 2-10。

表 2-8 任 务 单

任务编号	实训 2-2
任务名称	配制苦瓜生长所需营养液母液
任务描述	配成 A、B、C 三种母液。 A 母液：以钙盐为中心，凡不与钙作用产生沉淀的化合物在一起配制。一般包括 $Ca(NO_3)_2$、KNO_3，浓缩 100～200 倍。 B 母液：以磷酸盐为中心，凡不与磷酸根产生沉淀的化合物在一起配制。一般包括 $NH_4H_2PO_4$、$MgSO_4$，浓缩 100～200 倍。 C 母液：由铁和微量元素在一起配制而成。微量元素用量少，浓缩倍数可较高，浓缩倍数 1 000～3 000 倍
任务工时	4
完成任务要求	1. 准确计算配制 A 母液、B 母液、C 母液需要称取的药品数量。 2. 准确称量出配制 A 母液、B 母液、C 母液所需的固体药品。 3. 充分溶解固体药品。 4. 准确配制出一定浓度的 A 母液、B 母液、C 母液。 5. 把配好的 A 母液、B 母液、C 母液装入指定的试剂瓶中，并写好标签。 6. 将用过的仪器洗涤或擦拭干净。 7. 任务完成情况总体良好。 8. 说明完成本任务的方法和步骤。 9. 完成任务后各小组之间相互展示、评比。 10. 针对任务实施过程中的具体操作提出合理建议。 11. 工作态度积极认真
任务实现流程分析	1. 布置任务。 2. 按步骤操作：计算→称量→肥料溶解与混配→定容→保存→记录。 3. 对配制苦瓜生长所需营养液母液过程进行评价
提供素材	托盘天平或台秤（百分之一天平）、电子分析天平（万分之一天平）、水泵 、酸度计、电导率仪、磁力搅拌器等

表 2-9 实 施 单

任务编号	实训 2-2
任务名称	配制苦瓜生长所需营养液母液
任务工时	4
实施方式	小组合作 □　　独立完成 □
实施步骤	

表 2-10 评 价 单

<table>
<tr><td>任务编号</td><td colspan="5">实训 2-2</td></tr>
<tr><td>任务名称</td><td colspan="5">苦瓜营养液母液的配制</td></tr>
<tr><td rowspan="16">考核要点</td><td>考核内容（主要技能）</td><td>标准分值</td><td>自我评价</td><td>小组评价</td><td>教师评价</td></tr>
<tr><td>计算</td><td>5</td><td></td><td></td><td></td></tr>
<tr><td>称量</td><td>5</td><td></td><td></td><td></td></tr>
<tr><td>溶解</td><td>5</td><td></td><td></td><td></td></tr>
<tr><td>移液</td><td>10</td><td></td><td></td><td></td></tr>
<tr><td>洗涤</td><td>5</td><td></td><td></td><td></td></tr>
<tr><td>定容</td><td>10</td><td></td><td></td><td></td></tr>
<tr><td>摇匀</td><td>5</td><td></td><td></td><td></td></tr>
<tr><td>贮液</td><td>5</td><td></td><td></td><td></td></tr>
<tr><td>按操作规程作业</td><td>5</td><td></td><td></td><td></td></tr>
<tr><td>任务完成情况</td><td>10</td><td></td><td></td><td></td></tr>
<tr><td>任务说明</td><td>10</td><td></td><td></td><td></td></tr>
<tr><td>任务展示</td><td>5</td><td></td><td></td><td></td></tr>
<tr><td>工作态度</td><td>5</td><td></td><td></td><td></td></tr>
<tr><td>提出建议</td><td>10</td><td></td><td></td><td></td></tr>
<tr><td>文明生产</td><td>5</td><td></td><td></td><td></td></tr>
<tr><td></td><td>小计</td><td>100</td><td></td><td></td><td></td></tr>
<tr><td>问题总结</td><td colspan="5"></td></tr>
</table>

任务三　工作液配制

任务描述

工作液是指直接为作物提供营养的栽培液。一般根据栽培作物的种类和生育期的不同，由母液稀释成一定倍数的稀释液（图 2-37）。

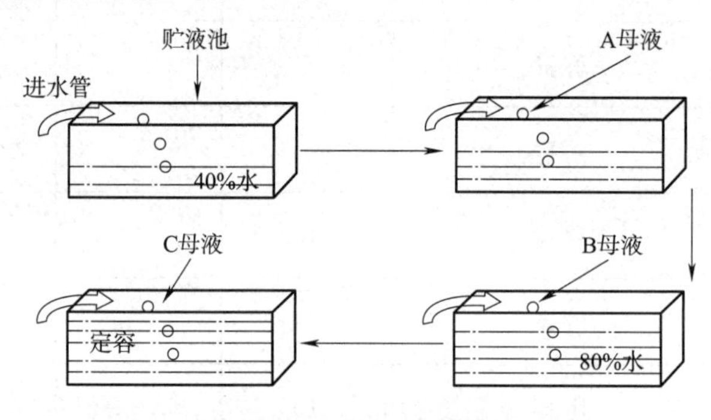

图 2-37　工作液配制流程

任务分析

工作液的配制方法有母液稀释法和直接配制法。其中，母液稀释法是生产上常用的工作液配制方法。可利用母液稀释而成，也可直接配制。为了防止沉淀，首先在贮液池中加入配制营养液体积 1/2～2/3 的清水，然后按顺序一种一种的放入所需数量的母液或化合物，不断搅拌或循环营养液，使其溶解后再放入另外一种。

1. 母液稀释法　这是生产上常用的配制工作液的方法，如图 2-38 所示。

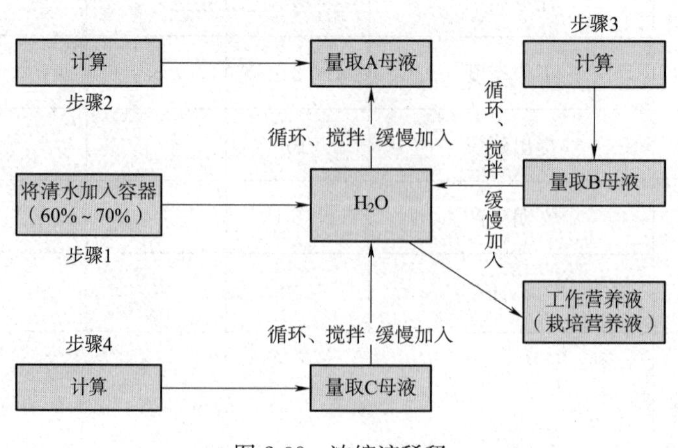

图 2-38　浓缩液稀释

步骤 1：计算好各种母液的移取量。母液移取量的计算公式如下：

$$V_2=\frac{V_1}{n}$$

式中 V_2——母液移取量，mL；

V_1——工作液体积，mL；

n——母液浓缩倍数。

本实训用上述母液配制 100L 的工作液。根据母液移取量的计算公式可计算出 A 母液、B 母液应各取 1L，C 母液移取 0.1L。

向贮液池内注入所配制营养液体积的 40%～60%的水。

步骤 2：量取 A 母液倒入其中，开动水泵使营养液在贮液池内循环流动 30min 或搅拌使其扩散均匀。

步骤 3：量取 B 母液缓慢注入贮液池的清水入口处，让水源冲稀 B 母液后带入贮液池中，开动水泵使营养液在贮液池内循环流动 30min 或搅拌使其扩散均匀，此过程加入的水量以达到总液量的 80%为度。

步骤 4：量取 C 母液，按照 B 母液的加入方法加入贮液池中，经水泵循环流动或搅拌均匀，使水量达到 100%。

步骤 5：用酸度计和电导率仪检测营养液的 pH 和 γ 值。如果 pH 的检测结果不符合配方和作物栽培要求，应及时调整。pH 调整完毕的营养液，在使用前先静置 30min 以上，然后在种植床上循环 5～10min，再测试一次 pH，直至与要求相符。

步骤 6：填写工作液配制登记表，以备查验。工作液配制登记表样式见表 2-11。

表 2-11　工作液配制登记

配方名称	使用对象
营养液体积	配制日期
计算人	审核人
配制人	水的 pH
营养液 γ 值	营养液 pH
原料名称及称（移）取量	

2. 直接配制法　在生产中，如果一次需要的工作液的量很大，则大量元素可以采用直接称取配制法，而微量营养元素可采用先配制成 C 母液再稀释为工作液的方法。本任务配制 100L 园试配方的工作液，也可以采取直接称量配制的方法。

直接配制法的具体步骤如下：

步骤 1：按营养液配方和预配制的营养液体积计算所需各种试剂或肥料的用量。向贮液池内注入 50%～70%的水量。

步骤 2：称取相当于 A 母液的各种试剂或肥料，在塑料盆内溶解后倒入贮液池中，开启水泵使营养液在池内循环流动 30min 或搅拌均匀。

步骤 3：称取相当于 B 母液的各种化合物，在塑料盆内溶解，并用大量清水稀释后，让水源冲稀 B 母液带入贮液池中，开启水泵使营养液在池内循环流动 30min 或搅拌均匀，此过程所加的水须达到总液量的 80%。

步骤 4：量取预先配制的 C 母液并稀释后，在贮液池的水源入口处缓慢倒入，开启水泵使营养液在池内循环流动 30min 或搅拌均匀。

步骤 5：同浓缩液稀释法。

配制方法的选择根据生产上的操作方便与否来决定，有时可将两种方法配合使用。

例如，配制工作营养液的大量营养元素时采用直接称量配制法，而微量营养元素的加入可采用先配制浓缩营养液再稀释为工作营养液的方法。

本任务工作流程如下：

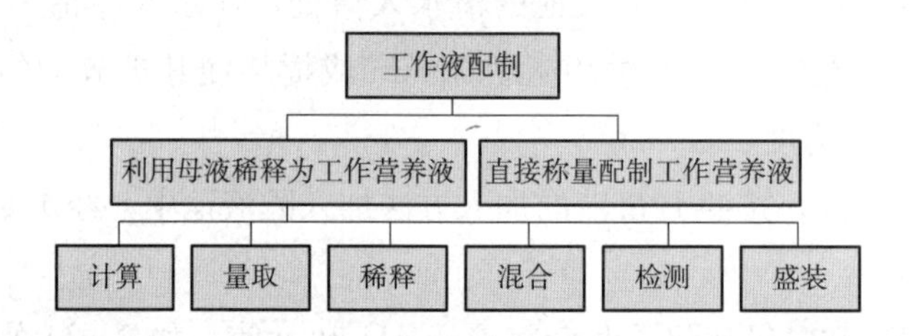

任务准备

1. 工具及材料准备 移液管、烧杯、标签纸、黑色塑料桶、塑料水管、酸度计、电导率仪等（图 2-39 至图 2-45）；配制好的 A、B、C 三种母液。

2. 人员准备 将学生分成若干小组，每组 4～6 人，确定组长，明确任务。

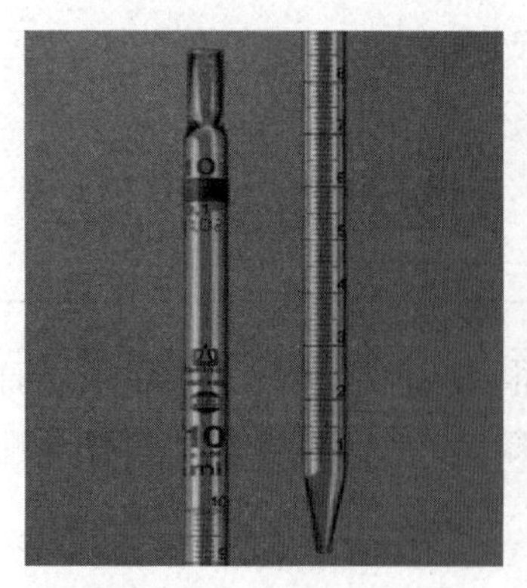

图 2-39 移液管

图 2-40 烧 杯

图 2-41 标签纸

图 2-42　黑色塑料贮液罐

图 2-43　塑料水管

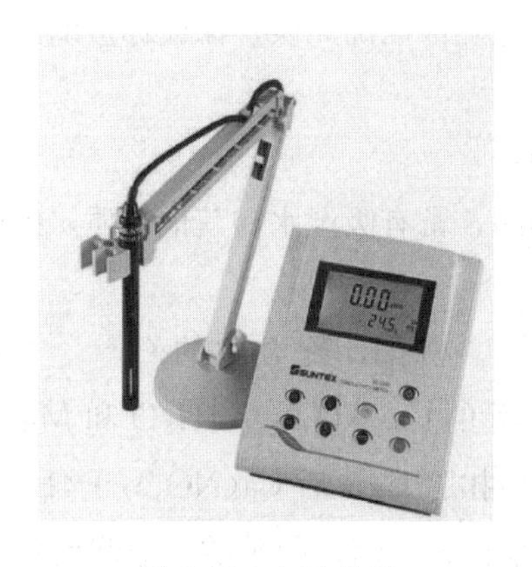

图 2-44　电导率仪

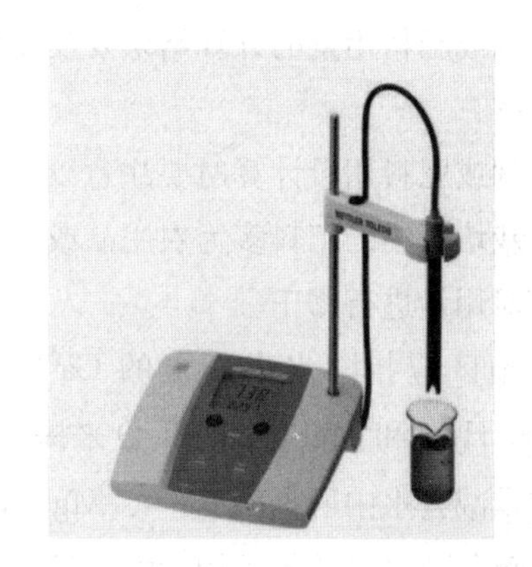

图 2-45　酸度计

任务实施

方法 1：利用母液稀释法配制工作营养液。

方法 2：直接称量法配制工作营养液。

具体的操作步骤详见本任务中“任务分析”的相关内容。

任务小结

在实际生产应用上，营养液的配制方法可采用先配制浓缩营养液（或称母液），然后用浓缩营养液配制工作营养液；也可以采用直接称取各种营养元素化合物直接配制工作营养液。可根据实际需要来选择一种配制方法，但不论是选择哪种配制方法，都要以在配制过程中不产生沉淀为总的指导原则。

知识支撑

（一）知识链接

在荷兰、日本等国家的现代化温室中进行大规模无土栽培生产时，一般采用A、B两种母液罐。A罐中主要含硝酸钙、硝酸钾、硝酸铵和螯合铁，B罐中主要含硫酸钾、硝酸钾、磷酸二氢钾、硫酸镁、硫酸铜、硫酸锌、硼砂和钼酸钠，通常配制成100倍的母液。为了防治浓缩液罐出现沉淀，有时还需配备酸液罐以调节浓缩液酸度。整个系统由计算机控制调节、稀释、混合后形成工作液。

注意事项：

（1）试剂或肥料用量的计算结果要反复核对，确保准确无误；保证称量的准确性和名实相符。

（2）试剂或肥料用量计算时要注意以下方面：

①无土栽培所用的肥料多为农用品或工业用品，常有吸湿水和其他杂质，纯度较低，应按实际纯度对用量进行修正。

②硬水地区应扣除水中所含的Ca^{2+}、Mg^{2+}。例如，配方中的Ca^{2+}、Mg^{2+}分别由$Ca(NO_3)_2 \cdot 4H_2O$和$MgSO_4 \cdot 7H_2O$来提供，实际的$Ca(NO_3)_2 \cdot 4H_2O$和$MgSO_4 \cdot 7H_2O$用量是配方量减去水中所含的Ca^{2+}、Mg^{2+}量。但扣除Ca^{2+}后$Ca(NO_3)_2 \cdot 4H_2O$中氮用量减少了，这部分减少了的氮可用硝酸（HNO_3）来补充，加入的硝酸不但起到补充氮源的作用，而且可以中和硬水的碱性。加入硝酸后如果仍未能使水中的pH降低至理想的水平时，可适当减少磷酸盐的用量，而用磷酸来中和硬水的碱性。如果营养液偏酸，可增加硝酸钾用量，以补充硝态氮，并相应地减少了硫酸钾用量。扣除营养中镁的用量，$MgSO_4 \cdot 7H_2O$实际用量减少，也相应地减少了SO_4^{2-}的用量，但由于硬水中本身就含有大量的硫酸根，所以一般不需要另外补充，如果有必要，可加入少量H_2SO_4来补充。在硬水地区硝酸钙用量少，磷和氮的不足部分由硝酸和磷酸供给。

③营养液配制用品和称好的肥料有序地摆放在配制现场，经核查无遗漏，才可动手配制。切勿在用料未到齐的情况下匆忙动手操作。

④用于溶解试剂或肥料的容器须用清水刷洗，刷洗水一并倒入贮液罐或贮液池内。

⑤为了加速试剂或肥料溶解，可用温水溶解或使用磁力搅拌器搅拌。

⑥配制工作液要防止由于加入母液的速度过快，造成局部浓度过高而出现大量沉淀。如果较长时间开启水泵循环之后仍不能使这些沉淀溶解时，应重新配制营养液。

⑦建立严格的记录档案，以备查验。

（二）水肥一体化机器的使用

1. 基本配件　智能营养液控制器如图2-46所示。硬件设施基本配件包含PHEC-B2控制器、取样盒、传感器检测盒、pH 探头、EC 和温度探头、螺纹接头、过滤器、球形开关、取样泵、电源适配器、蠕动泵、软管、校正液（EC 1.413、pH 4.00、pH 7.00）和配件，如图 2-47 所示。

图 2-46　智能营养液控制器

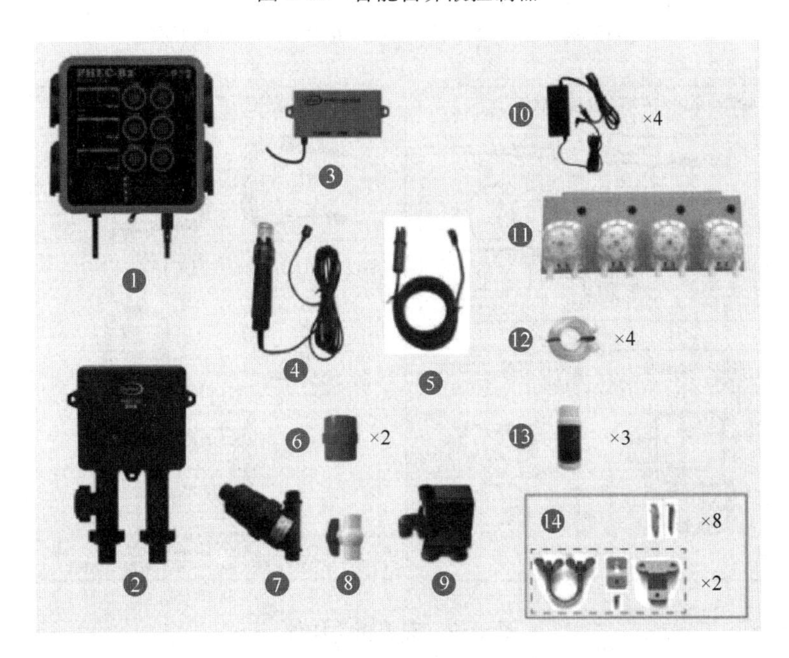

图 2-47　基本配件

1. PHEC-B2 控制器　2. 取样盒　3. 传感器检测盒　4. pH 探头　5. EC 和温度探头　6. 螺纹接头　7. 过滤器　8. 球形开关　9. 取样泵　10. 电源适配器　11. 蠕动泵　12. 软管　13. EC 1.413 校正液、pH 4.00 校正液、pH 7.00 校正液　14. 配件

2. 设备调试　设备全部安装完成，进行启动调试后即可正常使用（图 2-48、图 2-49）。调试步骤如下：

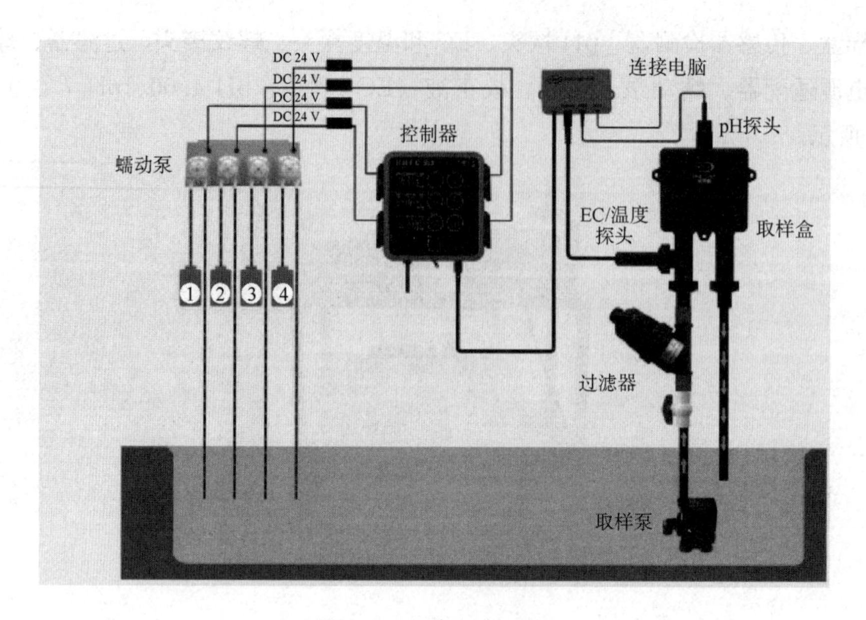

图 2-48　设备调制流程

1. 营养液 A　2. 营养液 B　3. 营养液 C　4. pH 校准液

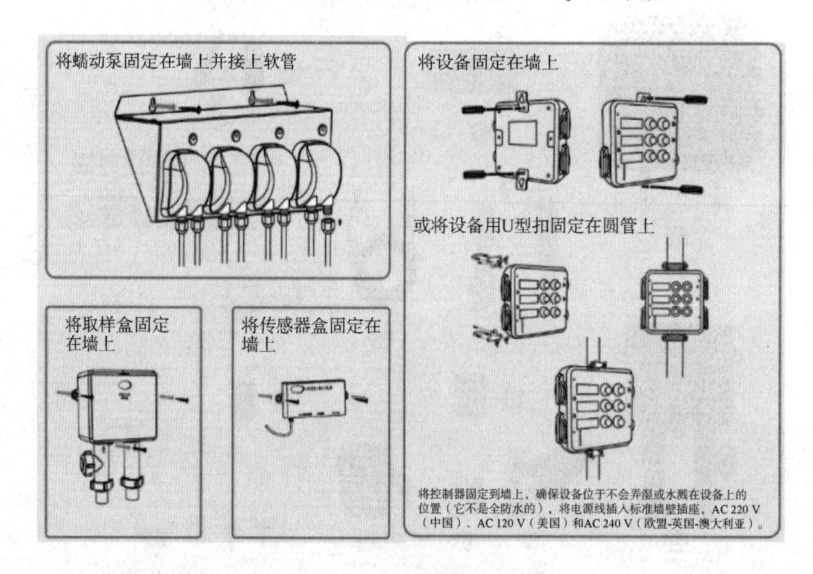

图 2-49　安装相关挂件

（1）将设备分别安装到适当的位置，用管道连接起来。

（2）用清水填充营养液桶。

（3）将设备与电源连接，依次启动主控制器、取样系统电源。

（4）检查连接用的软管的长度是否一致，进水管部分是否出于溶液桶底部并且不被弯折，出水管的出口部分露出在水面上。

（5）检查设备和管道是否漏水或破损。

（6）校正 EC 和 pH 传感器。

（7）检查营养液的参数设置是否符合种植要求。

3. 安装取样系统 取样系统配件包括取样盒、EC/温度传感器、pH 传感器三大部分组成（图 2-50、图 2-51）。将取样盒安装在支架上，并插入 EC 传感器、pH 传感器，连接上过滤器及取样泵后即可实现对营养液精准采样。

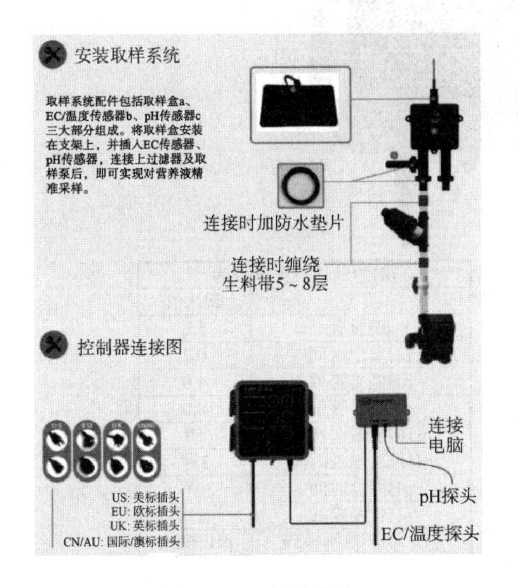

图 2-50　取样系统

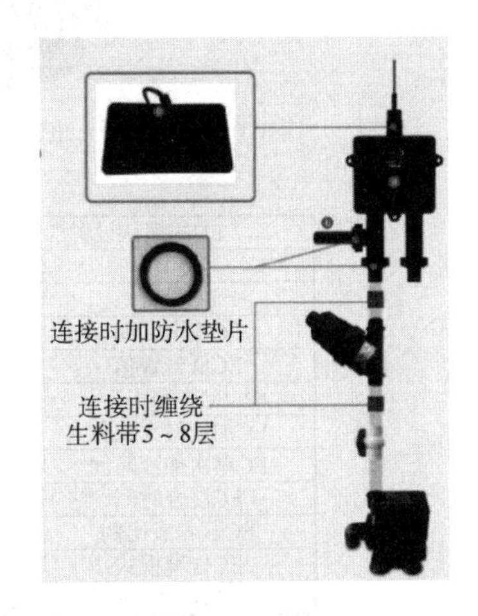

图 2-51　安装取样系统

控制主机采用 AC 220V 供电，将插座插入电源，即可启动控制主机。控制主机正常启动后，出现如下界面即启动完成（图 2-52、图 2-53）。

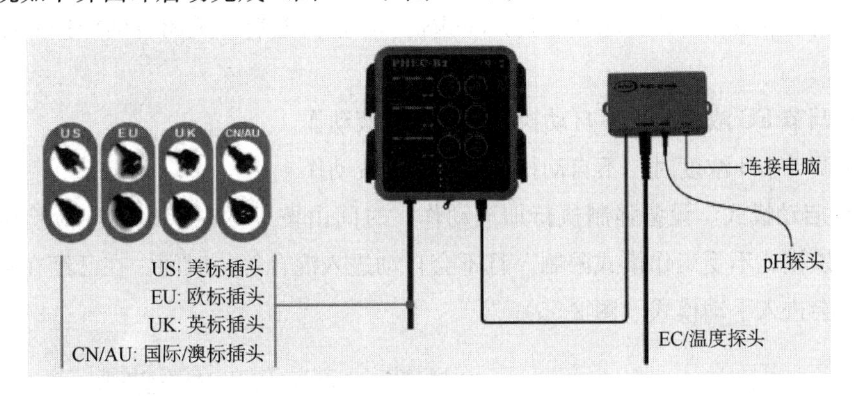

图 2-52　控制器连接示意

4. 工作模式设置 拨动左上角的“监测模式/控制模式”开关，可以选择当前设备的工作模式。向上波动开关为“控制模式”，向下拨动开关为“监测模式”（图 2-54）。

监测模式：只监控营养液的数据，对输出设备不进行动作。

控制模式：包括监测模式的内容，并可以对设备进行输出控制动作。

（1）在加液过程中，将工作模式由“控制模式”切换至“监测模式”，会立即停止加液动作。

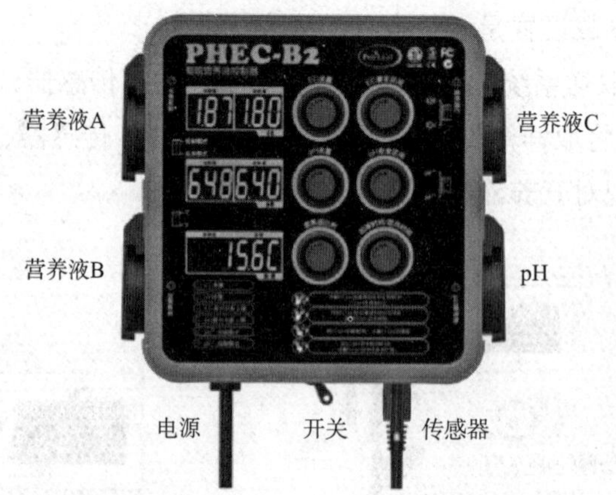

EC的默认设置参数为	
类型	默认值
EC设置	1.8
EC安全区间	0.2
EC低告警值	0.5
EC高警告	4.0
EC加液最大次数	50
EC单次加液时间	10秒
EC混合时间	20秒
EC营养液比例	1∶1∶1
EC告警模式	无声
控制器工作模式	控制模式

pH的默认设置参数为	
类型	默认值
pH设置	5.6
pH安全区间	0.2
pH低告警值	4.0
pH高告警值	8.0
pH加液最大次数	50
pH单次加液时间	3秒
pH混合时间	30秒
pH告警模式	有声
pH+/pH−控制模式	pH−模式

图 2-53　启动控制主机

（2）在工作模式由“监测模式”切换至“控制模式”时，设备会延时 30s 后才会开始执行相关的加液控制操作。

（3）在自动加液时，A、B、C 蠕动泵间隔 0.5s 依次开启，关闭也同样按照相同的间隔依次关闭。

（4）在调节 EC 浓度时，不自动执行 pH 的加液动作。

（5）在调节 pH 浓度时，不自动执行 EC 的加液动作。

5. 手动启动模式　设备强制执行加液动作，时间由按下的时间确定，检验蠕动泵是否正常工作。该模式不受工作模式限制，且不会自动进入混合等待时间。在已经在自动加液的情况下，不会进入手动模式（图 2-55）。

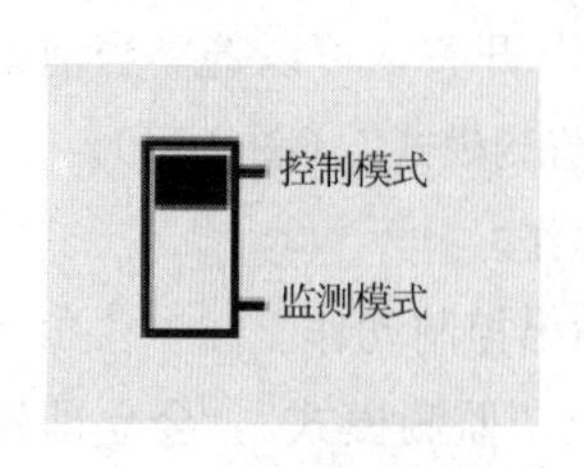

图 2-54　工作模式设置

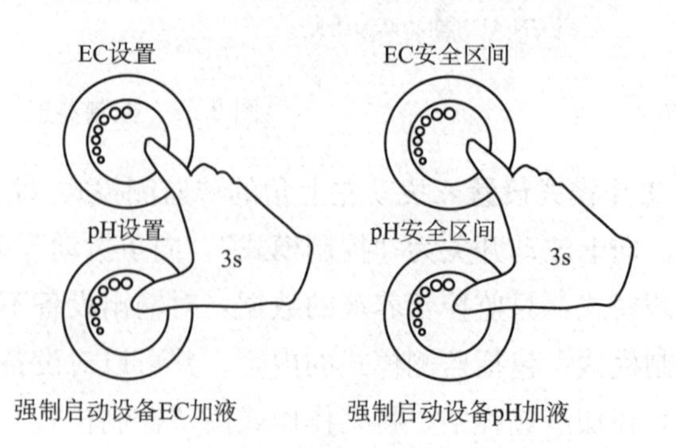

图 2-55　手动启动模式

6. 校正传感器

(1) 校正 EC 传感器。EC 传感器在使用一段时间后，需要进行定期的清理和校正（图 2-56）。

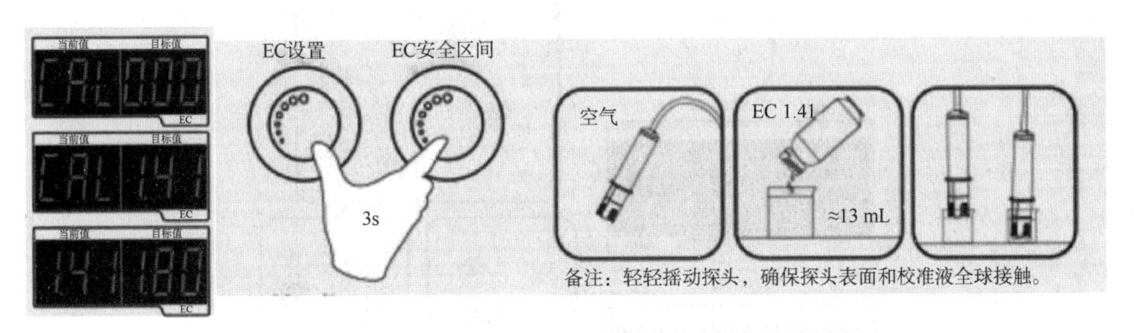

图 2-56 校正 EC 传感器

表面维护的方法：取出传感器，将表面的杂质用软布擦干，使表面重新平整光滑即可。根据不同地区的水质及生产环境的不同，每 15d 或 30d 维护一次；如果出现读数和预期值相差太大的情况，用户可以对 EC 传感器的系数进行单独校正；取出传感器的包装，将匹配的标准溶液倒出到校准杯中，将传感器用软布清洁后放入。

EC 传感器校正步骤：

步骤 1：同时按住按键“EC 设置”键和“EC 安全区间”持续 3s。EC“当前值”框中显示“CAL”，“目标值”框中数字“0.00”闪烁。系统进入 EC 传感器校正状态。将清洁过的 EC 传感器放置在空气中，等待设备的校正动作结束，持续时间 10s，屏幕显示 10s 倒计时。校正完成后，自动进入校正阶段。

步骤 2：将清洁过的 EC 传感器放置在标准溶液中，等待设备的校正动作结束，持续时间 10s。校正完成后，当前值应该显示为 1.41。

(2) 校正 pH 传感器。pH 传感器在使用一段时间后，需要进行定期的清理和校正（图 2-57）。表面维护的方法：取出传感器，将表面的杂质用软布擦干，使表面重新干净整洁即可。根据不同地区的水质及生产环境的不同，建议最少每 30d 维护一次；如果出现读数和预期值相差太大的情况或者使用到特定时间，用户需要对 pH 传感器的系数进行单独校正；同时按住按键“pH 设置”键和“pH 安全区间”持续 3s，系统进入 pH 传感器校正状态。

pH 传感器校正步骤：

步骤 1：在 pH 的“当前值”框中显示“CAL”，“目标值”框中数字持续 30s。此时，将清洁过的 pH 传感器放置 pH 7.00 的标准溶液中，等待设备的校正动作结束，等待读取时间 30s 倒计时。完成校正动作，校正完成后，当前值应该显示为 7.00。

步骤 2：在清水里清洗探头后用软布擦干探头表面的水。

步骤 3：在 pH 的“当前值”框中显示“CAL”，“目标值”框中数字“4.00”闪烁。此

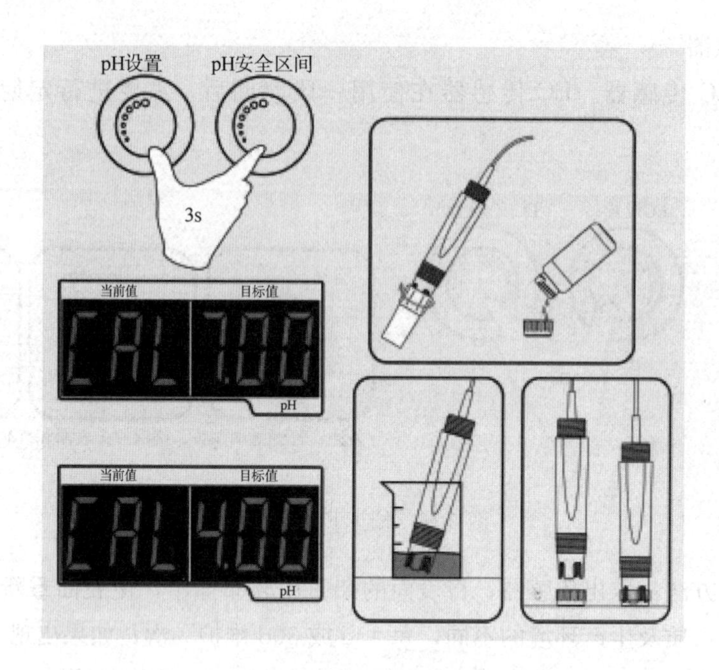

图 2-57　校正 pH 传感器

时，将清洁过的 pH 传感器放置 pH 4.00 的标准溶液中，等待设备的校正动作结束，持续时间 30s。

7. 营养液温度显示　在界面上，显示溶液的当前温度；可以设置温度显示的单位（℃/℉），显示的精度为 0.10。拨动左上角的“℃/℉”开关，可以选择当前设备的显示温度的单位。向上拨动开关为摄氏度（℃）模式，向下拨动开关为华氏度（℉）模式。拨动开关可以切换当前温度的显示模式（图 2-58）。

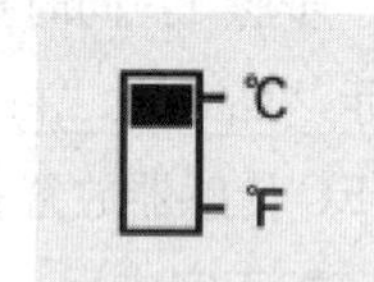

图 2-58　营养液温度显示模式

（三）营养液管理

1. 营养液浓度的调整和管理　营养液在使用过程中，应随着浓度的升高或降低，及时补充水分或无机盐，营养液灌溉实物如图 2-59 所示。营养液管理方法如下：

图 2-59　营养液罐实物

（1）根据硝态氮的浓度变化进行调整。测定营养液中硝态氮的含量，并根据其减少量，按配方比例推算出其他元素的减少量，然后计算出肥料用量并加以补充，保持营养液应有的浓度和营养水平。

（2）根据营养液的水分消耗量进行调整。根据作物水分消耗量和养分吸收量之间的关系，以水分消耗量推算出养分补充量，对营养液进行调整。

（3）根据营养液的电导率变化进行调整。

生产上也可采用较简单的方法来管理营养液。具体做法是：第一周使用新配制的营养液，第一周末添加原始配方营养液的一半，第二周末把营养液罐中所剩余的营养液全部倒入，从第三周开始重新配制营养液，并重复以上过程。

2. 营养液的 pH 调整 营养液 pH 的适宜范围为 5.5～6.5。每 1 000kg 营养液从 pH 7.0 调到 pH 6.0 所需酸量为 98% H_2SO_4 100mL、63% HNO_3 250mL、85% H_3PO_4 300mL 及 63% HNO_3 与 85% H_3PO_4 体积比为 1∶1 的混合酸 245mL。

3. 营养液温度管理 夏季液温不超过 28℃，冬季不低于 15℃。冬季温度偏低时，可在贮液池中安装电热器或电热线，配上控温仪进行自动加温。

4. 营养液含氧量调整 夏季营养液往往供氧不足，可通过搅拌、营养液循环流动、化学试剂制氧、降低营养液浓度等措施提高含氧量。

拓展训练

（一）知识拓展

简答题

（1）利用母液稀释为工作营养液的配制步骤有哪些？

（2）直接称量配制工作营养液法的配制步骤有哪些？

（二）技能拓展

拓展内容见表 2-12 至表 2-14。

表 2-12 任 务 单

任务编号	实训 2-3
任务名称	工作液的配制
任务描述	利用母液稀释为工作液；直接称量配制工作液；测定工作液的 pH
任务工时	4
完成任务要求	1. 计算出各种母液的移取量。 2. 正确开动水泵，搅拌贮液池中倒入已量取的 A 母液。 3. 正确量取 B 母液缓慢注入贮液池的清水入口处，让水源冲稀 B 母液后带入贮液池中，开动水泵使营养液在贮液池内循环流动 30min 或搅拌使其扩散均匀。 4. 正确量取 C 母液，按照 B 母液的加入方法加入贮液池中，经水泵循环流动或搅拌均匀。 5. 正确用酸度计和电导率仪检测营养液的 pH 和 EC 值。 6. 把配好的工作液装入指定的桶中，并写好标签。 7. 将用过的仪器洗涤或擦拭干净。 8. 任务完成情况总体良好。 9. 说明完成本任务的方法和步骤。 10. 完成任务后各小组之间相互展示、评比。 11. 针对任务实施过程中的具体操作提出合理建议。 12. 工作态度积极认真
任务实现流程分析	1. 布置任务。 2. 配制工作液：利用母液稀释为工作营养液、直接称量配制工作营养液。 3. 对母液稀释为工作营养液（或直接称量配制工作营养液）操作过程进行评价
提供素材	移液管、烧杯、标签纸、黑色塑料桶、塑料水管、酸度计、电导率仪等

表 2-13　实 施 单

任务编号	实训 2-3
任务名称	工作液的配制
计划工时	2
实施方式	小组合作 □　　独立完成 □
实施步骤	

表 2-14 评 价 单

<table>
<tr><td>任务编号</td><td colspan="5">实训 2-3</td></tr>
<tr><td>任务名称</td><td colspan="5">工作液的配制</td></tr>
<tr><td rowspan="16">考核要点</td><td>考核内容（主要技能）</td><td>标准分值</td><td>自我评价</td><td>小组评价</td><td>教师评价</td></tr>
<tr><td>计算 A、B、C 母液用量</td><td>5</td><td></td><td></td><td></td></tr>
<tr><td>量取 A、B、C 母液</td><td>10</td><td></td><td></td><td></td></tr>
<tr><td>将 A、B、C 母液稀释到指定倍数</td><td>10</td><td></td><td></td><td></td></tr>
<tr><td>混合</td><td>5</td><td></td><td></td><td></td></tr>
<tr><td>用酸度计和电导率仪检测混合溶液相关指标</td><td>5</td><td></td><td></td><td></td></tr>
<tr><td>将混合溶液盛装到指定容器</td><td>10</td><td></td><td></td><td></td></tr>
<tr><td>整理、清理工作场所卫生</td><td>5</td><td></td><td></td><td></td></tr>
<tr><td>按操作规程作业</td><td>5</td><td></td><td></td><td></td></tr>
<tr><td>任务完成情况</td><td>10</td><td></td><td></td><td></td></tr>
<tr><td>任务说明</td><td>10</td><td></td><td></td><td></td></tr>
<tr><td>任务展示</td><td>5</td><td></td><td></td><td></td></tr>
<tr><td>工作态度</td><td>5</td><td></td><td></td><td></td></tr>
<tr><td>提出建议</td><td>10</td><td></td><td></td><td></td></tr>
<tr><td>文明生产</td><td>5</td><td></td><td></td><td></td></tr>
<tr><td>小计</td><td>100</td><td></td><td></td><td></td></tr>
<tr><td>问题总结</td><td colspan="5"></td></tr>
</table>

【项目小结】

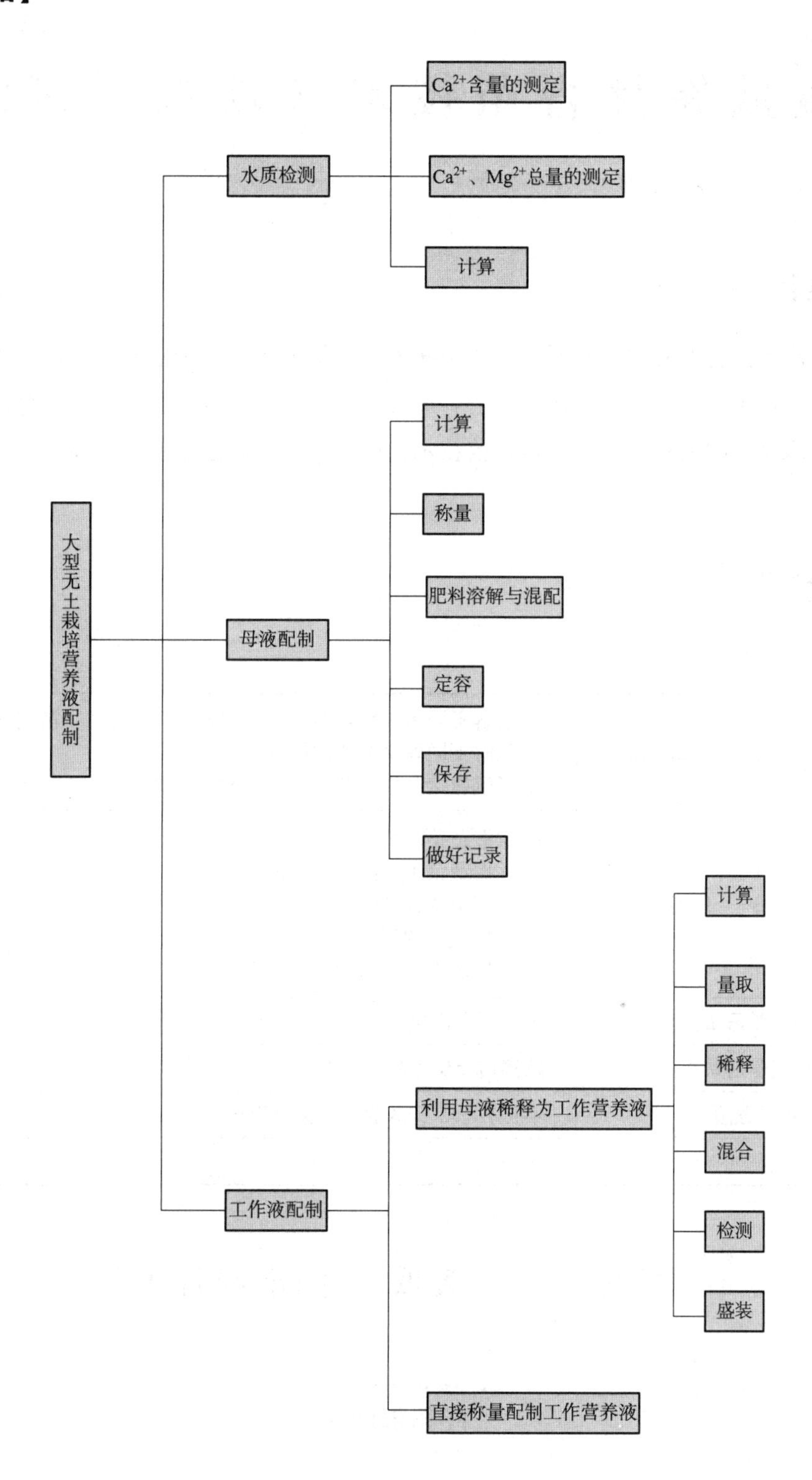
大型无土栽培营养液配制
水质检测
Ca^{2+}含量的测定
Ca^{2+}、Mg^{2+}总量的测定
计算
母液配制
计算
称量
肥料溶解与混配
定容
保存
做好记录
工作液配制
利用母液稀释为工作营养液
计算
量取
稀释
混合
检测
盛装
直接称量配制工作营养液

项目三

黄瓜嫁接育苗技术（顶端插接法）

【项目描述】

蔬菜嫁接不但能够有效地降低土壤传染病害，还能够减少保护地土壤连作障碍。嫁接育苗技术在保护地黄瓜生产中应用比较广泛，通过正确的黄瓜嫁接育苗技术，培育出理想的壮苗是温室黄瓜生产的关键环节。嫁接育苗技术目前已成为冬春季温室黄瓜高产栽培所不可缺少的措施之一。

【教学导航】

<table>
<tr><td rowspan="2">教学目标</td><td>知识目标</td><td>1. 了解不同蔬菜育苗的营养土配方、播种方法、苗期管理措施。
2. 了解不同嫁接方法的特点。
3. 了解嫁接苗生长期对外界环境的要求</td></tr>
<tr><td>能力目标</td><td>1. 掌握蔬菜育苗营养土的配制方法。
2. 掌握蔬菜种子的浸种、催芽技术。
3. 掌握蔬菜种子的播种方法。
4. 掌握黄瓜的顶端插接技术。
5. 掌握黄瓜嫁接苗的管理技术</td></tr>
<tr><td colspan="2">本项目学习重点</td><td>黄瓜顶端插接技术；嫁接苗的苗期管理</td></tr>
<tr><td colspan="2">本项目学习难点</td><td>嫁接苗及砧木的正确选择</td></tr>
<tr><td colspan="2">教学方法</td><td>项目教学、任务驱动、案例引导法</td></tr>
<tr><td colspan="2">建议学时</td><td>10</td></tr>
</table>

任务一　黄瓜、南瓜浸种催芽

任务描述

日光温室要进行早春黄瓜生产，计划在 3 月上旬定植，黄瓜的定植时期决定了播种期，黄瓜苗龄一般为 55～60d，所以要在加温的温室内提前育苗。首先要选择适宜温室生产的优良黄瓜品种及南瓜品种，在满足种子发芽的条件下催芽，使得黄瓜及南瓜种子出芽整齐一致，具备播种的标准要求。南瓜种子一般要比黄瓜种子提前 4～6d 浸种催芽。

任务分析

在用热水浸泡黄瓜和南瓜种子时，水的温度要在 55～60℃，并用玻璃棒不断搅动，等到水温下降到 20～30℃的时候不再搅拌，浸种时间 1～2h；种子催芽时，12h 左右要用温水清洗并翻动种子，可以使种子受热一致，才能发芽一致。

本任务工作流程如下：

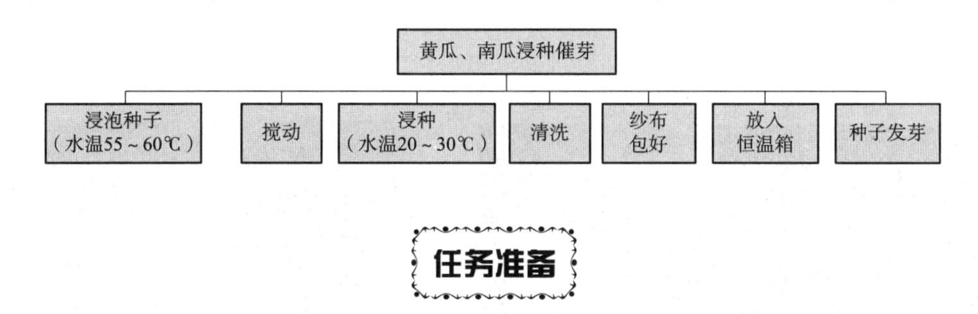

任务准备

1. 工具及材料准备　黄瓜种子、黑籽南瓜种子、温水、玻璃杯、玻璃棒、托盘、纱布、恒温箱。

2. 人员准备　将学生分成若干小组，每组 4～6 人，确定组长，明确任务。

任务实施

（一）选择合适品种

黄瓜种子选择新津研 4 号或德瑞特等合适品种种子（图 3-1），南瓜种子选择白籽南瓜（图 3-2）。

（二）浸种

1. 黄瓜　将黄瓜种子倒入 55～60℃温水中，浸种时间 5～15min；等水温降至 20～30℃时不再搅拌，浸种时间 1～2h（图 3-3）。

2. 南瓜　将南瓜种子倒入 55～60℃温水中，浸种时间 5～15min；等水温降至 20～30℃时不再搅拌，浸种时间 4～5h（图 3-4）。

（三）催芽

1. 黄瓜种子

（1）将浸泡好的黄瓜种子用清水清洗一遍倒入纱布上包好（图 3-5）。

图 3-1　黄瓜种子

图 3-2　南瓜种子

图 3-3　黄瓜浸种

图 3-4　南瓜浸种

图 3-5　用纱布包好催芽

（2）将种子放在恒温箱中，温度调至27～30℃，每隔12h左右要把种子包投入温水中轻轻搓洗几遍，洗去种子上表面的黏液，之后倒出种子摊开晾一会儿，待种子表面不水漉漉后再继续催芽。经过24～28h，80%的种子出芽后，即可播种出芽的黄瓜种子。

2. 南瓜种子 与黄瓜种子催芽方法相同。

任务小结

用温水浸种时，若水的温度和操作时间达不到要求，起不到杀菌的作用，这样带菌种子播下后幼苗就会发生病害；另外，种子发芽时候温度过低或没有经常翻动种子，可以造成种子出芽过慢和出芽不整齐的现象，甚至出现个别种子腐烂。

知识支撑

番茄、辣椒、芹菜催芽技术

1. 选种 一定选籽粒饱满、大小一致、纯度高的种子，要去掉种子里的泥土杂质，以免影响发芽或造成烂种。

2. 消毒

（1）干热消毒法。多用于番茄，先晾晒种子，使含水量在7%以下，放入70～73℃的烘箱中烘烤4d，取出后催芽，可防治番茄溃疡病和病毒病。

（2）温汤浸种法。将种子放在55～60℃的热水中浸泡10～15min，边浸泡边搅拌，待水温降至30℃时停止搅拌，继续浸泡3～4h，取出晾干催芽，可减少苗期病害。

（3）药液浸泡法。先用清水浸种3～4h，然后放入福尔马林100倍液中浸泡20min，取出用清水冲净即可催芽。此法可防治番茄早疫病、茄子褐纹病、黄瓜炭疽病、枯萎病等。

3. 浸种 催芽前必须浸泡种子，但浸种时间不宜过长。经试验，黄瓜用1～2h，辣椒、茄子、番茄用3～4h浸种较合适（包括种子消毒处理时的浸水时间）。

4. 催芽 把浸泡过的种子水沥干，用通气性好的纱布包好，外层用湿毛巾包好，使种子处于松散状态，不要压得过紧，每天用温水清洗种子。

催芽的关键是温度，适宜的温度和催芽时间为：黄瓜的催芽温度为28～30℃，催芽时间为16～28h；番茄的催芽温度为28～30℃，催芽时间为3d；甜椒的催芽温度为33～35℃，催芽时间为4～5d。目前提倡变温催芽的办法，即夜间8个小时降低5～10℃，保持在20℃左右。这种方法能提高种子发芽率，缩短催芽时间。催芽设备有条件的最好使用电恒温箱。催芽后，种子出芽露白，即可播种。若种子已出芽，又不能及时播种，可将种子放在5℃左右的地方暂时保存。

（1）番茄催芽将选好的种子用55～60℃温水浸种15min并迅速搅拌，转入一般浸种5～12h捞出，用清水洗去种皮黏液后，装入干净的湿布袋内置于25℃左右的环境中，种子既要保持一定的温度，又不能湿度过大，以免烂种。

（2）辣椒催芽将选好的种子用55～60℃的温水浸15min后，将水温降至30℃再浸泡10～12h，捞出用清水洗净，装入干净的湿布袋内置于28～30℃下催芽。

（3）芹菜催芽将选好的种子温汤浸种后，搓洗数次，直至水清为止，浸泡24h后捞出，用湿布袋装好置于20℃左右条件下催芽。

拓展训练

（一）知识拓展

1. 选择题

（1）蔬菜苗期（　　）需求量较大。

A. 氮肥　　B. 钾肥　　C. 磷肥　　D. 复合肥

（2）以下选项中蛋白质含量较高的蔬菜是（　　）。

A. 菜豆　　B. 大白菜　　C. 番茄　　D. 黄瓜

（3）定植前秧苗锻炼的目的是（　　）。

A. 促进生长　　B. 防治老化　　C. 增强抗逆性　　D. 防止徒长

2. 判断题

（1）蔬菜与人体关系密切，它是人体所需要维生素的主要来源。（　　）

（2）洋葱和大葱种子形状、颜色、大小都很相似，它们的主要区别是洋葱种子表皮皱纹多，排列不整齐，大葱种子表皮皱纹少，排列整齐。（　　）

3. 简答题

（1）简述黄瓜种子浸种催芽的步骤。

（2）种子消毒的方法有哪些？

（二）技能拓展

拓展内容见表3-1至表3-3。

表 3-1　任 务 单

任务编号	实训 3-1
任务名称	黄瓜浸种催芽
任务描述	日光温室栽培黄瓜需要在加温的温室内提前育苗，所以要选择适合日光温室生产的黄瓜品种，通过浸种起到杀菌的作用，将浸泡过的种子放在适宜的环境条件下催芽
任务工时	2
完成任务要求	1. 选择合适品种。 2. 浸泡种子，温度为 55～60℃，时间为 15min。 3. 搅动，温度降至 20～30℃，时间保持 1～2h。 4. 种子用清水清洗 1 次。 5. 种子用纱布包好。 6. 种子放入恒温箱（27～30℃），每隔 12h 左右把种子投入温水搓洗几遍，洗去种子表面的黏液，时间保持在 24～28h。 7. 种子发芽情况良好。 8. 任务完成情况总体良好。 9. 说明完成本任务的方法和步骤。 10. 完成任务后各小组之间相互展示、评比。 11. 针对任务实施过程中的具体操作提出合理建议。 12. 工作态度积极认真
任务实现流程分析	1. 布置任务。 2. 按步骤操作：浸泡种子（55～60℃）→搅动→浸种（20～30℃）→清洗→纱布包好→放入恒温箱→种子发芽。 3. 对黄瓜浸种催芽过程进行评价
提供素材	种子、温水、玻璃杯、玻璃棒、托盘、纱布、恒温箱等

表 3-2 实 施 单

任务编号	实训 3-1
任务名称	黄瓜浸种催芽
任务工时	2
实施方式	小组合作 □　　独立完成 □
实施步骤	

表 3-3 评 价 单

<table>
<tr><td>任务编号</td><td colspan="5">实训 3-1</td></tr>
<tr><td>任务名称</td><td colspan="5">黄瓜浸种催芽</td></tr>
<tr><td rowspan="17">考核要点</td><td>考核内容（主要技能）</td><td>标准分值</td><td>自我评价</td><td>小组评价</td><td>教师评价</td></tr>
<tr><td>种子质量</td><td>5</td><td></td><td></td><td></td></tr>
<tr><td>浸种水的温度</td><td>5</td><td></td><td></td><td></td></tr>
<tr><td>浸种时间</td><td>5</td><td></td><td></td><td></td></tr>
<tr><td>种子清洗质量</td><td>5</td><td></td><td></td><td></td></tr>
<tr><td>种子浪费损失情况</td><td>5</td><td></td><td></td><td></td></tr>
<tr><td>每天淘洗的质量</td><td>5</td><td></td><td></td><td></td></tr>
<tr><td>出芽的质量</td><td>5</td><td></td><td></td><td></td></tr>
<tr><td>出芽天数</td><td>15</td><td></td><td></td><td></td></tr>
<tr><td>按操作规程作业</td><td>5</td><td></td><td></td><td></td></tr>
<tr><td>任务完成情况</td><td>10</td><td></td><td></td><td></td></tr>
<tr><td>任务说明</td><td>10</td><td></td><td></td><td></td></tr>
<tr><td>任务展示</td><td>5</td><td></td><td></td><td></td></tr>
<tr><td>工作态度</td><td>5</td><td></td><td></td><td></td></tr>
<tr><td>提出建议</td><td>10</td><td></td><td></td><td></td></tr>
<tr><td>文明生产</td><td>5</td><td></td><td></td><td></td></tr>
<tr><td>小计</td><td>100</td><td></td><td></td><td></td></tr>
<tr><td>问题总结</td><td colspan="5"></td></tr>
</table>

任务二　黄瓜、南瓜播种育苗

任务描述

育苗是黄瓜嫁接苗栽培的重要环节，本次任务包括黄瓜育苗和南瓜育苗两部分。黄瓜苗期的生长直接影响整个生育期，早春利用日光温室人为控制环境条件，提前培育健壮秧苗，达到早定植、延长生长期的目的。黄瓜种子及南瓜种子经过催芽已达到了播种的标准，把已配制好的营养土装到育苗盘内进行播种，黄瓜种子采用撒播，南瓜种子采用穴播。

任务分析

在配制营养土时，营养土的养分一定要满足黄瓜苗期生长的需要；播种要选在晴天的上午，尽量在短时间内完成，若遇上连阴天，可将出芽的种子放在冰箱内冷藏，温度0～2℃，可以保存2～3d，天晴后再播种。播种时种子一定要平放，覆土要均匀一致，温室内的温度保持在28～30℃，以使种子尽快出土。

本任务工作流程如下：

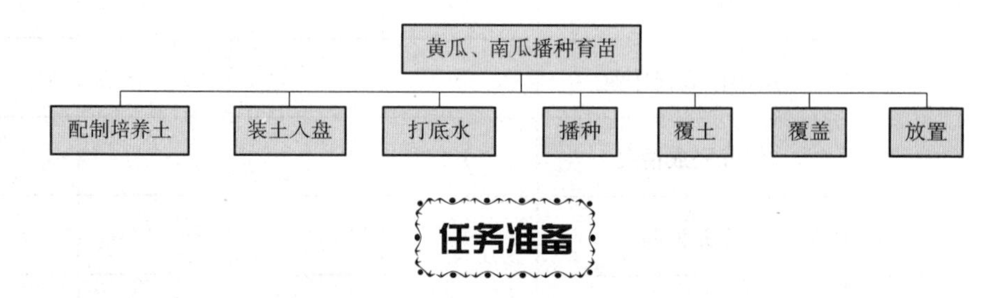

任务准备

1. 工具及材料准备　草炭土、珍珠岩、蛭石、平底育苗盘（2个）、育苗盘（50孔，40个）、铁锹、筛子、塑料薄膜（厚0.1mm）等（图3-6至图3-10）。

图3-6　培养土

图3-7　平底育苗盘

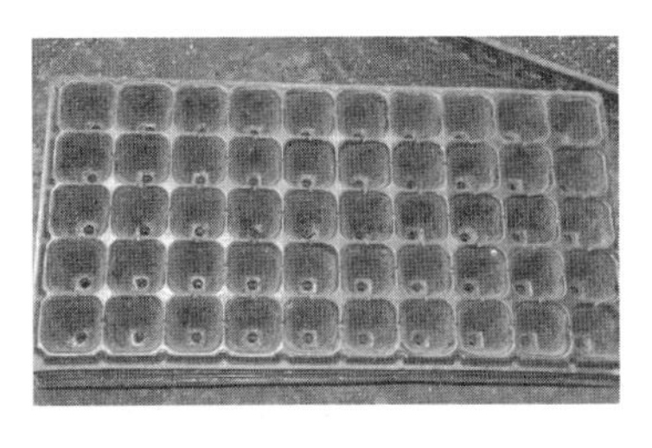

图 3-8　50 孔育苗盘

图 3-9　铁　锹

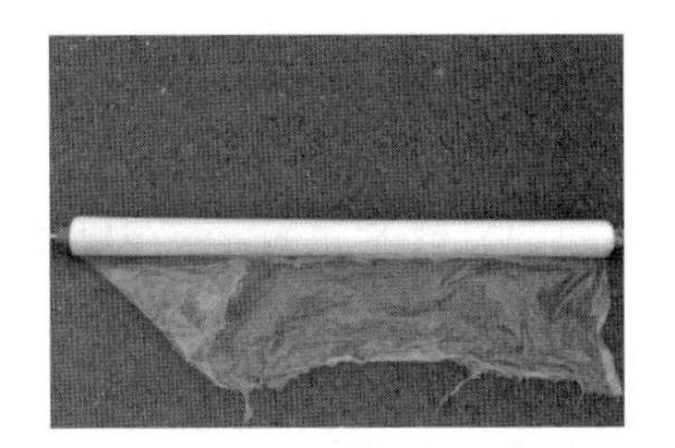

图 3-10　塑料薄膜

2. 人员准备　将学生分成若干小组，每组 4～6 人；确定组长，明确任务。

任务实施

1. 筛土　把草炭土过筛（图 3-11）。

2. 混拌营养土　营养土配方草炭土∶珍珠岩∶蛭石＝6∶3∶1（图 3-12）。

图 3-11　筛　土

图 3-12　混拌营养土

3. 装营养土　将营养土装在育苗盘内，装好的育苗盘（图 3-13）。

4. 打底水　把育苗盘浇透水，然后再用 1 000 倍高锰酸钾溶液再浇一遍。播种前浇水（图 3-14）。

图 3-13　装营养土

图 3-14　播种前浇水

5. 播种 水渗下后将种芽播入。黑籽南瓜种子播种时间要比黄瓜种子播种时间提前4～6d。

(1) 将黄瓜种子采用撒播方式均匀散播在育苗盘上（图3-15）。

(2) 将黑籽南瓜种子点播在50孔育苗盘上（图3-16）。

图3-15 黄瓜播种

图3-16 南瓜播种

6. 覆土 覆盖厚1cm的营养土（图3-17）。

7. 覆盖 用白色地膜覆盖，达到保温、保湿目的（图3-18）。

图3-17 播种后覆土

图3-18 播种地膜覆盖

8. 放置 将育苗盘放置于培养床上。

9. 浇施营养液 播种后覆膜，出苗后若遇强冷空气的影响，早晚还宜用塑料薄膜小拱棚覆盖保温。砧木育苗时，由于生长慢，苗龄稍长，在子叶充分展开后，浇施2次1/4～1/3的日本园试配方营养液。

任务小结

营养钵在播种前没有浇透水，这样会影响幼苗出土，因为在幼苗出土前是不能浇水的，所以播前一定要浇透水；在播种时，盛有发芽种子的容器里水太少，造成了芽干瘪且影响出苗，容器里水要适量，以淹没种子为宜；另外就是覆土不均匀，造成种子深浅不一，适宜覆土的厚度为 1cm 左右。

知识支撑

（一）穴盘

穴盘也称育苗盘，分为平底平苗盘和带有穴孔状育苗盘。穴盘育苗是现代园艺最根本的一项变革，为快捷和大批量生产提供了保证。制造穴盘的材料一般有聚苯泡沫、聚苯乙烯、聚氯乙烯和聚丙烯等。

育苗盘的穴孔形状主要有方形和圆形，方形穴孔所含基质一般要比圆形穴孔多 30%左右，水分分布也较均匀，种苗根系发育更加充分。标准穴盘的尺寸为 540mm×280mm，因穴孔直径大小不同，孔穴数为 18～800。

黑色塑料育苗盘具有白天吸热、夜晚保温护根、保肥作用，干旱时节具有保水作用；用苗盘育种、育苗便于集中培育和移栽，显著提高经济效益，广泛用于花卉、蔬菜、瓜果等种植。

（二）营养土配制方法

1. 营养土的要求 一般要求有机质含量 15%～20%、全氮含量 0.5%～1.0%、速效性氮含量 60～100mg/kg、速效磷含量 100～150mg/kg、速效钾含量 100mg/kg，pH 6.0～6.5。并且要求营养土疏松肥沃，有较强的保水性、透水性，通气性好，无病菌虫卵及杂草种子。

2. 营养土材料 营养土可因地制宜，就地取材进行配制，基本材料是园土、腐熟有机肥、草炭土、蛭石等。

园土是配制培养土的主要成分，一般应占 1/2。但园土可传染病害，如猝倒病、立枯病，茄科的早疫病、绵疫病，瓜类的枯萎病、炭疽病等。故选用园土时一般不要使用同科蔬菜地的土壤，以种过豆类、葱蒜类蔬菜的土壤为好。选用其他园土时，一定要铲除表土，掘取心土。园土最好在 8 月高温时掘取，经充分烤晒后打碎、过筛，筛好的园土应贮藏于室内或用薄膜覆盖，保持干燥状态备用。

（1）有机肥料。根据各地不同情况因材而用，可以是猪粪渣、垃圾、河泥、厩肥、草木灰、人粪尿等，其含量应占营养土的 20%～30%。所有有机肥必须经过充分腐熟后才可用。

（2）炭化谷壳或草木灰。其含量可占营养土的 20%～30%。谷壳炭化应适度，一般应使谷壳完全烧透，但以基本保持原形为准。

(3) 人畜粪尿。一般浇泼在园土中，让土壤吸收。也可在园土、垃圾、栏粪等堆积时，将人畜粪尿浇泼在其中，一起堆置发酵。

营养土中还要加入占营养土总重2%～3%的过磷酸钙，增加钙和磷的含量。

(三) 播种方式

1. 撒播 一般用于生长期短、营养面积小的速生菜（如小白菜、油菜、小萝卜等）以及番茄、茄子、辣椒、结球甘蓝、花椰菜、莴苣、芹菜等。播种时可先往畦面上撒一些细土后再播种，种子掺上少量的细沙土撒种，注意撒种要均匀。播种后即覆土，覆土厚度1.0～1.5cm。

2. 条播 一般用于生长期较长和营养面积较大的蔬菜（韭菜、大葱等）及需要深耕培土的蔬菜（马铃薯、生姜、芋等）。速生菜（芫荽、茼蒿等）通过缩小株距和宽幅多行，也进行条播。一般开5～10cm深的条沟播后覆土踏压。要求带墒播种或先浇水后播种盖土，幼苗出土后及时间苗。

3. 穴播 也称点播，一般用于种子比较大的蔬菜。穴播的优点在于能够造成局部的发芽所需的水、温、气条件，有利于在不良条件下播种而保证苗全苗旺。如在干旱炎热时，可以按穴浇水后点播，再加厚覆土保墒防热，待要出苗时再扒去部分覆土，以保证全苗。育苗时，划方格切块播种。纸筒、营养钵播种均属于穴播。

拓展训练

(一) 知识拓展

1. 选择题

(1) 小白菜、油菜、小萝卜等速生菜宜使用（　　）方式播种。

A. 撒播　　B. 条播　　C. 穴播　　D. 以上均可

(2)（　　）是光合作用的原料，因此其浓度也是影响植物生长发育的重要因素。

A. CO_2　　B. CO　　C. O_2　　D. NO

2. 判断题

(1) 穴盘育苗是现代园艺最根本的一项变革，为快捷和大批量生产提供了保证。（　　）

(2) 土质过于黏重或有机质含量较低时，可加入牛粪。（　　）

(3) 蔬菜采用条播播种时可开5～10cm深的条沟播后覆土踏压。（　　）

(4) 肥料之间的配合使用就是混合使用。（　　）

3. 简答题

(1) 简述营养土的配制方法。

(2) 播种采用黑色育苗盘的好处是什么？

(二) 技能拓展

拓展内容见表3-4至表3-6。

表3-4　任　务　单

任务编号	实训3-2
任务名称	黄瓜播种育苗
任务描述	早春黄瓜日光温室生产需要提前进行育苗，首先要配制适合黄瓜育苗的营养土，将配制好的营养土进行消毒，防治苗期病害；将育苗盘装上营养土，浇透底水，待水下渗后采用撒播的方式将发芽的黄瓜种子均匀撒到苗盘内，覆土厚度1cm左右，最后覆盖地膜保温保湿
任务工时	2
完成任务要求	1. 培养土配制前要过筛，并将草炭土、珍珠岩、蛭石按照6∶3∶1混拌均匀。 2. 将营养土装入育苗盘并刮平。 3. 浇底水。 4. 采用撒播方法进行播种。 5. 覆土厚度适宜。 6. 用塑料薄膜进行覆盖保温保湿。 7. 任务完成情况总体良好。 8. 说明完成本任务的方法和步骤。 9. 针对任务实施过程中的具体操作提出合理建议。 10. 工作态度积极认真
任务实现流程分析	1. 布置任务。 2. 按步骤操作：配制营养土→装土入盘→打底水→播种→覆土→覆盖→放置。 3. 对黄瓜播种育苗过程进行评价
提供素材	草炭土、珍珠岩、蛭石、平底育苗盘（2个）、育苗盘（50孔，40个）、50%多菌灵可湿性粉剂、铁锹、筛子、塑料薄膜（厚0.1mm）等

表 3-5 实 施 单

任务编号	实训 3-2
任务名称	黄瓜播种育苗
任务工时	2
实施方式	小组合作 □ 独立完成 □
实施步骤	

表 3-6 评 价 单

任务编号	实训 3-2				
任务名称	黄瓜播种育苗				
考核要点	考核内容（主要技能）	标准分值	自我评价	小组评价	教师评价
	草炭土过筛质量	5			
	营养土配比质量	5			
	育苗盘装土质量	5			
	浇底水的质量	5			
	撒播种子质量	5			
	覆土质量	15			
	苗盘地膜覆盖质量	5			
	工具使用管理	5			
	按操作规程作业	5			
	任务完成情况	10			
	任务说明	10			
	任务展示	5			
	工作态度	5			
	提出建议	10			
	文明生产	5			
	小计	100			
问题总结					

任务三　黄瓜嫁接育苗

任务描述

黄瓜嫁接育苗是目前园艺业发达国家均采用的种植方式。此技术可增强黄瓜的抗病性和抗逆性，提高黄瓜的品质及产量。由于南瓜根系发达，具有耐低温、吸收能力强的特性，不受土传病害感染，嫁接后可以使黄瓜植株生长健壮，且早熟丰产。

任务分析

应用黄瓜顶插接技术，一般的插接需用刀片将接穗切成楔形，此次引用的顶端插接技术则用一刀将接穗切成有锋利尖端的斜面，可缩短操作时间，大大提高嫁接效率。顶端插接在砧木 1 叶 1 心、接穗子叶尚未完全展平时进行，将接穗切成有锋利尖端的斜面，该斜面与用于斜插砧木的特制工具的尖端斜面基本吻合，将有尖端的接穗插入砧木后，可达到固定接穗和增大接触面积的双重作用，无需用嫁接夹固定。

本任务工作流程如下：

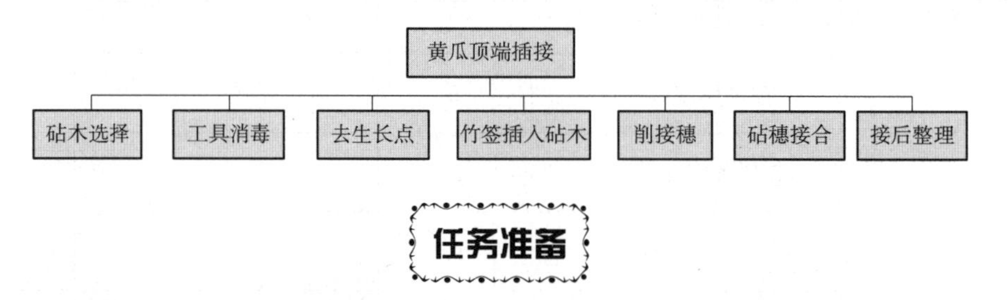

任务准备

1. 工具及材料准备　嫁接操作台、嫁接刀、竹签、座凳、毛巾、瓷盘、培养皿、小型手持喷雾器、75%酒精、棉球等（图 3-19 至图 3-27）。

2. 人员准备　将学生分成若干小组，每组 4～6 人，确定组长，明确任务。

图 3-19　嫁接操作台

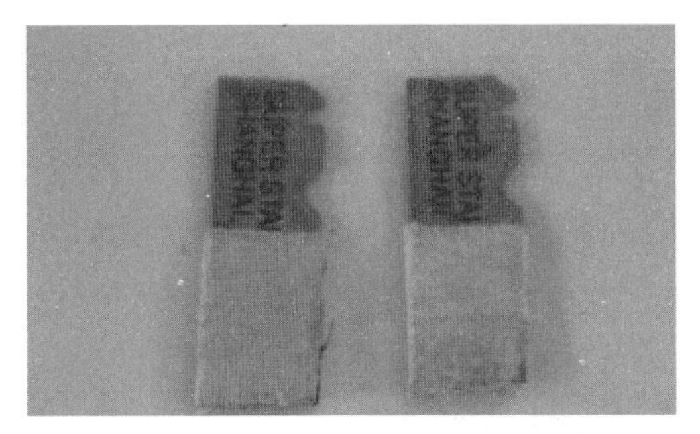

图 3-20　嫁接刀

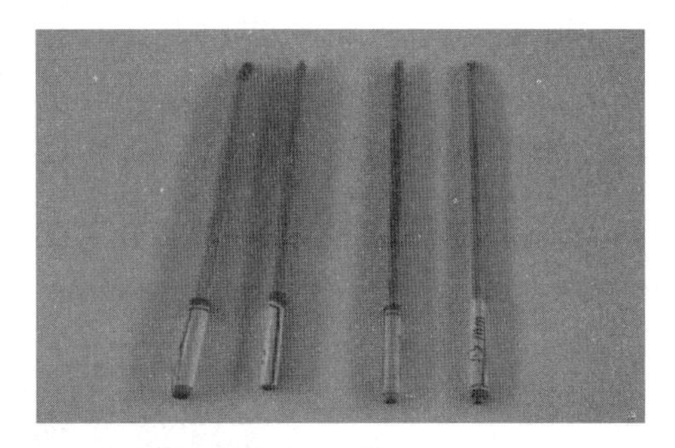

图 3-21　竹　签

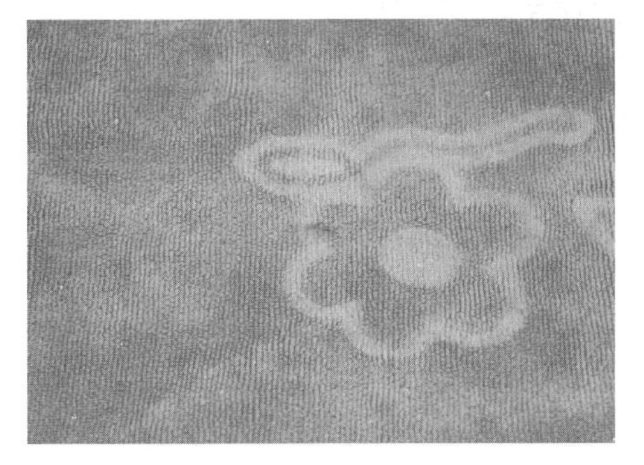

图 3-22　毛　巾

图 3-23　瓷　盘

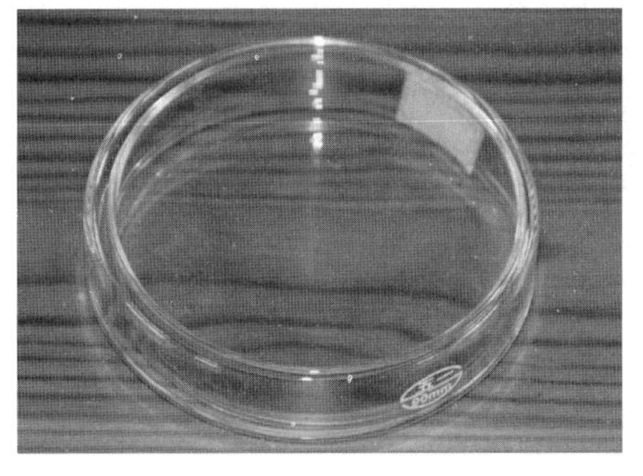

图 3-24　培养皿

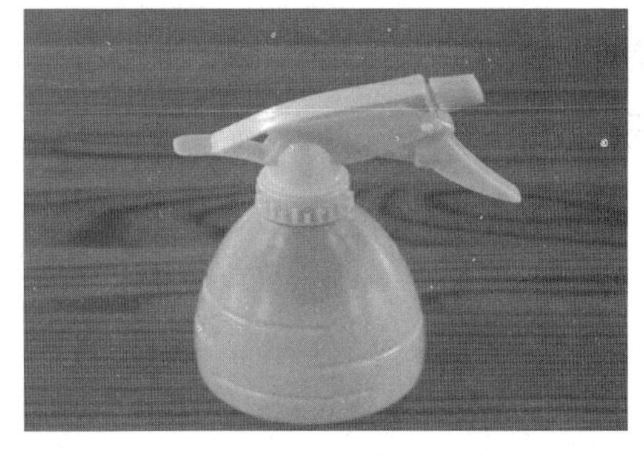

图 3-25　小型手持喷雾器

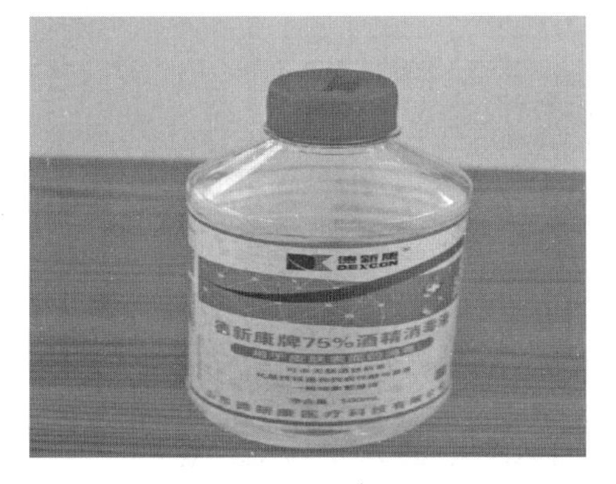

图 3-26　75%酒精

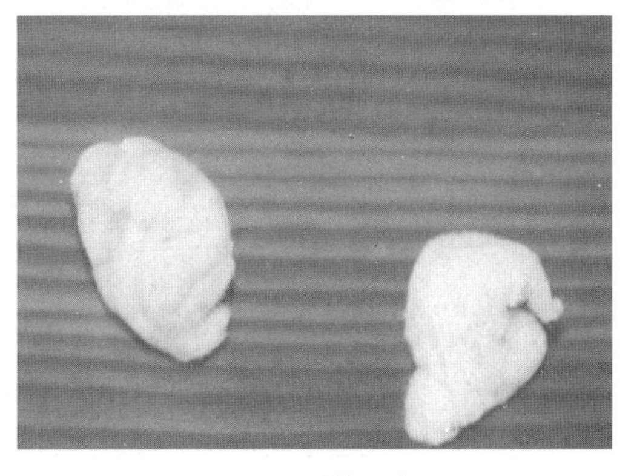

图 3-27　棉　球

任务实施

1. 砧穗选择 挑选第一片真叶平展，第二片真叶显露之前的南瓜砧木穴盘苗；选出子叶半展至平展的黄瓜接穗苗（图 3-28）。

图 3-28 砧穗选择

2. 工具消毒 操作人员的手指及刀片、竹签等嫁接工具用棉球蘸 75％酒精消毒（图 3-29、图 3-30）。每嫁接 1 盘砧木工具消毒 1 次。

工具消毒

图 3-29 刀片消毒

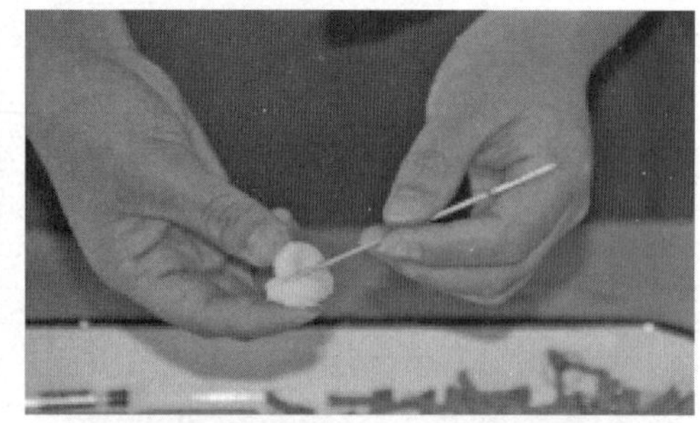

图 3-30 竹签消毒

3. 去生长点 用嫁接工具剔除砧木真叶和生长点（图 3-31）。

图 3-31 去生长点

4. 插砧木 在苗茎顶端紧贴一子叶，用竹签沿叶柄中脉基部向另一子叶的叶柄基部呈30°～45°斜插，插孔深0.7～1.0cm，竹签即将穿透砧木苗表皮，暂不拔出（图3-32）。

图3-32 插砧木

5. 削接穗 在接穗子叶基部约0.5cm处沿两子叶平行的方向向下胚轴方向斜切0.5～0.6cm的平滑单楔面或双楔面，切面无污染。削接穗要做到快、准、稳（图3-33）。

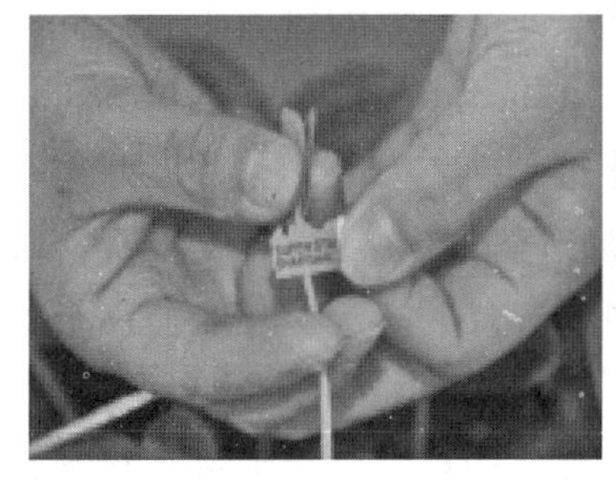

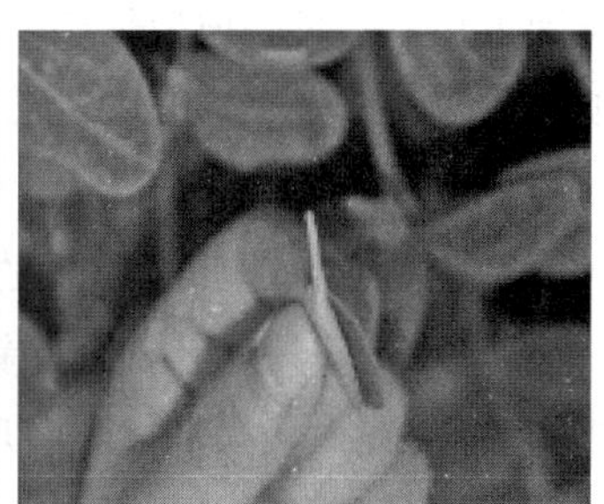

图3-33 削接穗

6. 砧穗接合 拔出竹签，将切好的接穗迅速准确地插入砧木切口内，使接穗与砧木紧密接合。接穗斜面与砧木斜面紧靠在一起，嫁接苗的4片子叶必须呈“十”字形交叉（图3-34）。

图3-34 砧穗接合

7. 接后整理 保持操作台面清洁卫生，所用工具摆放原处，嫁接苗摆放整齐放在指定位置，在标签上写上日期贴在穴盘一顶端边缘，并喷雾保湿。

任务小结

黄瓜顶端插接技术是一项重要的蔬菜嫁接技术，在实际嫁接操作应用中要尽量避免损坏砧穗，严格按要求进行操作，包括砧木与接穗选择、砧木生长点的去除、竹签的插入深度及角度、接穗削除的平滑度、砧木与接穗结合后呈“十”字形等，避免操作错误与失误，只有通过反复练习才能达到技术要求。

知识支撑

（一）其他插接嫁接方法

1. 水平插接　此方法也是在南瓜出苗后播种黄瓜，省去了断根和夹嫁接夹工序。南瓜长到1叶1心时去掉生长点，在生长点下0.5cm处用略比黄瓜茎粗一点的竹签垂直插穿南瓜茎，略露出竹签。要求黄瓜苗子叶展平，从生长点下1.0～1.5cm处切成30°的斜面，切口朝下插入南瓜茎插接孔中。黄瓜苗选用粗壮苗，不宜用徒长苗。

2. 斜插接　南瓜、黄瓜的播种及苗的大小均与水平插接相同，首先用竹签尖部在南瓜一片子叶侧，与茎呈45°方向斜插一稍穿透的孔，将刚展平子叶的黄瓜苗从子叶下1cm处切成约30°的斜面，朝下插入南瓜斜插接孔中。

3. 靠接法　采用靠接法，嫁接后10d之内，接穗还保留自己的根，一旦遇到环境条件不良时仍能保证一定的成活率。但嫁接速度慢，嫁接后还需进行剪断黄瓜茎、去掉嫁接夹等项工作。

接穗苗播后10～12d，当第一真叶开始展开，此时正值砧木苗播后7～9d，其子叶完全展开，第一片真叶刚要展开时为嫁接适期。错过了这一时期，南瓜苗的下胚轴出现空腔，影响嫁接成功率。

（1）先把黄瓜苗（图3-35）和南瓜苗（图3-36）分别从沙床里取出来进行嫁接。

图3-35　黄瓜苗

图3-36　南瓜苗

（2）将砧木苗生长点切去（图 3-37）。首先要把砧木苗的生长点用刀剔除，然后在 2 片子叶连线垂直的一个侧面上，在生长点下方 0.5～1.0cm 的地方，斜着向下切开一个斜口，斜口与茎呈 30°～40°角，深达胚轴的 2/3 处，切口斜面长 0.7～1.0cm。

图 3-37　砧木去生长点

（3）在一侧斜切一个向上的口（图 3-38）。再取接穗苗在子叶下 1.0～1.2cm 处斜着向上切开一个口，斜面角度 20°～30°，深达胚轴的 3/5 处，切口斜面长也在 0.7～1.0cm。切口斜面如果太小，嵌合后接触面小，愈合可能就差些。

图 3-38　砧木侧面斜切口

4. 接穗向上斜切　将接穗苗斜着向上切开一个口（图 3-39）。

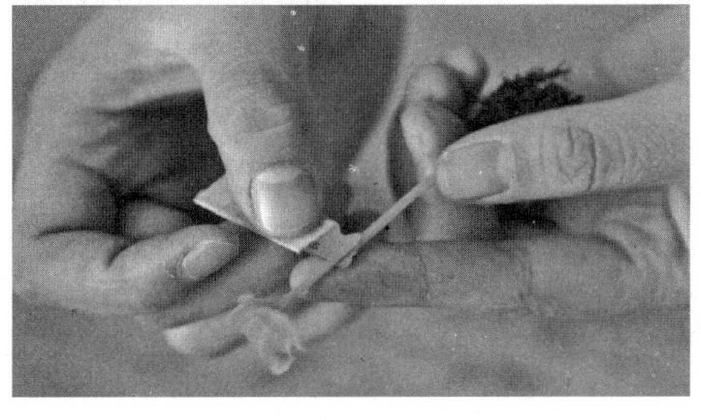

图 3-39　接穗向上斜切

5. 砧穗互相嵌合 将两个斜口互相插入嵌合，起码使斜面的一个边互相对齐(图 3-40)。

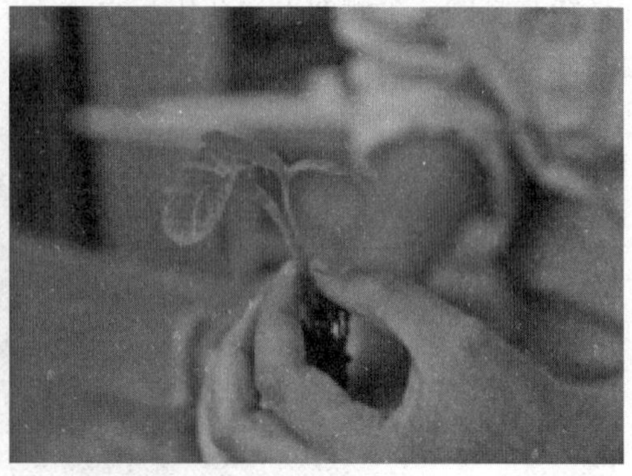

图 3-40 砧穗互相嵌合

6. 嫁接夹固定 用嫁接夹夹住固定。可以用夹子的口部将砧木和接穗的茎紧紧地夹在一起（图 3-41)。

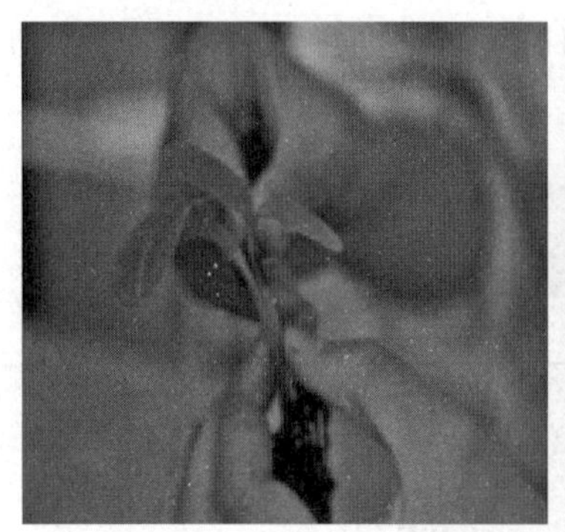

图 3-41 嫁接夹固定

7. 随嫁接随假植 假植或摆放到已覆盖上塑料薄膜的拱棚里。棚内要保持较潮湿的条件，减少嫁接苗发生萎蔫。嫁接后假植时要使砧木和接穗的胚轴下部分开呈“人”字形（图 3-42)，这样，剪断接穗的茎时就比较方便。

图 3-42 砧穗胚轴下部呈“人”字形

（二）嫁接注意事项

1. 提早播种 嫁接黄瓜有个缓苗过程，南瓜根系耐低温可早定植，故要早播 6d 左右，否则影响早熟。

2. 嫁接时间 选择晴天的上午进行嫁接，最好不要在阴天嫁接。

3. 注意检查 切口未对上的重新对好，黄瓜苗有萎蔫的可重新补接上。南瓜子叶上未去干净的侧芽去掉。

4. 乙烯利处理 嫁接缓苗要求的温度偏高，使黄瓜坐瓜节位上升，瓜数少。因此，需要用乙烯利处理，降低坐瓜节位和增加座瓜数。方法是：黄瓜长到 1～2 片真叶时，用 100mL/L 乙烯利喷叶，一周后再喷一次。此外要特别注意，一代杂交黄瓜种不宜用乙烯利处理，因为它本身多为结瓜性很强，处理了反而会出现“花打顶”现象。

5. 尽量采用生态防治霜霉病 嫁接基本根治了枯萎病，但对其他病害和霜霉病等得不到直接防治，故要采取生态防治，采用四段变温管理，创造一个不适宜霜霉病发生的温度、湿度条件，再配合药剂综合防治。

拓展训练

（一）知识拓展

1. 选择题

（1）黄瓜单位面积产量是由（　　）决定的。

A. 单位面积株数及单果均重

B. 单位面积株数及单株平均果数

C. 单株平均果数及单果均重

D. 单位面积株数、单株平均果数及单果均重

（2）插接操作时，用竹签紧贴子叶的叶柄中脉基部向另一子叶的叶柄基部呈（　　）斜插。

A. 15°～30°　　B. 30°～45°　　C. 45°～60°　　D. 75°～90°

2. 判断题

（1）黄瓜顶端插接育苗砧木的子叶与接穗呈“十”字形。　（　　）

（2）顶端插接操作时，竹签略穿透砧木苗表皮，暂不拔出。　（　　）

（3）当竹签插入砧木时，插孔深度越深越好。　（　　）

（4）操作人员的手指及刀片、竹签等嫁接工具用棉球蘸 75%酒精消毒。　（　　）

3. 简答题

简述黄瓜顶端插接操作过程。

（二）技能拓展

拓展内容见表3-7至表3-9。

表3-7 任务单

任务编号	实训3-3
任务名称	黄瓜顶端插接
任务描述	按照顶端插接项目规范要求进行嫁接，接口完全吻合、符合嫁接育苗要求的为有效嫁接苗，接口不吻合、不符合育苗要求的为无效嫁接苗
任务工时	2
完成任务要求	1. 砧穗选择时期准确。 2. 消毒彻底（操作人员的手和工具都要消毒）。 3. 剔除生长点操作正确。 4. 竹签插入砧木深度不能过长或过短。 5. 接穗楔面不能过长或过短。 6. 砧穗接合，子叶与砧木呈“十”字形。 7. 保持操作台面清洁卫生，所用工具摆放原处，嫁接苗摆放整齐放在指定位置，在标签上写上日期贴在穴盘一顶端边缘，并喷雾保湿。 8. 在规定的时间内完成嫁接过程。 9. 任务完成情况总体良好。 10. 说明本任务的方法和步骤。 11. 针对任务实施过程中的具体操作提出合理建议。 12. 工作态度积极认真
任务实现流程分析	1. 布置任务。 2. 按步骤操作：砧穗选择→工具消毒→去生长点→竹签插入砧木→削接穗→砧穗接合→接后整理。 3. 对黄瓜顶端插接过程进行评价
提供素材	嫁接用苗、嫁接用具、操作台、消毒用具等

表 3-8　实　施　单

任务编号	实训 3-3
任务名称	黄瓜顶端插接
任务工时	2
实施方式	小组合作 □　　独立完成 □
实施步骤	

表 3-9 评 价 单

<table>
<tr><td>任务编号</td><td colspan="5">实训 3-3</td></tr>
<tr><td>任务名称</td><td colspan="5">黄瓜顶端插接</td></tr>
<tr><td rowspan="17">考核要点</td><td>考核内容（主要技能）</td><td>标准分值</td><td>自我评价</td><td>小组评价</td><td>教师评价</td></tr>
<tr><td>嫁接速度</td><td>5</td><td></td><td></td><td></td></tr>
<tr><td>砧穗选择</td><td>5</td><td></td><td></td><td></td></tr>
<tr><td>工具消毒</td><td>5</td><td></td><td></td><td></td></tr>
<tr><td>去生长点</td><td>5</td><td></td><td></td><td></td></tr>
<tr><td>插入砧木深度</td><td>5</td><td></td><td></td><td></td></tr>
<tr><td>削接穗</td><td>10</td><td></td><td></td><td></td></tr>
<tr><td>接合</td><td>10</td><td></td><td></td><td></td></tr>
<tr><td>工具使用管理</td><td>5</td><td></td><td></td><td></td></tr>
<tr><td>按操作规程作业</td><td>5</td><td></td><td></td><td></td></tr>
<tr><td>任务完成情况</td><td>10</td><td></td><td></td><td></td></tr>
<tr><td>任务说明</td><td>10</td><td></td><td></td><td></td></tr>
<tr><td>任务展示</td><td>5</td><td></td><td></td><td></td></tr>
<tr><td>工作态度</td><td>5</td><td></td><td></td><td></td></tr>
<tr><td>提出建议</td><td>10</td><td></td><td></td><td></td></tr>
<tr><td>文明生产</td><td>5</td><td></td><td></td><td></td></tr>
<tr><td>小计</td><td>100</td><td></td><td></td><td></td></tr>
<tr><td>问题总结</td><td colspan="5"></td></tr>
</table>

任务四　嫁接黄瓜苗苗期管理

任务描述

嫁接黄瓜苗的苗期管理至关重要，俗话说“苗好一半收”，苗期管理的好坏直接影响黄瓜后期的产量。嫁接苗期的管理主要是要从温度、水分、光照和养分这几个方面加强管理，培育出理想的嫁接苗，为下一步定植做好准备。

任务分析

嫁接苗中的接穗与砧木的切面结合和愈合的时间虽然比较短暂，但对外界环境的要求比较严格，此期一旦由于管理粗放或气候因素等引起育苗环境不适宜，则容易导致嫁接苗成活率降低，即使勉强成活也难以育成壮苗。

本任务工作流程如下：

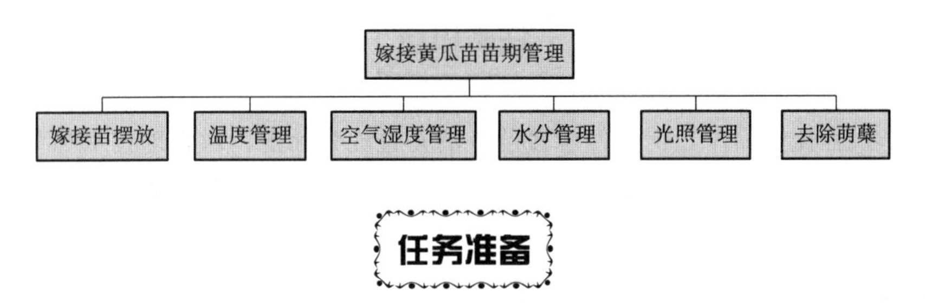

任务准备

1. 工具及材料准备　遮阳网、喷壶、水壶、温湿度计等。

2. 人员准备　将学生分成若干小组，每组4～6人，确定组长，明确任务。

任务实施

管理好嫁接苗，需要从苗床的温度、空气湿度，浇水、光照以及嫁接苗自身等方面进行综合考虑，各项管理要点如下：

1. 嫁接苗摆放　嫁接苗摆放于苗床（小拱棚）中，并用遮阳网遮阳。嫁接后苗床内3d不通风，苗床气温白天保持在25～28℃，夜间18～20℃；空气相对湿度保持在90%～95%。3d后视苗情，以不萎蔫为度进行短时间少量通风。1周后接口愈合，即可逐渐去掉遮阳网，并开始大通风，白天温度在20～25℃，夜间在12～15℃。

2. 温度管理

第一阶段：从嫁接苗完成到嫁接苗成活结束，需 8～10d。此阶段适宜的温度是白天25～28℃，夜间 20℃左右。

第二阶段：从嫁接苗成活开始到定植前 1 周结束。适宜的温度范围是白天 20～32℃，以 25℃左右最为适宜；夜间 12～18℃，以 15℃左右最为适宜。

第三阶段：为嫁接苗定植前 1 周左右的一段时间。此阶段为低温练苗期，一般白天15～20℃，夜间 10～12℃。

3. 空气湿度管理

第一阶段：为嫁接苗成活期。苗床内的空气湿度保持在 90%以上。嫁接苗成活后撤掉小拱棚。

第二阶段：为培育壮苗期。此期要求较低的空气湿度，适宜的空气湿度为 70%左右。

4. 水分管理 浇水时要求逐苗或逐行点浇水，把育苗土浇透、浇匀。

5. 光照管理 嫁接当日以及嫁接后前 3d 要用遮阳网把育苗盘遮阳，避免太阳光直射引起嫁接苗体温过高，失水过多而发生萎蔫。随着嫁接苗的成活，逐天延长直射光照的时间，当嫁接苗完全成活后，可撤掉遮阳网。

6. 去除萌蘖 嫁接苗成活后，要及时去掉砧木生长点处的再生萌蘖。

任务小结

嫁接操作过程比较简单，但要使嫁接苗成活并且成为壮苗，对管理技术和育苗条件要求比较严格，所以嫁接苗的温度、湿度、光照等方面的管理对嫁接苗的成活率至关重要。

知识支撑

嫁接苗自身管理主要是进行以下三方面的管理：

1. 分床管理 嫁接后 7～10d 根据嫁接苗的生长情况，把嫁接质量好、接穗恢复生长快的嫁接苗集中到一起，在培育壮苗的条件下进行管理；把嫁接质量较差、接穗恢复生长也较差的苗集中到一起，继续在原来的条件下进行管理，促其生长，待生长转旺后再转入培育壮苗的条件下进行管理。对已发生枯萎或染病致死的嫁接苗要从苗床中剔出。

2. 抹杈和抹根 砧木在去掉生长点和心叶后，其子叶节上的腋芽能够萌发出侧枝。由于受亲缘关系的影响，砧木侧枝比接穗的生长势要强，从而抑制接穗的生长，因此对砧木上发生的侧枝要及时抹掉。另外，接穗苗茎上也容易产生不定根，同砧木上生侧枝的原因一样，接穗上的不定根扎入土壤后也会抑制砧木根系的正常生长，因此对接穗苗茎上长出的不定根也要及时抹掉。

3. 防病管理 嫁接苗成活期间，由于苗床内的空气湿度长时间偏高，光照也不足，容易引发猝倒病、灰霉病等多种病害，造成死苗。因此，在做好其他管理的同时，还应当加强嫁接苗的防病管理。常用的药剂有50%多菌灵可湿性粉剂500倍液、75%百菌清可湿性粉剂600倍液、64%杀毒矾可湿性粉剂500倍液等。

拓展训练

（一）知识拓展

1. 填空题

（1）黄瓜主要病害有霜霉病、（　　　　）、（　　　　）、（　　　　）、疫病等。

（2）黄瓜生长发育可分为（　　　　）、（　　　　）、（　　　　）、（　　　　）4个阶段。

2. 选择题

（1）嫁接后苗床的温度，白天应保持在（　　）。

A. 25～28℃　　B. 28～30℃　　C. 20～25℃　　D. 15～20℃

（2）辣椒催芽的温度是（　　）。

A. 25～30℃　　B. 23～28℃　　C. 15～18℃　　D. 20～23℃

（3）黄瓜对氮、磷、钾三要素的吸收量以（　　）最多。

A. 氮　　B. 磷　　C. 钾

3. 简答题

嫁接苗如何进行分床管理?

（二）实践拓展

拓展内容见表3-10至表3-12。

表3-10 任 务 单

任务编号	实训 3-4
任务名称	黄瓜嫁接苗苗期管理
任务描述	嫁接苗用遮阳网遮阳；嫁接后 3d 内苗床不通风，气温白天保持在 25～28℃，夜间 18～20℃；空气相对湿度保持在 90%～95%。3d 后视苗情，短时间少量通风。接口愈合后可逐渐去掉遮阳网，并开始大通风。嫁接苗成活后要及时去掉砧木生长点处的再生萌蘖
任务工时	2
完成任务要求	1. 嫁接苗摆放于苗床（小拱棚）中。 2. 按照不同的阶段进行控温。 3. 按照不同阶段进行保湿。 4. 浇水时要求逐苗或逐行点浇水，把育苗土浇透、浇匀。 5. 嫁接当日以及嫁接后前 3d 要用遮阳网遮阳，成活后撤掉遮阳网。 6. 嫁接苗成活后，要及时去掉砧木生长点处的再生萌蘖。 7. 任务完成情况总体良好。 8. 说明完成本任务的方法和步骤。 9. 完成任务后各小组之间相互展示、评比。 10. 针对任务实施过程中的具体操作提出合理建议。 11. 工作态度积极认真
任务实现流程分析	1. 布置任务。 2. 按步骤操作：嫁接苗摆放→温度管理→空气湿度管理→水分管理→光照管理→去除萌蘖。 3. 对黄瓜嫁接苗苗期管理过程进行评价
提供素材	温度计、喷壶、水壶、温湿度计等工具

表 3-11 实 施 单

任务编号	实训 3-4
任务名称	嫁接黄瓜苗苗期管理
任务工时	2
实施方式	小组合作 □　　独立完成 □
实施步骤	

表 3-12 评 价 单

任务编号	实训 3-4				
任务名称	嫁接黄瓜苗苗期管理				
考核要点	考核内容（主要技能）	标准分值	自我评价	小组评价	教师评价
	温度管理	10			
	空气湿度管理	10			
	水分管理	10			
	光照管理	10			
	去除萌蘖	10			
	工具使用管理	10			
	按操作规程作业	10			
	任务完成情况	5			
	任务说明	5			
	任务展示	5			
	工作态度	5			
	提出建议	5			
	文明生产	5			
	小计	100			
问题总结					

【项目小结】

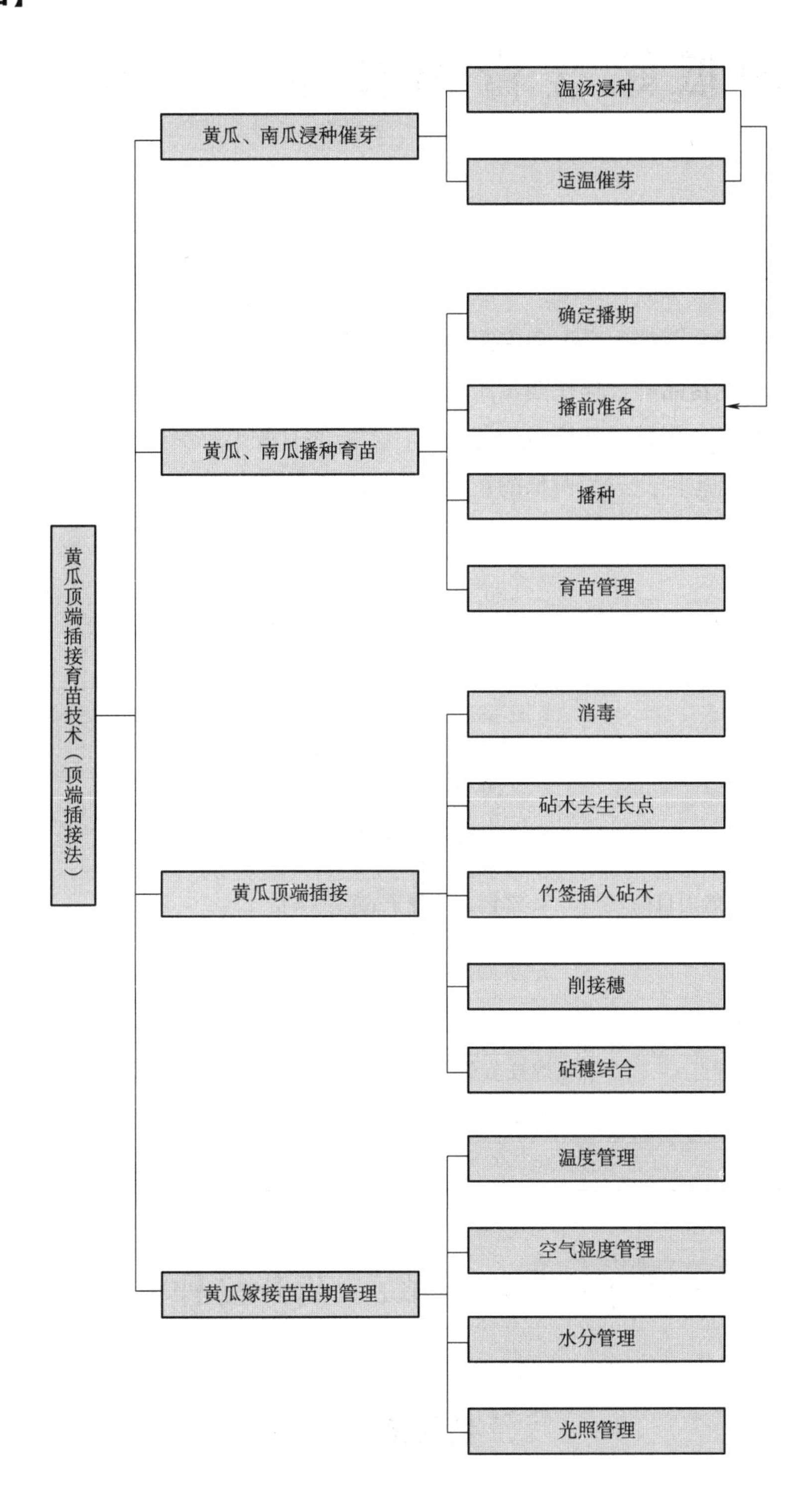
黄瓜顶端插接育苗技术（顶端插接法）
黄瓜、南瓜浸种催芽
温汤浸种
适温催芽
黄瓜、南瓜播种育苗
确定播期
播前准备
播种
育苗管理
黄瓜顶端插接
消毒
砧木去生长点
竹签插入砧木
削接穗
砧穗结合
黄瓜嫁接苗苗期管理
温度管理
空气湿度管理
水分管理
光照管理

项目四

西瓜嫁接育苗技术（劈接法）

【项目描述】

西瓜枯萎病是当前西瓜生产上危害最为严重的土壤传播病害之一，由于目前缺乏高抗或高耐西瓜枯萎病的优良品种，连作西瓜产量下降明显，同时由于西瓜生产轮作时间较长，只有采用嫁接育苗技术，用嫁接西瓜苗进行生产，才能够有效地解决连作西瓜枯萎病严重的问题。所以，嫁接育苗也因此成为西瓜的重要生产措施之一。

【教学导航】

<table>
<tr><td rowspan="2">教学目标</td><td>知识目标</td><td>1. 了解不同蔬菜育苗营养土的配方、播种方法、苗期管理措施。
2. 了解不同嫁接方法的特点。
3. 了解嫁接苗生长期对外界环境的要求</td></tr>
<tr><td>能力目标</td><td>1. 掌握蔬菜育苗的营养土配制方法。
2. 掌握蔬菜种子的浸种、催芽技术。
3. 掌握蔬菜种子的播种方法。
4. 掌握西瓜劈接技术。
5. 掌握西瓜嫁接苗的管理技术</td></tr>
<tr><td colspan="2">本项目学习重点</td><td>西瓜劈接技术</td></tr>
<tr><td colspan="2">本项目学习难点</td><td>嫁接苗及砧木的正确选择；西瓜劈接技术；嫁接苗的苗期管理</td></tr>
<tr><td colspan="2">教学方法</td><td>现场教学法、任务驱动教学法</td></tr>
<tr><td colspan="2">建议学时</td><td>10</td></tr>
</table>

任务一　西瓜、葫芦浸种催芽

任务描述

温室大棚要进行西瓜生产，首先要选择适宜温室生产的优良西瓜品种及葫芦品种，通过高温烫种达到消灭种皮病菌的目的，在满足种子发芽的条件下催芽，使得西瓜及葫芦种子出芽整齐一致，具备播种的标准要求。一般葫芦种子要比西瓜种子提前 8～10d 浸种催芽。

任务分析

在用热水烫种时，水的温度一定要在 70～80℃，烫种时要用两个容器来回倾倒，直到水温降至 55℃时用玻璃棒不断搅动，时间一般在 15min，水温降至 20～30℃时正常浸种，西瓜种子浸泡 12h，葫芦种子浸泡 48h；种子催芽时，要用温水清洗搓掉种皮上的黏液，并经常上下翻动种子，可以使种子受热一致，才能发芽一致，80%种子露白时即可播种。

本任务工作流程如下：

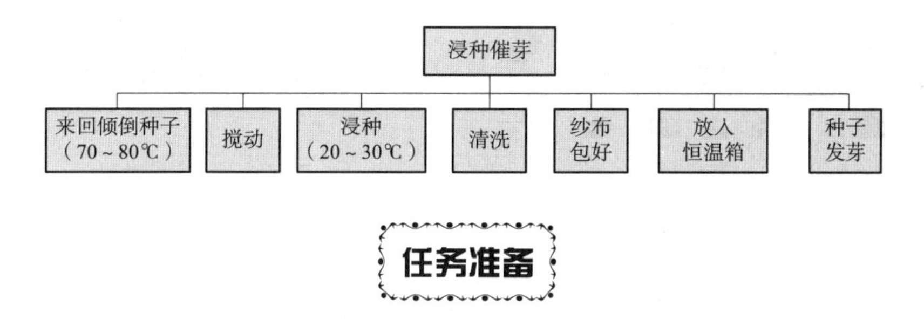

任务准备

1. 工具及材料准备 西瓜种子（黑美人）、葫芦种子（FR 神通力）、热水、温水、清水、玻璃杯、玻璃棒（图 4-1）、纱布（图 4-2）、恒温箱（图 4-3）等。

图 4-1 玻璃棒

图 4-2 纱 布

图 4-3 恒温箱

2. 人员准备 将学生分成若干小组，每组4～6人，确定组长，明确任务。

任务实施

（一）选择合适品种

西瓜种子选择黑美人品种，如图4-4所示；葫芦瓜种子选择FR神通力品种，如图4-5所示。

图4-4 西瓜种子

图4-5 葫芦瓜种子

（二）浸种

1. 西瓜浸种 将西瓜种子倒入70～80℃热水中，两个容器不断倾倒，水温降至55℃左右时用玻璃棒不断搅动，温度降至20～30℃时正常浸种，浸种时间为12h（图4-6）。

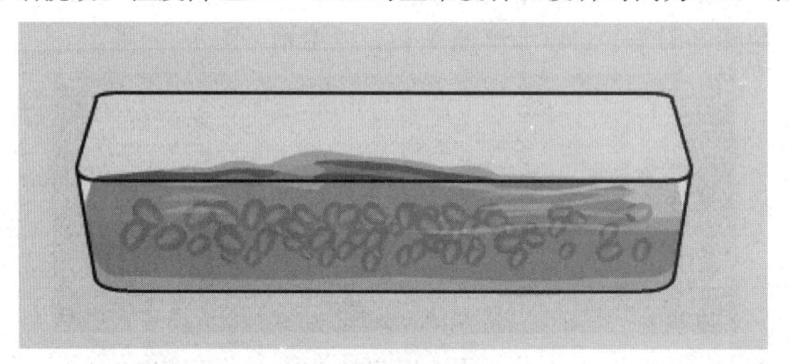

图4-6 西瓜浸种

2. 葫芦浸种 将葫芦种子倒入70～80℃热水中，两个容器不断倾倒，水温降至55℃左右时用玻璃棒不断搅动，温度降至20～30℃时正常浸种，浸种时间为48h（图4-7）。

图4-7 葫芦浸种

（三）催芽

1. 西瓜种子

（1）将浸泡好的西瓜种子用清水清洗一遍倒入纱布上包好，如图 4-8 所示。

图 4-8　用纱布包好催芽

（2）将种子放在恒温箱中，温度调至 27～30℃，每隔 12h 左右要把种子包投入温水中轻轻搓洗几遍，洗去种子上表面的黏液，之后倒出种子摊开晾一会儿，待种子表面不水漉漉后再继续催芽。经过 40～48h，80%的种子出芽后，即可播种。出芽的西瓜种子如图 4-9 所示。

图 4-9　出芽的西瓜种子

2. 葫芦种子　葫芦种子催芽和西瓜种子催芽方法一致。

有的小组在用热水浸种时，水的温度达不到要求，起不到杀菌的作用，这样带菌种子播下后幼苗就会发生病害；有的小组热水烫种时没有来回倾倒降低水温，使部分种子烫伤，影响出芽率；有的小组种子发芽时候温度过低和没有经常翻动种子，造成了种子出芽过慢和出芽不整齐的现象，甚至出现个别种子腐烂。

知识支撑

（一）种子处理

1. 晒种 晒种能够利用太阳紫外光灭杀掉种子上携带的部分病菌，也能够促进种子后熟。晒种时间不宜过长，一般以2～3d为宜。

2. 选种 选种能够保证种子的纯度和整齐度，使种子发芽整齐，出苗也较为整齐。选种时，先对种子进行粒选，剔除畸形、破碎的种子以及色泽、大小、形状不符合要求的种子，然后结合温水浸种，在浸种结束后把漂浮在水面上的秕子捞出。

3. 破种壳 主要用于种皮较厚、发芽较困难的葫芦种子处理。目前普遍采用的做法是：先把种子用温水浸种，浸种结束后再用铁钳把种子出芽端的两侧缝线轻轻磕开一道缝，不要挤伤种胚。

4. 种子消毒处理 西瓜种子能够携带病毒，引发植株病毒病，播种前应对种子进行消毒处理。可用高锰酸钾1 000倍液浸种30min，也可用10%磷酸三钠液浸种20min。浸种后，用清水冲洗掉种皮上多余的药液，然后用28～32℃的温水浸种10～12h。也可以用50%多菌灵或百菌清可湿性粉剂500倍液浸种60min后，再在30℃左右的温水中浸种10～12h。

5. 热水烫种 热水烫种能够破坏种皮结构，使种皮产生缝隙，加快种子的吸水速度，缩短浸种时间。另外，热水烫种也具有定的灭菌作用，能够杀灭种子上携带的多数病菌。需注意的是，热水烫种只适用由于对未打破种壳的种子进行处理，对已打破种壳的种子不得用此法处理种子，否则将会烫伤种胚。

6. 催芽处理 将用温水浸泡透了的种子用湿布包好，甩去种包内多余的水后，置于30℃左右的温度条件下遮光催芽。催芽期间每12h左右用温水搓洗一次种子包，搓洗掉种子表皮上的黏液，保持种皮通气良好，满足种胚对氧气的需求。洗后甩去多余的水分，继续催芽。待种子出芽率达到80%后即可播种。

（二）番茄、辣椒、芹菜催芽技术

1. 选种 一定选籽粒饱满、大小一致、纯度高的种子，要去掉种子里的泥土杂质，以免影响发芽或造成烂种。

2. 消毒

（1）干热消毒法。多用于番茄，先晾晒种子，使含水量降至7%以下，放入70～73℃的烘箱中烘烤4d，取出后催芽，可防治番茄溃疡病和病毒病。

（2）温汤浸种法。将种子放在55～60℃的热水中浸泡10～15min，边浸泡边搅拌，待水温降至30℃时停止搅拌，继续浸泡3～4h，取出晾干催芽，可减少苗期病害。

（3）药液浸泡法。先用清水浸种3～4h，然后放入福尔马林100倍液中浸泡20min，取出用清水冲净即可催芽。此法可防治番茄早疫病、茄子褐纹病、黄瓜炭疽病、枯萎病等。

3. 催芽 催芽前必须浸泡种子，但浸种时间不宜过长。经试验，黄瓜浸种1～2h，辣椒、茄子、番茄浸种3～4h较合适（包括种子消毒处理时的浸水时间）。

催芽把浸泡过的种子水沥干，用通气性好的纱布包好，外层用湿毛巾包好，注意使种子处于松散状态，不要压得过紧，每天用温水清洗种子。

催芽的关键是温度。不同蔬菜适宜的温度和催芽时间不同：黄瓜催芽的适宜温度为28～30℃，催芽时间为16～28h；番茄催芽的适宜温度为28～30℃，催芽时间为36h；甜椒催芽的适宜温度为33～35℃，催芽时间为4～5h。

有条件的最好使用电恒温箱进行催芽。催芽后，种子出芽露白，即可播种。若种子已出芽，又不能及时播种，可将种子放在5℃左右的地方暂时保存。

（1）番茄催芽。将选好的种子用55～60℃温水浸种15min并迅速搅拌，转入一般浸种5～12h捞出，用清水洗去种皮黏液后，装入干净的湿布袋内置于25℃左右的环境中，既要保持一定的湿度，又不能湿度过大，以免烂种。

（2）辣椒催芽。将选好的种子用55～60℃的温水浸15min后，将水温降至30℃再浸泡10～12h，捞出用清水洗净，装入干净的湿布袋内置于28～30℃温度下催芽。

（3）芹菜催芽。将选好的种子进行温汤浸种后，搓洗数次。目前提倡变温催芽的办法，即夜间8h降低5～10℃，保持在20℃左右。这种方法能提高种子发芽率，缩短催芽时间。

拓展训练

（一）知识拓展

1. 选择题

（1）西瓜属于（　　）。

A. 耐寒蔬菜　　B. 耐热蔬菜　　C. 半耐寒蔬菜　　D. 半耐热蔬菜

（2）西瓜根系易感染（　　），所以不能连作。

A. 霜霉病　　B. 枯萎病　　C. 病毒病　　D. 猝倒病

（3）蔬菜种子热水烫种的温度一般为（　　）。

A. 55～60℃　　B. 70～85℃　　C. 90℃　　D. 100℃

2. 填空题

（1）西瓜人工授粉的时间一般在（　　　　）。

（2）番茄在温度低于（　　　　）时，不能自然转红。

（3）西瓜种子发芽的最适温度是（　　　　）。

3. 简答题

简述西瓜种子催芽的步骤。

（二）技能拓展

拓展内容见表4-1至表4-3。

表4-1　任 务 单

任务编号	实训4-1
任务名称	西瓜和葫芦种子浸种催芽
任务描述	西瓜和葫芦种子可采用高温烫种法浸种，通过浸种起到杀菌的作用，将浸泡过的种子放在适宜的环境条件下催芽
任务工时	2
完成任务要求	1. 选择适合设施栽培的西瓜和葫芦品种。 2. 选择合适的浸种水温。 3. 正确选用浸种子用的容器，以能浸泡下种子为宜。 4. 正确调节恒温箱温度，使种子正常发芽。 5. 每隔12h用温水搓洗种子，去除种子表皮黏液。 6. 80%以上种子发芽即可播种。 7. 任务完成情况总体良好。 8. 说明完成本任务的方法和步骤。 9. 完成任务后，各小组相互展示、评比。 10. 针对任务实施过程中的具体操作提出合理建议。 11. 工作态度积极认真
任务实现流程分析	1. 布置任务。 2. 按步骤操作：来回倾倒种子（70～80℃）→搅动→浸种（20～30℃）→清洗→纱布包好→放入恒温箱→种子发芽。 3. 对西瓜和葫芦种子浸种催芽过程进行评价
提供素材	西瓜种子、葫芦种子、热水、温水、清水、玻璃杯、玻璃棒、纱布、恒温箱等

表 4-2 实 施 单

任务编号	实训 4-1
任务名称	西瓜和葫芦种子浸种催芽
任务工时	2
实施方式	小组合作□　　独立完成 □
实施步骤	

表 4-3　评 价 单

任务编号	实训 4-1				
任务名称	西瓜和葫芦种子浸种催芽				
考核要点	考核内容（主要技能）	标准分值	自我评价	小组评价	教师评价
	种子质量	5			
	浸种水的温度	5			
	浸种时间	5			
	种子清洗质量	5			
	种子浪费损失情况	5			
	每天淘洗的质量	5			
	出芽的质量	5			
	出芽天数	15			
	按操作规程作业	5			
	任务完成情况	10			
	任务说明	10			
	任务展示	5			
	工作态度	5			
	提出建议	10			
	文明生产	5			
	小计	100			
问题总结					

任务二　西瓜播种育苗

任务描述

育苗是西瓜栽培的重要环节，西瓜苗期的生长直接影响整个生育期。西瓜种子及葫芦种子经过催芽已达到了播种的标准，把在温室内配置好的营养土装到育苗盘内，进行播种，西瓜种子采用撒播，葫芦种子采用穴播，葫芦播种时间比西瓜提前7～8d。

任务分析

营养土的配置比例与黄瓜播种时所需营养土一样；播种要选在晴天上午进行，尽量在较短时间完成。首先将营养土浇透，然后用高锰酸钾1 000倍液再浇一遍；播种时种子间距2cm左右，种子一定要平放，芽尖朝下；覆盖土要均匀一致，厚度约为1cm；覆盖地膜保温、保湿。

本任务工作流程如下：

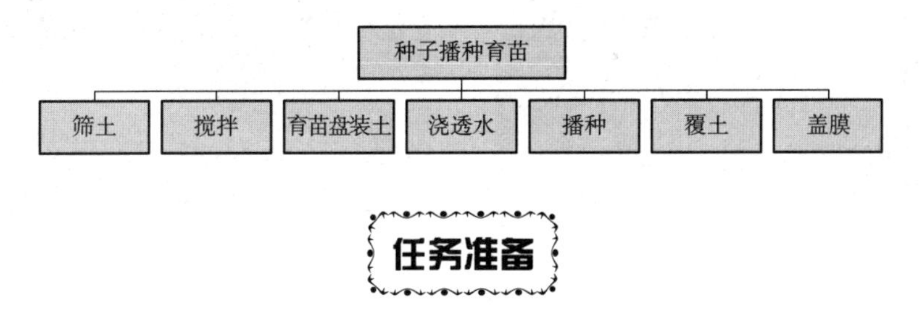

任务准备

1. 工具及材料准备　草炭土、珍珠岩、蛭石、平底育苗盘（2个）、育苗盘（50孔，40个）、高锰酸钾、塑料薄膜（厚0.1mm）、铁锹、筛子等工具。

2. 人员准备　将学生分成若干小组，每组4～6人，确定组长，明确任务。

任务实施

1. 筛土　草炭土过筛，如图4-10所示。

2. 混拌营养土　营养土混拌比例为草炭土∶珍珠岩∶蛭石＝6∶3∶1，如图4-11所示。

3. 装营养土　将混拌好的营养土装在育苗盘内，如图4-12所示。

图 4-10　筛　土

图 4-11　混拌营养土

4. 浇水　把育苗盘浇透水，如图 4-13 所示，然后再用高锰酸钾（图 4-14）1 000 倍液再浇一遍。

图 4-12　装营养土

图 4-13　浇　水

图 4-14　高锰酸钾

5. 播种

（1）水渗下后将种芽播入穴盘内。西瓜种子采用撒播方式均匀散播在育苗盘上，如图 4-15 所示。

图 4-15　西瓜播种

（2）葫芦种子点播在 50 孔育苗盘上，如图 4-16 所示。

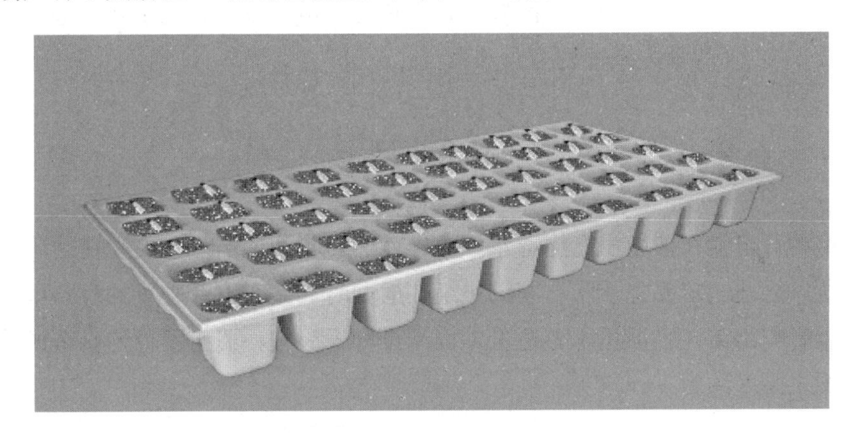

图 4-16　葫芦播种

6. 覆土　播种完成后，在种芽上均匀覆盖 1cm 厚的营养土，如图 4-17 所示。

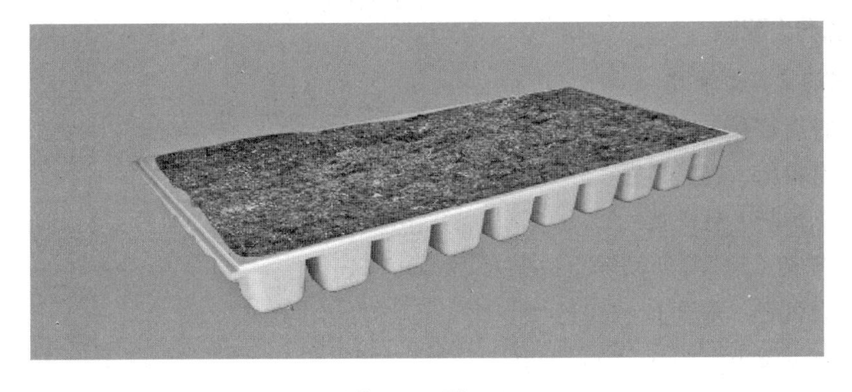

图 4-17　覆　土

7. 地膜覆盖 用白色地膜覆盖，达到保温、保湿目的，如图4-18所示。

图4-18 地膜覆盖

8. 浇施营养液 播种后覆膜，出苗后若遇强冷空气的影响，早晚宜用塑料薄膜小拱棚覆盖保温。砧木冬春育苗时，由于温度较低，生长慢，苗龄稍长，在子叶充分展开后，视情况浇施2次1/4～1/3的日本园试配方营养液。

任务小结

有的小组的育苗盘在播前没有浇透水，这样就会影响幼苗出土，因为在幼苗出土前是不能浇水的，所以播前一定要浇透水；有的小组在播种时，盛有发芽种子的容器里水太少，造成了芽干瘪且影响出苗，容器里水要适量，以淹没种子为宜；覆土不均匀会造成种子深浅不一，适宜的覆土厚度约为1cm。

知识支撑

（一）营养土配制

1. 常用的营养土配方

（1）播种床营养土的配方。

园土∶有机肥∶腐熟马粪＝5∶2∶3

园土∶陈炉灰∶有机肥＝5∶2∶3

（2）移苗床（营养钵）营养土的配方。

园土∶有机肥∶草炭土＝5∶3∶2

腐熟草炭∶园土＝1∶1

园土∶沙子∶腐熟有机肥＝5∶3∶2

果菜类蔬菜育苗营养土配制时，最好再加入 0.5%过磷酸钙浸出液。以上原料选择应力求就地取材，成本低，效果好。

2. 营养土配制方法 配制时将所有材料充分搅拌均匀，并用药剂消毒营养土。在播种前 15d 左右翻开营养土堆，过筛后调节土壤 pH 6.5～7.0，若过酸，可用石灰调整；若过碱，可用稀盐酸中和。土质过于疏松的，可增加牛粪或黏土；土质过于黏重或有机质含量极低（<1.5%）时，应掺入有机堆肥、锯末等，然后铺于苗床或装于营养钵中。

3. 营养土消毒方法

（1）用福尔马林消毒。用福尔马林 100 倍液喷洒苗床，拌匀后堆成堆，用塑料薄膜覆盖闷 2～3d，然后揭开薄膜，经 7～14d，土壤中的药气散尽后使用。福尔马林消毒可防治猝倒病和菌核病。

（2）用代森铵消毒。将 45%代森铵水剂 200～400 倍液浇灌在床土上，每平方米床土浇药液 2～4kg，可预防立枯病的发生。

（3）用多菌灵消毒。将 50%多菌灵粉剂直接拌入营养土，每立方米营养土用药 100g，混合拌匀后用塑料薄膜覆盖 2～3d，然后撤膜，待药味挥发后使用。

（二）播种方法

播种可用干种子或浸种催芽的种子，但它们的播种方法有所不同。不论用何种种子，播种前都要整平土地或作畦。

1. 干种子播种（干籽播种） 一般用于湿润地区或干旱地区的湿润季节，趁雨后土壤墒情能满足发芽期对水分的需要时播种。播种时，根据种子大小、土质、天气等，先开 1～3cm 深的浅沟，播后耙平沟土盖住种子，并进行适当土面镇压。如果土壤墒情不足，或播后天气炎热干旱，则在播种后需要连续浇水，始终保持土面湿润，直到出苗。

2. 浸种催芽的种子播种 浸种催芽的种子须播于湿润的土壤中，墒情不够时，应事先浇水造墒再播种。播法与干种子播种相同。

在天气炎热干旱或土壤温度很低的季节播种，不论是干种子还是浸种催芽的种子，最好用湿播法，即播种前先浇透水，再撒种子，然后覆土。1～2d 后，用耙子轻轻耙平和镇压土面。炎热天气或盖土薄的种子，还应用遮阳网来遮阳防热和保墒，幼苗出土时揭去。

拓展训练

（一）知识拓展

1. 选择题

（1）番茄植株上部幼小叶片呈现黄色，而下部老熟叶片仍保持绿色，果实容易产生脐腐病，这是缺乏（　　）。

A. 氮　　B. 锌　　C. 钾　　D. 钙

(2)(　　)是光合作用的原料，因此其浓度也是影响植物生长发育的重要因素。

A. CO_2　　B. CO　　C. O_2　　D. CO_2 和 O_2

(3) 豆类蔬菜中适于冷凉气候条件是(　　)。

A. 菜豆　　B. 豇豆　　C. 扁豆　　D. 毛豆

(4) 短日照植物只有处于(　　)的光周期诱导中，才能诱导开花。

A. 小于 12h　　B. 日照长度小于临界日长

C. 大于 12h　　D. 日照长度大于临界日长

2. 判断题

(1) 肥料的配合使用就是混合使用。(　　)

(2) 塑料大棚骨架结构包括立柱、拉杆、棚膜等几部分。(　　)

(3) 芹菜在缺钙的酸性土壤种植容易发生黑心病。(　　)

3. 简答题

(1) 生产中常见的营养土配制方法有哪些?

(2) 干籽播种时应注意的问题有哪些?

(二) 技能拓展

拓展内容见表 4-4 至表 4-6。

表 4-4 任务单

任务编号	实训 4-2
任务名称	西瓜育苗播种
任务描述	配制适合西瓜育苗的营养土，将配制好的营养土进行消毒，防治苗期病害；将育苗盘装上营养土，浇透底水，待水下渗后，采用撒播的方式将发芽的茄子种子均匀撒到育苗盘内，覆土厚度 1cm，最后覆盖地膜保温保湿
任务工时	2
完成任务要求	1. 筛选营养土。 2. 按正确比例对营养土进行配制和搅拌。 3. 育苗盘装土，底水浇透。 4. 种子撒播均匀，密度适宜。 5. 种子播完后用营养土覆盖。 6. 正确对育苗盘覆盖地膜，保温保湿。 7. 任务完成情况总体良好。 8. 说明完成本任务的方法和步骤。 9. 完成任务后，各小组相互展示、评比。 10. 针对任务实施过程中的具体操作提出合理建议。 11. 工作态度积极认真
任务实现流程分析	1. 布置任务。 2. 按步骤操作：筛土→搅拌→育苗盘装土→浇透水→播种→覆土→盖膜。 3. 对西瓜种子育苗播种过程进行评价
提供素材	营养土、筛子、铁锹、育苗盘、种子、塑料薄膜（厚 0.1mm）、洒水壶等

表 4-5 实 施 单

任务编号	实训 4-2
任务名称	西瓜育苗播种
任务工时	2
实施方式	小组合作 □　　独立完成 □
实施步骤	

表 4-6 评 价 单

<table>
<tr><td>任务编号</td><td colspan="5">实训 4-2</td></tr>
<tr><td>任务名称</td><td colspan="5">西瓜育苗播种</td></tr>
<tr><td rowspan="18">考核要点</td><td>考核内容（主要技能）</td><td>标准分值</td><td>自我评价</td><td>小组评价</td><td>教师评价</td></tr>
<tr><td>草炭土过筛质量</td><td>5</td><td></td><td></td><td></td></tr>
<tr><td>营养土配比质量</td><td>5</td><td></td><td></td><td></td></tr>
<tr><td>育苗盘装土质量</td><td>5</td><td></td><td></td><td></td></tr>
<tr><td>浇底水质量</td><td>5</td><td></td><td></td><td></td></tr>
<tr><td>撒播种子质量</td><td>5</td><td></td><td></td><td></td></tr>
<tr><td>覆土质量</td><td>15</td><td></td><td></td><td></td></tr>
<tr><td>育苗盘地膜覆盖质量</td><td>5</td><td></td><td></td><td></td></tr>
<tr><td>工具使用管理</td><td>5</td><td></td><td></td><td></td></tr>
<tr><td>按操作规程作业</td><td>5</td><td></td><td></td><td></td></tr>
<tr><td>任务完成情况</td><td>10</td><td></td><td></td><td></td></tr>
<tr><td>任务说明</td><td>10</td><td></td><td></td><td></td></tr>
<tr><td>任务展示</td><td>5</td><td></td><td></td><td></td></tr>
<tr><td>工作态度</td><td>5</td><td></td><td></td><td></td></tr>
<tr><td>提出建议</td><td>10</td><td></td><td></td><td></td></tr>
<tr><td>文明生产</td><td>5</td><td></td><td></td><td></td></tr>
<tr><td>小计</td><td>100</td><td></td><td></td><td></td></tr>
<tr><td>问题总结</td><td colspan="5"></td></tr>
</table>

任务三　西瓜嫁接育苗

任务描述

随着瓜类设施栽培面积的不断扩大和轮作周期的缩短，西瓜枯萎病已成为制约西瓜产业发展的主要障碍因子。为了解决这一难题，近年来在西瓜生产，特别是在保护地西瓜生产上，推广西瓜嫁接技术取得了较好的效果。

任务分析

用竹签拔除葫芦砧木的生长点，然后用刀片从生长点开始在下胚轴一侧自上而下劈开长1.0～1.5cm的切口，切口深度为下胚轴的2/3。然后在西瓜苗子叶下方0.5～1.0cm处将下胚轴削成双面楔形，楔面长度控制在1.0～1.5cm，楔面平滑无污染。接穗削好后，将接穗全部插入切口，使楔面一侧与砧木外表皮处于同一平面，用嫁接夹从葫芦砧木劈口对侧夹住接穗。

本任务工作流程如下：

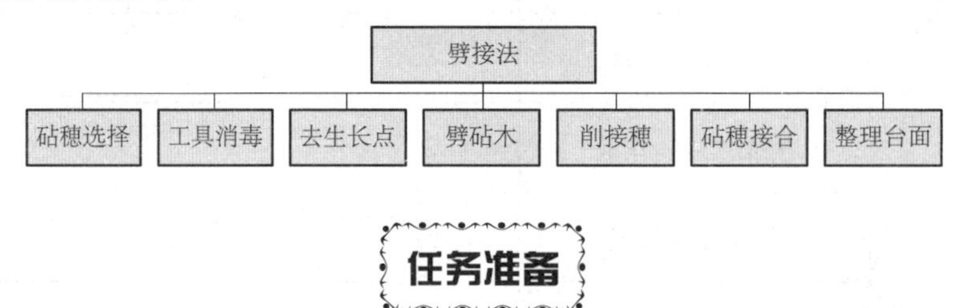

任务准备

1. 工具及材料准备　嫁接操作台、嫁接刀（采用双面刮须刀片，将刀片沿中线纵向拆成两半，一段用胶布包扎）、嫁接夹、标签纸、毛巾、瓷盘、手持小型喷雾器、75%酒精、棉球等（图4-19至图4-26）。

图4-19　嫁接操作台

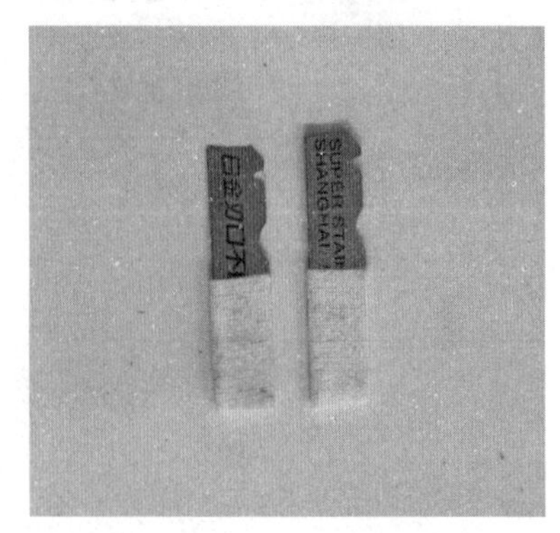

图4-20　嫁接刀

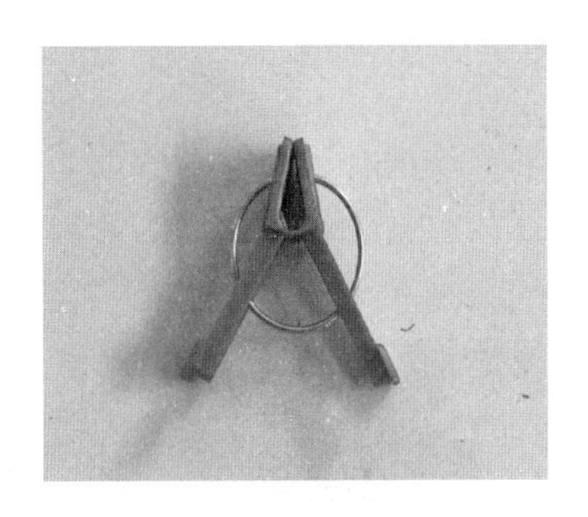

图 4-21　嫁接夹

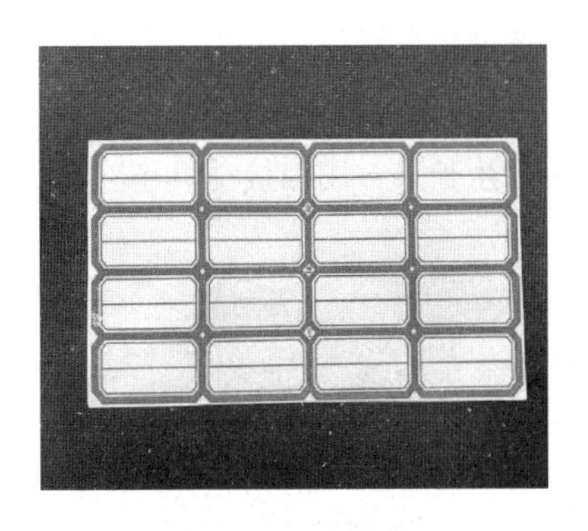

图 4-22　标签纸

图 4-23　瓷　盘

图 4-24　小型手持喷雾器

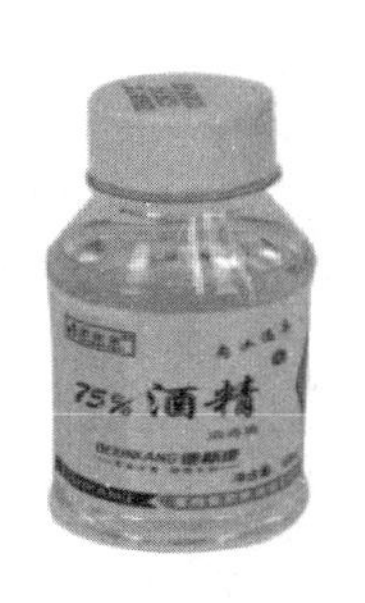

图 4-25　75%酒精

图 4-26　棉　球

2. 人员准备　将学生分成若干小组，每组 4～6 人，确定组长，明确任务。

任务实施

1. 砧穗选择　挑选第一片真叶出现到完全展平时的葫芦砧木穴盘苗；选出两片子叶刚刚展开的西瓜接穗苗，如图 4-27 所示。

2. 工具消毒 操作人员手指、刀片、竹签等嫁接工具用棉球蘸 75%酒精消毒。每嫁接 1 盘砧木工具消毒 1 次。

3. 去除生长点 用嫁接工具剔除砧木真叶和生长点，如图 4-28 所示。

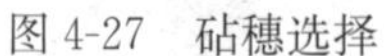

图 4-27 砧穗选择

图 4-28 去除生长点

4. 劈砧木 将砧木自上而下劈开长 1.0～1.5cm 的切口，切口深度为下胚轴的 2/3，如图 4-29 所示。

5. 削接穗 将西瓜接穗在子叶下方 0.5～1.0cm 处，下胚轴削成双面楔形，斜面长度控制在 1.0～1.5cm，斜面平滑无污染，如图 4-30 所示。

图 4-29 劈砧木

图 4-30 削接穗

6. 砧穗接合 接穗削好后，将接穗插入切口，使楔面一侧与砧木外表皮处于同一平面，用嫁接夹从葫芦砧木劈口对侧夹住接穗，如图 4-31 所示。

7. 整理台面 保持操作台面清洁卫生，所用工具摆放原处，嫁接苗摆放整齐放在指定位置，在标签上写上日期贴在育苗穴盘一顶端边缘，并喷雾保湿。

图 4-31　砧穗接合

任务小结

西瓜劈接技术是一项重要的蔬菜嫁接技术，在实际嫁接操作应用中要尽量避免损坏砧穗，严格按要求进行操作，注意砧木与接穗的选择、砧木生长点的去除、砧木的劈口长度及深度、接穗削除的平滑度、砧木与接穗用嫁接夹固定等。要避免操作错误与失误，只有通过反复练习才能达到技术要求。

知识支撑

（一）常用的嫁接方法

1. 靠接法　嫁接时先用竹签刀刃部或用刀片将葫芦生长点从子叶处去掉，用竹签尖端将两片子叶基部的侧芽处划一下，避免侧芽长出。在葫芦生长点下 0.5cm 处用刀片向斜下切约 1/2 茎粗的斜口，西瓜是在生长点下 1.5cm 处向斜上切 2/3 茎粗的斜口。西瓜、葫芦切口的斜面长度均约为 1cm。将二者切口对接吻合。用嫁接夹夹在接口处，再向营养钵内放些床土，将西瓜根系盖上并浇足水，进入嫁接后期管理。10d 后用刀片切断西瓜根，去掉夹子。

2. 断根靠接法　葫芦出苗后再进行西瓜播种，可省去断根工序。葫芦长到 1 叶 1 心开始嫁接。葫芦的切口、去生长点方法同靠接法。西瓜是在生长点下 1cm 处插入葫芦切口中吻合，用嫁接夹夹在接口处。

3. 水平插接法　此方法也是在南瓜出苗后播种黄瓜，省去了断根和使用嫁接夹工序。南瓜长到 1 叶 1 心时去掉生长点，在生长点下 0.5cm 处用比黄瓜茎粗一点的竹签垂直插穿南瓜茎，露出竹签。要求黄瓜苗子叶展平，从生长点下 1.0～1.5cm 处切 30°斜面，切口朝下插入南瓜茎插接孔中。黄瓜苗选用粗壮苗，不宜用徒长苗。

4. 斜插接法　南瓜、黄瓜的播种及苗的大小均与水平插接相同，首先用竹签尖部在南瓜子叶一侧与茎呈 45°方向斜插一穿透的孔，将展平子叶的黄瓜苗从子叶下 1cm 处用刀片切约 30°斜面，朝下插入南瓜斜插接孔中。

（二）嫁接注意事项

1. 选苗 要选用苗茎粗细相协调的西瓜苗和砧木苗进行配对嫁接，适宜的西瓜苗茎粗应比砧木苗茎稍细一些，以不超过砧木苗茎粗的 3/4 为宜。

西瓜苗茎过粗，必然要相应增大砧木苗茎上的劈口，而砧木苗茎的劈口过大又容易导致砧木苗茎被撑裂。插孔撑裂后，一方面不利于砧木与接穗的接面紧密贴合，降低接合质量；另一方面劈口的固定能力变差，接穗也容易从插孔处发生脱落。

西瓜苗茎也不应太细，否则由于西瓜苗的接合面积太小而不利于培育健壮的嫁接苗。一般要求西瓜苗茎粗不小于砧木苗茎粗的 1/2。

2. 保湿 要注意西瓜苗穗的保湿，西瓜苗不带根，苗茎较容易失水变软，影响插入质量。另外，西瓜苗含水量不足时，嫁接后嫁接苗的成活率也不高。所以，嫁接过程中，要加强西瓜苗穗的保湿措施。

第一，西瓜苗的每次起苗数量要少，应不超过 20 株，并且要带根起苗；第二，劈接的操作顺序要正确，要先劈开砧木苗，而后切西瓜苗；第三，嫁接操作要连贯，各操作环节要一气呵成，如果西瓜苗削好后不能立即进行嫁接，要用消过毒的湿布盖住或把苗茎切面含在口内保湿；第四，嫁接苗完成后放入苗床内，并马上进行扣棚保湿，要尽量缩短嫁接苗在苗床外的停留时间。

3. 操作要求 一是要把西瓜苗茎的切面全部插入葫芦砧木苗茎的劈口内，不要露在外面；二是西瓜苗茎要插到砧木苗茎劈口的底部，避免留下空隙。

拓展训练

（一）知识拓展

1. 选择题

（1）使用半劈接技术时，为提高嫁接苗成活率，砧木切口深度为下胚轴的（　　）。

A. 1/4　　B. 1/3　　C. 1/2　　D. 2/3

（2）劈接操作时，劈接口的长度应控制在（　　）。

A. 0.5～1.00m　　B. 1.0～1.5cm　　C. 1.5～2.0cm　　D. 2.0～2.5cm

2. 判断题

（1）设施番茄栽培时施用二氧化碳气肥应该遵循晴天少施、阴天多施的原则。（　　）

（2）劈接时用嫁接夹从砧木劈口对侧夹住接穗。（　　）

（3）接穗削好后，将接穗楔面部分插入切口即可 。（　　）

3. 简答题

简述西瓜顶端劈接操作过程。

（二）技能拓展

拓展内容见表 4-7 至表 4-9。

表 4-7 任 务 单

任务编号	实训 4-3
任务名称	西瓜劈接
任务描述	按照劈接项目规范要求进行嫁接，接口完全吻合、符合嫁接育苗要求的为有效嫁接苗，接口不吻合、不符合育苗要求的为无效嫁接苗
任务工时	2
完成任务要求	1. 正确选择合适的接穗和砧木。 2. 正确剔除葫芦砧木生长点。 3. 正确掌握砧木劈口深度和长度。 4. 正确掌握削接穗楔面长度。 5. 接穗与砧木接合固定。 6. 嫁接完成后对嫁接台进行清理和打扫。 7. 任务完成情况总体良好。 8. 说明完成本任务的方法和步骤。 9. 完成任务后，各小组相互展示、评比。 10. 针对任务实施过程中的具体操作提出合理建议。 11. 工作态度积极认真
任务实现流程分析	1. 布置任务。 2. 按步骤操作：砧穗选择→工具消毒→去生长点→劈砧木→削接穗→砧穗接合→整理台面。 3. 对西瓜劈接过程进行评价
提供素材	嫁接操作台、嫁接刀、嫁接夹、标签纸、毛巾、瓷盘、手持小型喷雾器、75%酒精棉球等

表 4-8 实 施 单

任务编号	实训 4-3
任务名称	西瓜劈接
任务工时	2
实施方式	小组合作□　　独立完成 □
实施步骤	

表 4-9 评 价 单

任务编号	实训 4-3				
任务名称	西瓜劈接				
考核要点	考核内容（主要技能）	标准分值	自我评价	小组评价	教师评价
	嫁接速度	5			
	砧穗选择	5			
	工具消毒	5			
	去生长点	5			
	砧木劈口长度及深度	5			
	削接穗	10			
	砧穗接合	10			
	工具使用管理	5			
	按操作规程作业	5			
	任务完成情况	10			
	任务说明	10			
	任务展示	5			
	工作态度	5			
	提出建议	10			
	文明生产	5			
	小计	100			
问题总结					

任务四　嫁接西瓜苗苗期管理

任务描述

管理好嫁接苗，需要综合考虑苗床温度、空气湿度、浇水、光照以及嫁接苗自身素质等方面。苗期管理的好坏直接影响壮苗的生成，最终影响到西瓜后期的产量。

任务分析

嫁接苗中的接穗与砧木的切面结合和愈合的时间虽然比较短暂，但对外界环境的要求比较严格，此期一旦由于管理粗放或气候因素等引起育苗环境不适宜，则容易导致嫁接苗成活率降低，即使勉强成活也难以育成壮苗。

本任务工作流程如下：

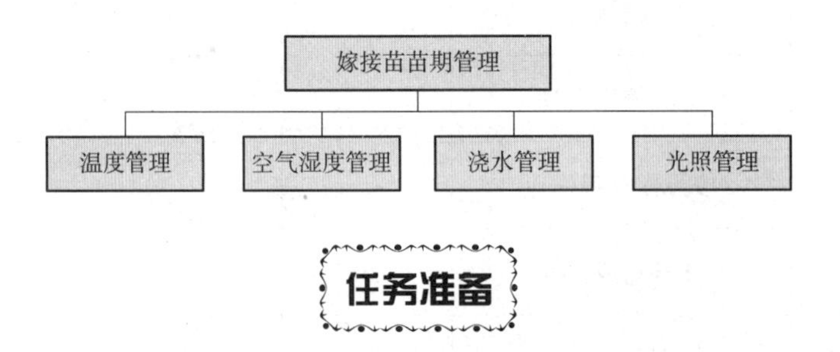

任务准备

1. 工具及材料准备　遮阳网、农用洒水壶、温湿度计等（图 4-32 至图 4-34）。

图 4-32　遮阳网

图 4-33　农用洒水壶

图 4-34　温湿度计

2. 人员准备　将学生分成若干小组，每组 4～6 人，确定组长，明确任务。

任务实施

嫁接后的管理主要以遮阳、避光、加湿、保温为主。

1. 温度管理　嫁接后 3～5d 白天保持在 25～30℃，不超过 32℃；夜间 18～20℃，不低于 15℃。3～5d 后开始通风降温，一周后接口愈合，即可逐渐去掉遮阳网，并开始大通风，白天温度保持在 20～25℃ ，夜间 12～15℃。

2. 空气湿度管理

（1）嫁接苗成活期。苗床内的空气湿度保持在 90%以上。嫁接苗成活后，撤掉小拱棚。

（2）培育壮苗期。此期要求较低的空气湿度，适宜的空气湿度为 70%。

3. 浇水管理　浇水时要求逐苗或逐行点浇水，把育苗土浇透、浇匀。

4. 光照管理　嫁接当日以及嫁接后前 3d 内，要用遮阳网将嫁接场所、嫁接苗进行遮阳，避免太阳光直射引起嫁接苗体温过高，失水过多而发生萎蔫。随着嫁接苗的成活，逐天延长直射光照的时间，当嫁接苗完全成活后可撤掉遮阳网。

任务小结

嫁接操作过程比较简单，但要使嫁接苗成活并且成为壮苗，对管理技术和育苗条件要求比较严格，所以嫁接苗的温度、湿度、光照等方面的管理对嫁接苗的成活率至关重要。

知识支撑

嫁接苗管理要点

1. 温度管理 将嫁接苗放入育苗床内后，用小拱棚（低温期还要加盖草苫）覆盖保温。苗床内白天适宜温度为25～30℃，不超过32℃；夜间温度在18～20℃，不低于15℃。温度过高时，西瓜苗容易发生萎蔫枯死，温度过低时，嫁接苗的接面愈合不良，成活率也较低。一周后，嫁接苗基本成活，可放宽温度管理，白天温度20～25℃，夜间温度12～15℃，不低于8℃。约10d后，嫁接苗完全成活，适当降低温度，加大昼夜温差，培育壮苗。

2. 湿度管理 嫁接后将嫁接苗及时放入育苗床内，并逐一将育苗钵浇透水。苗床偏干时，可结合嫁接苗情况，向地面适量泼水，增加地面湿度。

嫁接苗管理初期，苗床内的空气湿度应保持在90%以上，湿度不足时要用水壶向地面喷水，切记不可向嫁接苗上直接喷水，以防水流入接口内，引起接口部发病。从第四天开始，对苗床进行适量的通风降湿，将苗床内的空气湿度下降到70%。初期通风要缓，通风时间也要短，然后逐天延长通风的时间，加大通风口，适宜的通风时间和通风口的开放程度，可使嫁接苗不发生萎蔫，特别是不出现叶柄萎蔫下垂现象。在苗床进入大通风阶段后，苗土容易失水变干，应根据苗土的干湿变化情况及时浇水，使育苗钵土壤经常保持湿润。育苗钵浇水最好采用逐钵点浇水法，把土浇透又不弄湿瓜苗。低温期于晴天中午前后浇水，高温期于10：00前进行浇水。

3. 光照管理 嫁接苗放入苗床后，晴天要在日出后至日落前用遮阳网对苗床进行遮阳，避免太阳光直射到瓜苗上，引起瓜苗萎蔫。如果遇阴天或多云天气，可以不遮阳。从第四天开始，要逐天缩短苗床的遮光时间，保持瓜苗定的光照时间，避免长时间遮光造成瓜苗叶黄、苗弱。白天只要瓜苗不发生萎蔫就不遮光。嫁接8～10d后，当中午前后瓜苗不发生萎蔫时，撤掉遮阳物，对嫁接苗进行自然光照管理。

4. 抹杈和抹根 砧木苗茎上发出的新芽及长出的杈要及早抹掉，避免与西瓜苗争夺营养，抑制西瓜苗的正常生长。西瓜苗上长出的不定根也要随时抹掉，避免伸长扎进土内，抑制砧木根系的正常生长，并使嫁接失去防病的意义。

在正常的温度、湿度和光照管理条件下，一般嫁接后需8～10d嫁接苗才能完全成活，嫁接质量较好的嫁接苗在嫁接后5～7d就可转入正常的生长。正常成活的苗通常表现为：心叶色泽鲜艳，新叶生长较快；幼茎色泽鲜嫩，明显伸长；砧木苗茎的基部上生有较多的不定根。而嫁接质量差的苗成活较晚，成活后的长势也较弱，通常表现为：西瓜苗穗的子叶色深，叶面积无明显的增加；心叶较小，色较深，生长缓慢，新叶生长较晚，吐出的叶片也较小；在强光或温度偏高等不良环境下，西瓜苗容易发生萎蔫。未接合的嫁接苗则表现为西瓜苗萎蔫或枯死。

拓展训练

(一) 知识拓展

1. 填空题

(1) 西瓜嫁接苗浇水时要求(　　　　)或(　　　　)浇水，把育苗土浇透、浇匀。

(2) 西瓜嫁接苗要随时除去这(　　　　)，保证接穗的健康生长。

2. 选择题

(1) 大棚西瓜的保温方式多采用（　　）方式。

A. 三膜一苫　　B. 草帘　　C. 塑料膜　　D. 拱棚

(2) 嫁接苗成活期，苗床内的空气湿度保持在（　　）以上。

A. 60%　　B. 70%　　C. 80%　　D. 90%

3. 简答题

西瓜嫁接苗在苗期管理时怎样进行遮阳管理?

(二) 技能拓展

拓展内容见表 4-10 至表 4-12。

表 4-10 任 务 单

任务编号	实训 4-4
任务名称	温室大棚西瓜嫁接苗苗期管理
任务描述	嫁接苗用遮阳网遮阳。嫁接后苗床 3d 内不通风，苗床气温白天保持在 25～30℃，夜间 18～20℃，空气相对湿度保持在 90%以上。3d 后视苗情，进行短时间少量通风。接口愈合后可逐渐去掉遮阳网，并开始大通风。嫁接苗成活后要及时去掉砧木生长点处的再生萌蘖
任务工时	2
完成任务要求	1. 正确进行嫁接苗的温度管理。 2. 正确进行嫁接苗的空气湿度管理。 3. 正确进行嫁接苗的浇水管理。 4. 正确进行嫁接苗的光照管理。 5. 任务完成情况总体良好。 6. 说明完成本任务的方法和注意事项。 7. 完成任务后，各小组相互展示、评比。 8. 针对任务实施过程中的具体操作提出合理建议。 9. 工作态度积极认真
任务实现流程分析	1. 布置任务。 2. 按步骤操作：嫁接苗空气温度管理、温度管理、浇水管理、光照处理。 3. 对嫁接苗管理过程进行评价
提供素材	温湿度计、农用洒水壶、遮阳网等

表 4-11 实 施 单

任务编号	实训 4-4
任务名称	温室大棚西瓜嫁接苗苗期管理
任务工时	2
实施方式	小组合作□　　独立完成 □
实施步骤	

表 4-12 评 价 单

<table>
<tr><td>任务编号</td><td colspan="5">实训 4-4</td></tr>
<tr><td>任务名称</td><td colspan="5">温室大棚西瓜嫁接苗苗期管理</td></tr>
<tr><td rowspan="15">考核要点</td><td>考核内容（主要技能）</td><td>标准分值</td><td>自我评价</td><td>小组评价</td><td>教师评价</td></tr>
<tr><td>温度管理</td><td>10</td><td></td><td></td><td></td></tr>
<tr><td>空气湿度管理</td><td>10</td><td></td><td></td><td></td></tr>
<tr><td>浇水管理</td><td>10</td><td></td><td></td><td></td></tr>
<tr><td>光照管理</td><td>10</td><td></td><td></td><td></td></tr>
<tr><td>药剂使用</td><td>10</td><td></td><td></td><td></td></tr>
<tr><td>工具使用</td><td>10</td><td></td><td></td><td></td></tr>
<tr><td>按操作规程作业</td><td>10</td><td></td><td></td><td></td></tr>
<tr><td>任务完成情况</td><td>5</td><td></td><td></td><td></td></tr>
<tr><td>任务说明</td><td>5</td><td></td><td></td><td></td></tr>
<tr><td>任务展示</td><td>5</td><td></td><td></td><td></td></tr>
<tr><td>工作态度</td><td>5</td><td></td><td></td><td></td></tr>
<tr><td>提出建议</td><td>5</td><td></td><td></td><td></td></tr>
<tr><td>文明生产</td><td>5</td><td></td><td></td><td></td></tr>
<tr><td>小计</td><td>100</td><td></td><td></td><td></td></tr>
<tr><td>问题总结</td><td colspan="5"></td></tr>
</table>

【项目小结】

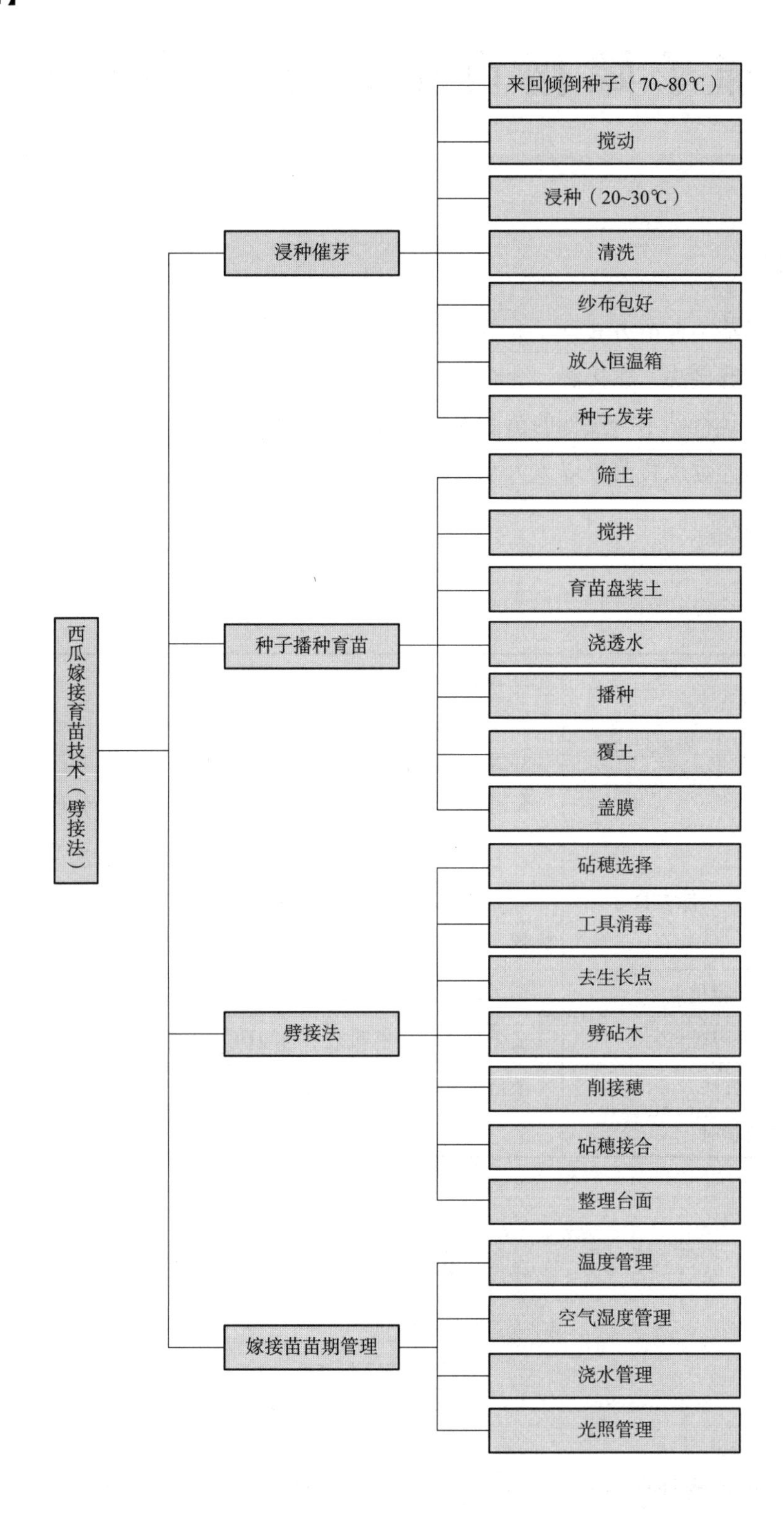
西瓜嫁接育苗技术（劈接法）
浸种催芽
来回倾倒种子（70~80℃）
搅动
浸种（20~30℃）
清洗
纱布包好
放入恒温箱
种子发芽
种子播种育苗
筛土
搅拌
育苗盘装土
浇透水
播种
覆土
盖膜
劈接法
砧穗选择
工具消毒
去生长点
劈砧木
削接穗
砧穗接合
整理台面
嫁接苗苗期管理
温度管理
空气湿度管理
浇水管理
光照管理

项目五

茄子嫁接育苗技术（靠接法）

【项目描述】

嫁接育苗是蔬菜育苗方式之一，目前主要应用于瓜类和茄果类蔬菜，嫁接方法多种多样，有插接法、劈接法、靠接法、套管法等。靠接法是瓜类和茄果类蔬菜嫁接育苗常用的方法之一，该方法是将砧木与接穗的苗茎靠在一起，两株蔬菜苗通过苗茎上的切口相互嵌合而形成一株嫁接苗。嫁接育苗可以大大减轻蔬菜的土传病害，增强抗性以及增加产量等。

【教学导航】

<table>
<tr><td rowspan="2">教学目标</td><td>知识目标</td><td>1. 掌握茄子及砧木的浸种催芽方法。
2. 了解穴盘播种育苗的生产流程。
3. 掌握靠接法的操作过程。
4. 了解通过调节温度、空气湿度及光照条件管理嫁接苗</td></tr>
<tr><td>能力目标</td><td>1. 能够根据不同蔬菜类型确定浸种催芽的方法。
2. 能够熟练快速地对接穗及砧木进行靠接，整个操作过程衔接流畅</td></tr>
<tr><td colspan="2">本项目学习重点</td><td>茄子靠接法的操作过程</td></tr>
<tr><td colspan="2">本项目学习难点</td><td>茄子靠接法接穗和砧木的削切</td></tr>
<tr><td colspan="2">教学方法</td><td>项目教学、任务驱动法、案例教学法</td></tr>
<tr><td colspan="2">建议学时</td><td>8</td></tr>
</table>

任务一　茄子、砧木浸种催芽

任务描述

浸种催芽包括浸种和催芽两个过程。种子先浸泡在一定温度的水或一定浓度的营养液、激素等溶液中，然后将吸水膨胀的种子置于适宜条件下，可以使种子快速且整齐地发芽，并能提高种子的发芽率。根据浸种水温可分为一般浸种、温汤浸种和热水烫种。根据催芽过程中温度是否发生改变又可以分为常温催芽和变温催芽。本任务的砧木以托鲁巴姆为例。

任务分析

茄子嫁接的接穗和砧木浸种催芽的方法不同，接穗一般采用温汤浸种和常温催芽，砧木一般采用激素浸种和变温催芽。茄子砧木（托鲁巴姆）比接穗提早20～25d进行浸种催芽。

本任务工作流程如下：

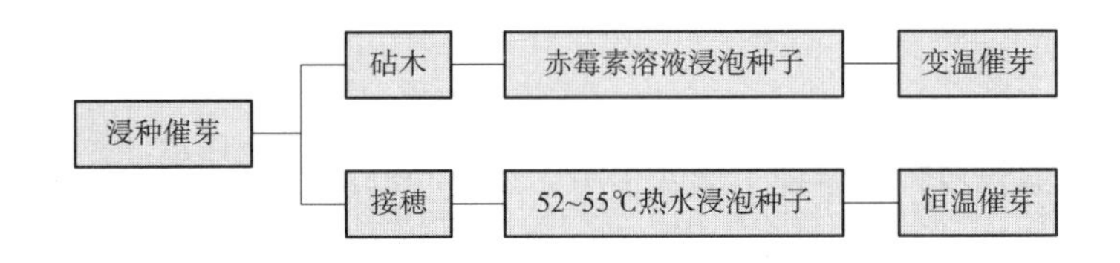

任务准备

工具及材料准备：茄子及砧木种子、赤霉素（有效成分含量75%）、恒温箱、培养皿、温度计、滤纸、纱布、玻璃棒、烧杯、热水、镊子等（图5-1至图5-5）。

图5-1　恒温箱

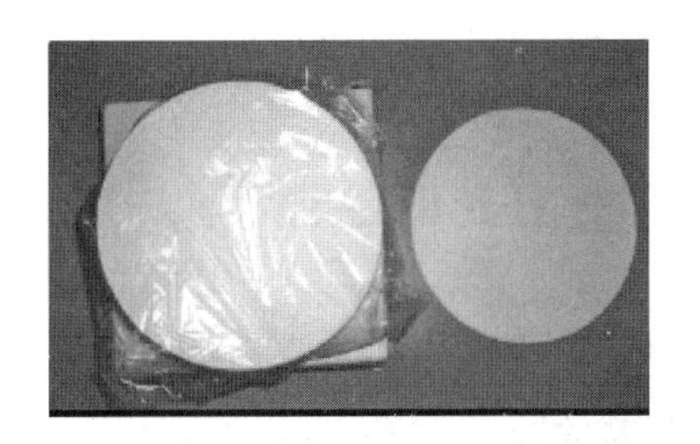

图5-2　滤　纸

图5-3　培养皿

图 5-4　茄子接穗种子

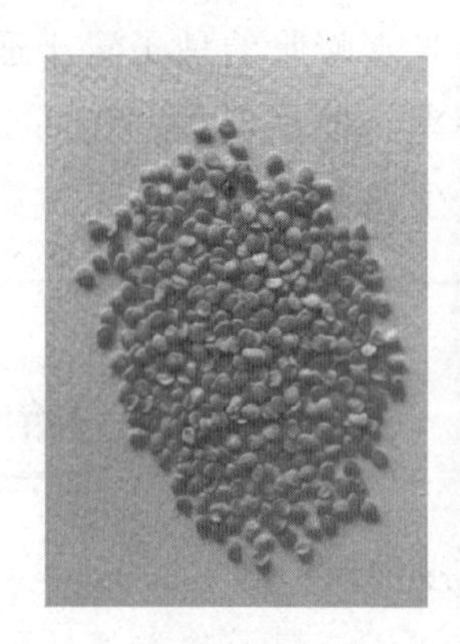

图 5-5　茄子砧木（托鲁巴姆）种子

任务实施

1. 浸种

（1）接穗采用温汤浸种。将种子淘洗干净，在 500mL 烧杯中注入 400mL 52～55℃的热水，将适量种子放在热水中浸泡 15min，期间用玻璃棒不断搅拌，待温度降至 30℃停止搅拌，继续浸泡 24h。

（2）砧木采用激素浸种。将种子杂质去除并淘洗干净，用 200mg/L 的赤霉素溶液浸泡 24 h。

2. 催芽

（1）在培养皿中放置两层湿润的滤纸，茄子接穗浸种后将种子捞出置于培养皿中，将种子平铺开，置于 25～30℃的培养箱中进行催芽。生产上种子数量多时，可将种子放置在纱布袋中，期间要经常检查、翻动，每 12h 用清水冲洗一次，待种子“露白”后即可播种。

（2）茄子砧木经赤霉素溶液浸泡后用清水冲洗干净，将种子捞出置于培养皿中或装入纱布袋中保湿并进行变温催芽。白天温度保持在 28～32℃，夜间 18～20℃，每天翻动 1～2 次，每 12h 用清水冲洗一次，待种子“露白”后即可播种。

任务小结

浸种催芽是种子播前处理技术之一，本任务主要介绍了茄子及砧木常用的浸种和催芽的方法。茄子主要采用温汤浸种和常温催芽的方法，砧木主要采用激素浸种和变温催芽的方法。

知识支撑

（一）浸种、催芽

1. 浸种 浸种是将种子浸泡在一定温度的水中，使其在短时间内吸水膨胀，达到萌芽所需的基本水量。根据浸种水温可分为一般浸种、温汤浸种和热水烫种。

（1）一般浸种。用常温水浸种，有使种子吸胀的作用，但无杀菌和促进吸水的作用，适用于种皮薄、吸水快、易发芽不易受病虫污染的种子，如白菜、甘蓝等。

（2）温汤浸种。水温52～55℃，浸泡10～15min，并不断搅拌，使水温均匀，随后使水温自然下降至室温，按要求继续浸泡。55℃是一般病菌的致死温度，10min是致死温度下的致死时间，因此温汤浸种具有灭菌的作用。温汤浸种适用于瓜类、茄果类等蔬菜种子。

（3）热水烫种。水温75～85℃，将干燥的种子投入热水中快速烫种3～5s，之后加入凉水使水温下降到55℃左右，再按照温汤浸种法继续处理。热水烫种可以使干燥的种皮产生裂缝，有利于水分进入种子，此方法适用于种皮厚、透水困难的种子，如冬瓜、西瓜等。

浸种时应注意以下几点：第一，要把种子充分淘洗干净，除去果肉物质后再浸种；第二，浸种过程中要勤换水，保持水质清新，一般以每12h换一次水为宜；第三，浸种水量要适宜，以略大于种子量的4～5倍为宜；第四，浸种时间要适宜。主要蔬菜的适宜浸种水温与时间见表5-1。

表5-1 主要蔬菜浸种催芽的适宜温度与时间

（韩世栋，2011，蔬菜生产技术）

蔬菜种类	浸种		催芽		蔬菜种类	浸种		催芽	
	水温/℃	时间/h	温度/℃	天数/d		水温/℃	时间/h	温度/℃	天数/d
黄瓜	25～30	8～12	25～30	1～1.5	甘蓝	20	3～4	18～20	1.5
西葫芦	25～30	8～12	25～30	2	花椰菜	20	3～4	18～20	1.5
番茄	25～30	10～12	25～28	2～3	芹菜	20	24	20～22	2～3
辣椒	25～30	10～12	25～30	4～5	菠菜	20	24	15～20	2～3
茄子	30	20～24	28～30	6～7	冬瓜	25～30	12+12*	28～30	3～4

注：12+12*表示第一次浸种后晾10～12h后再浸泡第二次。

一般浸种时，也可以在水中加入一定量的激素或微量元素，进行激素浸种或微量元素浸种，有促进发芽、提早成熟、增加产量等效果。此外，为提高浸种效率，浸种前可对有些种子进行必要的处理。如对种皮坚硬而厚的西瓜、苦瓜、丝瓜等种子，可进行胚端破壳；对芹菜、芫荽等种子可用硬物搓擦，以使果皮破裂；对附着黏质多的番茄等种子可用0.2%～0.5%的碱液先清洗，然后在浸泡过程中不断搓洗换水，直到种皮洁净无黏感。

2. 催芽 催芽是将吸水膨胀的种子置于适宜条件下，促使种子迅速而整齐一致的萌发。一般方法是：将浸好的种子装入纱布袋中，置于恒温箱中催芽，直至种子露白。在催芽期间，每天应用清水淘洗种子1～2次，并将种子上下翻倒，以使种子发芽整齐一致。主要蔬菜的催芽适温和时间见表3-5。

（二）配制浓度200mg/L的赤霉素溶液（以配置200mL为例）

赤霉素结晶粉只能溶于有机溶剂，使用时首先将其用75%酒精溶液溶解，再稀释成所需浓度的溶液。

将1g赤霉素结晶粉（有效成分含量75%）溶于50mL75%酒精溶液，使其充分溶解，则每毫升酒精溶液中所含的赤霉素为（1g×75%）÷50=0.015g。

配制200mL浓度为200mg/L（0.000 2g/mL）的赤霉素溶液所需要的赤霉素质量为200mL×0.000 2g/mL=0.04g；则需要赤霉素酒精溶液为：0.04g÷0.015g/mL=2.7mL。将2.7mL的赤霉素酒精溶液加入200mL水中，即得到200mg/L的赤霉素溶液。

（三）其他种子播前处理技术

除了浸种催芽可以对种子进行处理外，还可以利用物理和化学的手段对种子进行处理，它们的作用主要是提高种子发芽势及出苗率，增强抗逆性、诱导变异、促进发芽、诱发突变等。

1. 变温处理 把萌动的种子先在－1～5℃的低温下处理12～18h，再放到18～22℃的温度下处理6～12h，如此连续处理1～10d或更长时间，可提高种胚的耐寒性。

2. 干热处理 一些种类的蔬菜种子经干热空气处理后，有促进后熟、增加种皮透性、促进萌发、消毒防病等作用。

3. 低温处理 对于某些耐寒或半耐寒蔬菜，在炎热的夏季播种时，可将浸好的种子在冰箱内或其他低温条件下，冷冻几个小时或十余小时后，再放在冷凉处（如地窖、水井内）催芽，使其在低温下萌发，可促进发芽整齐一致。

拓展训练

（一）知识拓展

1. 选择题

（1）茄子温汤浸种的适宜温度为（　　）。

A. 50～55℃　　B. 70～85℃　　C. 100℃　　D. 一般温度即可

（2）热水烫种的适宜温度为（　　）。

A. 50～55℃　　B. 75～85℃　　C. 25℃　　D. 100℃

2. 填空题

（1）种子萌发所需要的 3 个基本条件是(　　　　)、(　　　　)(　　　　)。

（2）根据浸种的水温不同有(　　　　)、(　　　　)和(　　　　)3 种方法。

3. 简答题

（1）浸种的注意事项有哪些?

（2）茄子种子浸种催芽的步骤有哪些?

（二）实践拓展

找一些白菜、甘蓝、西瓜、黄瓜、苦瓜等种子，依据种子特点进行浸种催芽处理，记录每一种蔬菜种子在一定的温度下催芽所需要的时间（以大部分种子露白为标准）。将观察结果填入表 5-2 中。

表 5-2　蔬菜浸种催芽观察记录

蔬菜种类	浸种方法	催芽温度	露白所需时间/d
白菜（或甘蓝）			
黄瓜（或西瓜）			
苦瓜			

（三）技能拓展

拓展内容见表 5-3 至表 5-5。

表5-3 任 务 单

任务编号	实训5-1
任务名称	茄子及砧木的浸种催芽
任务描述	茄子及砧木的浸种催芽所需的时间差异较大，砧木一般较接穗提早催芽25d左右。茄子及砧木通过浸种可以起到杀菌的作用，然后将浸泡处理过的种子放在适宜的温度环境条件下催芽
任务课时	2
完成任务要求	1. 茄子及砧木品种选择正确。 2. 茄子及其砧木浸种方法正确。 3. 根据种子数量多少采用不同的容器。 4. 茄子及砧木浸种催芽的温度设置符合要求。 5. 简要复述完成本任务的具体方法和步骤。 6. 完成任务后小组之间进行展示、比评。 7. 针对任务实施过程中的具体操作步骤提出合理建议。 8. 工作态度积极认真，小组成员之间相互配合默契
任务实现流程分析	1. 布置任务。 2. 按步骤操作：砧木用赤霉素溶液浸泡种子——变温催芽；接穗用52～55℃热水浸泡种子——恒温催芽。 3. 对茄子及其砧木浸种催芽过程进行评价
工具材料	茄子及砧木种子、赤霉素（有效成分含量75%）、热水、培养皿、滤纸、玻璃棒、烧杯、镊子、纱布、恒温箱等

表 5-4 实 施 单

任务编号	实训 5-1
任务名称	茄子及砧木的浸种催芽
任务课时	2
实施方式	小组合作 □　　独立完成 □
实施步骤	

表 5-5 评 价 单

<table>
<tr><td>任务编号</td><td colspan="5">实训 5-1</td></tr>
<tr><td>任务名称</td><td colspan="5">茄子及砧木的浸种催芽</td></tr>
<tr><td rowspan="17">考核要点</td><td>考核内容（主要技能）</td><td>标准分值</td><td>自我评价</td><td>小组评价</td><td>教师评价</td></tr>
<tr><td>浸种催芽方法适宜</td><td>10</td><td></td><td></td><td></td></tr>
<tr><td>去除种子杂质
并淘洗干净</td><td>5</td><td></td><td></td><td></td></tr>
<tr><td>浸种时间适宜</td><td>5</td><td></td><td></td><td></td></tr>
<tr><td>浸种过程中搅拌</td><td>5</td><td></td><td></td><td></td></tr>
<tr><td>催芽期间检查、翻动</td><td>5</td><td></td><td></td><td></td></tr>
<tr><td>每天清洗种子</td><td>5</td><td></td><td></td><td></td></tr>
<tr><td>催芽的温度设置</td><td>5</td><td></td><td></td><td></td></tr>
<tr><td>出芽天数及出芽情况</td><td>15</td><td></td><td></td><td></td></tr>
<tr><td>按操作流程规范作业</td><td>5</td><td></td><td></td><td></td></tr>
<tr><td>任务完成情况</td><td>5</td><td></td><td></td><td></td></tr>
<tr><td>任务说明</td><td>10</td><td></td><td></td><td></td></tr>
<tr><td>任务结果展示</td><td>5</td><td></td><td></td><td></td></tr>
<tr><td>学习态度</td><td>5</td><td></td><td></td><td></td></tr>
<tr><td>提出疑问或建议</td><td>10</td><td></td><td></td><td></td></tr>
<tr><td>小组合作</td><td>5</td><td></td><td></td><td></td></tr>
<tr><td>小计</td><td>100</td><td></td><td></td><td></td></tr>
<tr><td>问题总结</td><td colspan="5"></td></tr>
</table>

任务二 茄子播种育苗

任务描述

蔬菜育苗可以缩短蔬菜生产周期，使其提早成熟，还可以延长生产期，提高蔬菜的产量、品质，减少苗期用地和管理用工量以及减少用种量等。嫁接茄子的接穗及砧木生产上一般采用容器（营养钵或穴盘）育苗。本任务砧木以托鲁巴姆为例。

任务分析

靠接法要求接穗苗与砧木苗的苗茎粗细相近，而托鲁巴姆种子发芽时间较长，因此需要通过调整接穗和砧木的播期来培育出适合靠接的幼苗。通常情况下，托鲁巴姆应比接穗提早播 20～25d。

本任务工作流程如下：

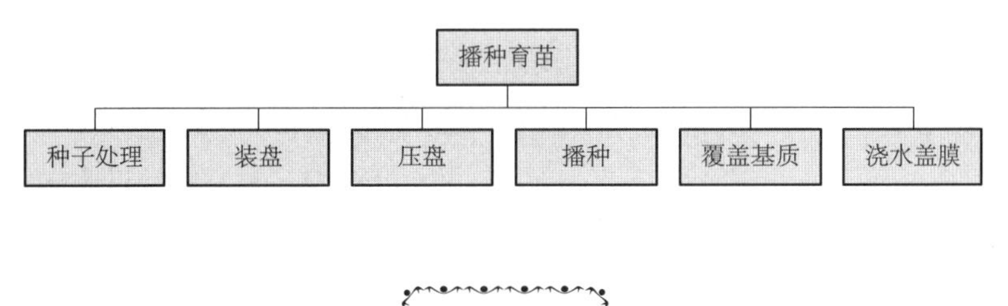

任务准备

工具准备：穴盘、育苗基质、刮板、喷壶、地膜等。

任务实施

1. 种子处理　为了防止出苗不整齐，通常要对种子进行预处理，即精选、温烫浸种、药剂浸（拌）种、搓洗、催芽等，种子经过处理后再播种。

2. 装盘　先将基质拌匀，调节含水量至 55%～60%。然后将基质装到穴盘中，尽量保持原有物理性状，用刮板从穴盘的一边垂直于盘面刮向另一边，使每穴中都装满基质，而且每个格室清晰可见。

3. 压盘　用相同的空穴盘 5～6 个重叠垂直放在装满基质的穴盘上，用力下压，压出的深度为1.0～1.5cm，以保证播种深浅一致、出苗整齐。

4. 播种 将种子播在压好穴的盘中，在每个孔穴中心点放1粒，种子要平放。注意多播几盘备用，如图5-6所示。

5. 覆盖基质 播种后覆盖蛭石或原基质，用刮板从穴盘的一边刮向另一边，使基质面与盘面相平，如图5-7所示。

图5-6 播 种

图5-7 覆盖基质

6. 苗床准备 除夏季苗床要求遮阳挡雨外，冬春季育苗都要在避风向阳的大棚内进行。大棚内苗床面要耙平，必要时要铺设电热温床，地面覆盖一层旧薄膜或地膜，在地膜上摆放穴盘。

7. 浇水盖膜 穴盘摆好后，用带细孔喷头的喷壶喷透水（忌大水浇灌，以免将种子冲出穴盘），然后盖一层地膜，以利于保水、出苗整齐。

任务小结

育苗是现代蔬菜生产中不可或缺的一个环节，它最主要的优势在于可以使蔬菜提早成熟、延长生产期和提高产量、品质，本任务以穴盘育苗为例介绍了茄子及砧木播种育苗的具体操作步骤，其中最主要的环节是装盘、压盘、播种和覆土。

知识支撑

（一）蔬菜育苗的方式

育苗不仅可以使蔬菜提早成熟、延长生产期和提高产量、品质，而且还能够减少苗期用地和管理用工量以及减少用种量等。在现代蔬菜生产中，育苗由于具有其不可替代性，因此发展成为一项独立的产业。蔬菜育依据育苗场所及育苗条件，分为设施育苗和露地育苗；依据育苗基质，分为床土育苗和无土育苗；依据幼苗根系保护方法，分为容器育苗、营养土块育苗等；依育苗所用的繁殖材料，分为一般（种子）育苗、扦插育苗、嫁接育苗、组织培养育苗等。

1. 设施育苗 整个育苗过程在设施内进行，受外界气候因素影响较小，育苗期比较灵活，早熟作用明显，容易培育出适龄壮苗，是现代育苗的重要方式。

2. 露地育苗 传统的育苗方式，受气候因素影响大，育苗时间晚，苗期病虫害较严重，主要用于葱蒜类、秋白菜等的育苗。

3. 无土育苗 育苗时不使用土壤而选用一些特殊的有机和无机材料为育苗基质，由营养液为蔬菜苗提供生长所需的各种养分。

4. 容器育苗 用一定容积的育苗容器（营养钵等）填充营养土或基质进行育苗。容器育苗能够保持育苗土或基质完整，护根效果好，对不耐移栽的蔬菜尤为适用。蔬菜苗在定植后不需要缓苗或缓苗时间大大缩短，发棵快收获也早，早熟作用较明显。

（二）几种常用的茄子砧木

1. 日本赤茄 又名红茄，是国外应用比较早的茄子砧木品种之一。日本赤茄作砧木的优点是高抗枯萎病、中抗黄萎病，根系发达，茎较粗壮，节间较短，茎和叶面上有刺。种子白色，形似辣椒籽，粗肾形，易发芽，浸种24h后2d发芽率为23%，3d发芽率为28%，4d发芽率达93%。幼苗生长速度和一般茄子一样。日本赤茄作砧木时需比接穗早播7d，嫁接方法可采用劈接法或斜接法。由于赤茄抗病性范围较窄，在黄萎病重的地块不适宜用作砧木。

2. CRP CRP是一种野生茄子，是根据产地而命名的品种。该品种的茎、叶刺较多，故也称刺茄，为茄子嫁接最新的优良砧木品种。CRP高抗茄子黄萎病，现在是我国北方普遍推广应用的优良砧木品种。CRP种子千粒重2g，棕褐色近圆形，直径3mm左右，浸种后种子初始发芽率7.4%，6d发芽率65.6%，8d发芽率93.44%。CRP苗期抗猝倒病，易感染立枯病，较耐低温，适宜秋冬保护地栽培茄子作砧木。

3. 托鲁巴姆 托鲁巴姆来源于日本，此品种高抗或免疫黄萎病、枯萎病、青枯病及根结线虫病等土传病害，被称为“四抗”茄子砧木品种。它根系发达，地上植株长势极强，节间较长，茎和叶上刺少，种子很小，千粒重约1g。在一般情况下，种子不易发芽，需催芽。

（三）穴盘的选择及杀菌消毒

1. 根据育苗穴盘穴数、颜色与蔬菜种类选择穴盘 穴盘按材质不同可分为聚苯泡沫穴盘和塑料穴盘，其中塑料穴盘的应用更为广泛。塑料穴盘一般有黑色、灰色和白色，多数种植者选择使用黑色盘，吸光性好，更有利于种苗根部发育。穴盘的尺寸一般为54cm×28cm，有50穴、72穴、105穴、128穴、200穴、288穴、392穴等几种规格。穴格体积大的装基质多，其水分、养分蓄积量大，水分调节能力强，通透性好，有利于幼苗根系发育，但同时可能育苗数量少，而且成本会增加。

蔬菜育苗可根据不同蔬菜的秧苗特点选用穴盘。瓜类如南瓜、西瓜、冬瓜、甜瓜育苗时多采用50穴；番茄、茄子、黄瓜多采用72穴；辣椒采用105穴或128穴；油菜、叶用莴苣、甘蓝、绿花菜育苗应选用105穴或128穴；芹菜育苗大多选用128穴或200穴。

2. 穴盘的消毒杀菌 对使用过的穴盘可能会感染残留一些病原菌、虫卵，所以一定要进行清洗、消毒。方法是先清除苗盘中的残留基质，用清水冲洗干净（比较顽固的附着物用刷子刷净）、晾干，并用50%多菌灵可湿性粉剂500倍液浸泡12h或用高锰酸钾1 000倍液浸泡30min消毒，还可用漂白粉溶液进行消毒。消过毒的穴盘在使用前必须彻底洗净晾干。

（四）苗床播种育苗

1. 确定育苗设施 根据蔬菜的种类、定植时间、是否是在设施内生产选择适宜的育苗设施。及早扣棚，温室大棚应提前15d扣棚醒地。

2. 苗床准备

（1）确定床土配方。播种床土配方：田土6份，腐熟有机肥4份。土质偏黏时，应掺入适量的细沙或炉渣。分苗床土配方：田土或园土7份，腐熟有机肥3份。分苗床土应具有一定的黏性，以利从苗床中起苗或定植取苗时不散土。

（2）床土配制。田土和有机肥过筛后，掺入速效肥料，速效化肥的用量应小，一船播种床土每立方米的总施肥量为1kg左右，分苗床土2kg左右。并充分拌和均匀，堆置过夜，然后均匀铺在育苗床内。播种床铺土厚10cm，分苗床铺土厚12～15cm。

（3）床土消毒。为防止苗期病害，育苗土使用前应进行消毒处理。常用的消毒方法有药剂消毒法和物理消毒法。药剂消毒常用的有代森锌粉剂、福尔马林、井冈霉素等。

①福尔马林消毒。每立方米床土用40%福尔马林200～300mL，适量加水，结合混拌育苗土喷洒到土中，拌匀后堆起来，盖塑料薄膜密闭2～3d。然后去掉覆盖物散放福尔马林，1～2周后待土中药味完全散去时再填床使用。

②混拌农药消毒。结合混拌育苗土，每立方米土中混入多菌灵或甲基硫菌灵150～200g、辛硫磷150～200g。混拌均匀后堆放，并用薄膜封堆，让农药在土内充分扩散，杀灭病菌、虫卵，7～10d后再用来育苗。

3. 苗床播种步骤

（1）播种日期的确定。一般是根据当地的适宜定植期和适龄苗的成苗期来确定，即从适宜定植期起按某种蔬菜的日历苗龄向前推算播种期。

（2）确定播种量。为了保证有足够的秧苗提供大田蔬菜生产的需要，必须明确蔬菜的播种量。育苗时计算播种量主要考虑以下因素：每亩地的秧苗数、种子千粒重、种子发芽率及安全系数（20%，即增加20%的秧苗）。

（3）播前种子处理。为了使种子播后出苗整齐、迅速、健壮，减少病害感染，增强种胚和幼苗的抗逆性，达到培育壮苗的目的，播前常进行种子处理。

4. 苗床播种 播种如遇上低温期则选晴暖的上午播种，播前浇足底水。水渗下后，在床面薄薄撒盖一层育苗土，防止播种后种子直接沾到湿漉漉的畦土上，发生糊种。小粒种子用撒播法，大粒种子用点播法。瓜类、豆类种子多点播，若采用容器育苗应播于容器中央；瓜类种子应平放，不要立插种子，防止出苗时将种皮顶出土面并夹住子叶，即形成“戴帽”苗，如图5-8、图5-9所示。催芽的种子表面潮湿，不易撒开，可用细沙或草木灰拌匀后再撒。播后覆土，并用薄膜平盖畦面。

图5-8 “戴帽”苗

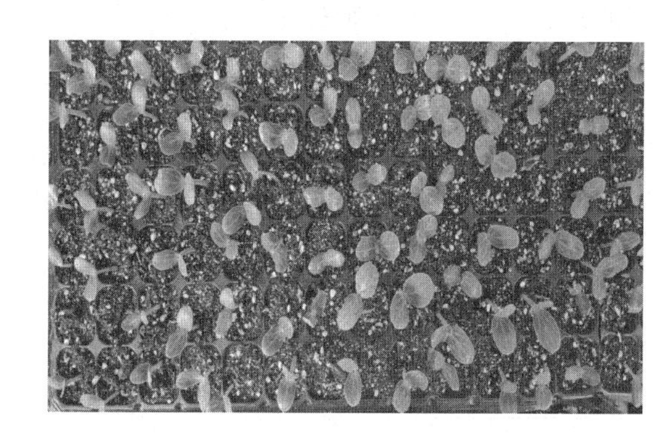

图5-9 正常苗

拓展训练

（一）知识拓展

1. 填空题

（1）蔬菜的播种方式包括（　　　　）、（　　　　）、（　　　　）。

（2）育苗时，播种至出苗要求的温度要（　　　　），出苗后至真叶显现要求的温度要（　　　　）。

2. 判断题

（1）蔬菜育苗期间，从出苗到破心温度应略低，以防幼苗徒长。（　　）

（2）分苗是为了增加幼苗的营养面积和营养空间。（　　）

（3）生产上瓜类种子常用128穴的穴盘进行育苗。（　　）

3. 简答题

（1）简述穴盘育苗的步骤。

（2）如何对穴盘进行消毒杀菌？

（二）技能拓展

拓展内容见表5-6至表5-8。

表 5-6　任 务 单

任务编号	实训 5-2
任务名称	茄子播种育苗
任务描述	嫁接茄子的接穗及砧木生产上一般采用容器（营养钵或穴盘）育苗，本任务采用穴盘育苗
任务课时	2
完成任务要求	1. 对种子进行播前处理。 2. 调节基质含水量至 55%～60%，装盘后每个格室清晰可见。 3. 压盘深度合适。 4. 穴盘每个孔穴的种子数量和放置位置正确。 5. 覆盖基质时基质面与盘面相平。 6. 根据栽培茬口进行苗床准备。 7. 选用合适的喷壶喷水并盖地膜保湿保墒。 8. 简要复述完成本任务的具体方法和步骤。 9. 完成任务后小组之间进行展示、评比。 10. 工作态度积极认真，小组成员之间相互配合默契
任务实现流程分析	1. 布置任务。 2. 按步骤操作：种子处理→装盘→压盘→播种→覆盖基质→浇水盖膜。 3. 对茄子播种育苗过程进行评价
工具材料	穴盘、育苗基质、刮板、喷壶、地膜等

表 5-7 实 施 单

任务编号	实训 5-2
任务名称	茄子播种育苗
任务课时	2
实施方式	小组合作 □　　独立完成 □
实施步骤	

表5-8 评价单

<table>
<tr><td>任务编号</td><td colspan="5">实训5-2</td></tr>
<tr><td>任务名称</td><td colspan="5">茄子播种育苗</td></tr>
<tr><td rowspan="17">考核要点</td><td>考核内容（主要技能）</td><td>标准分值</td><td>自我评价</td><td>小组评价</td><td>教师评价</td></tr>
<tr><td>种子的处理及选择</td><td>10</td><td></td><td></td><td></td></tr>
<tr><td>基质的水分调节</td><td>5</td><td></td><td></td><td></td></tr>
<tr><td>装盘</td><td>5</td><td></td><td></td><td></td></tr>
<tr><td>压盘</td><td>5</td><td></td><td></td><td></td></tr>
<tr><td>规范播种</td><td>10</td><td></td><td></td><td></td></tr>
<tr><td>覆盖基质</td><td>5</td><td></td><td></td><td></td></tr>
<tr><td>选择合适的浇水喷头</td><td>5</td><td></td><td></td><td></td></tr>
<tr><td>覆盖地膜保湿保墒</td><td>10</td><td></td><td></td><td></td></tr>
<tr><td>按操作流程规范作业</td><td>5</td><td></td><td></td><td></td></tr>
<tr><td>任务完成情况</td><td>5</td><td></td><td></td><td></td></tr>
<tr><td>任务说明</td><td>10</td><td></td><td></td><td></td></tr>
<tr><td>任务结果展示</td><td>5</td><td></td><td></td><td></td></tr>
<tr><td>学习态度</td><td>5</td><td></td><td></td><td></td></tr>
<tr><td>提出疑问或建议</td><td>10</td><td></td><td></td><td></td></tr>
<tr><td>小组合作</td><td>5</td><td></td><td></td><td></td></tr>
<tr><td>小计</td><td>100</td><td></td><td></td><td></td></tr>
<tr><td>问题总结</td><td colspan="5"></td></tr>
</table>

任务三　茄子嫁接育苗

任务描述

嫁接育苗是把要栽培蔬菜的幼苗、苗穗（即去掉根部的蔬菜苗）以及从成株上切取的带芽枝段等，嫁接到选用的砧木上，并通过精心管理，由栽培蔬菜的茎叶与砧木的根茎共生而形成一株新的蔬菜苗。蔬菜嫁接育苗通过选用根系发达、抗病和抗逆性强的砧木，可有效地避免和减轻土传病害的发生和流行，并能提高蔬菜对肥水的利用率，增强蔬菜的耐寒、耐旱等方面的能力，从而达到增加产量、改善品质目的。茄子常用的砧木有托鲁巴姆、日本赤茄等，常用的嫁接方法有劈接法和靠接法。本任务以茄子靠接法为例。

任务分析

靠接法是将接穗与砧木的苗茎靠在一起，两株苗通过苗茎上的切口互相咬合而形成一株嫁接苗。靠接法根据接穗和砧木的根系是否从栽培土或基质中拔出，可以分为接穗砧木根系都离地、接穗根系离地而砧木根系不离地以及接穗砧木根系都不离地 3 种靠接方式，茄子嫁接育苗主要采用离地嫁接法，这种方式操作方便，同时接穗和砧木嫁接时都不断根，因此嫁接苗成活率也比较高。

本任务工作流程如下：

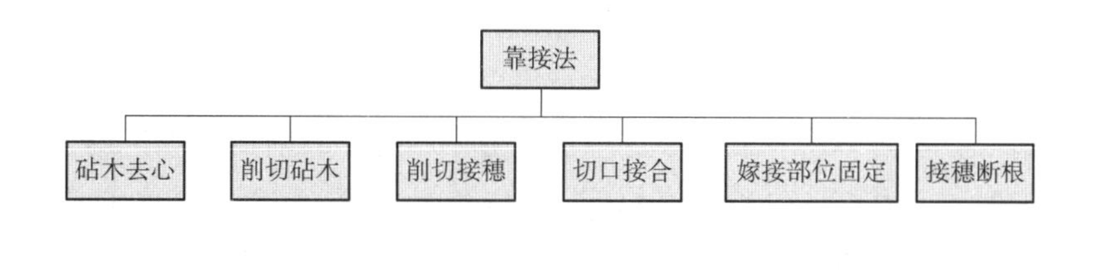

任务准备

工具准备：刀片、嫁接夹、托盘、干净的毛巾、喷雾器和酒精等（图 5-10、图 5-11）。

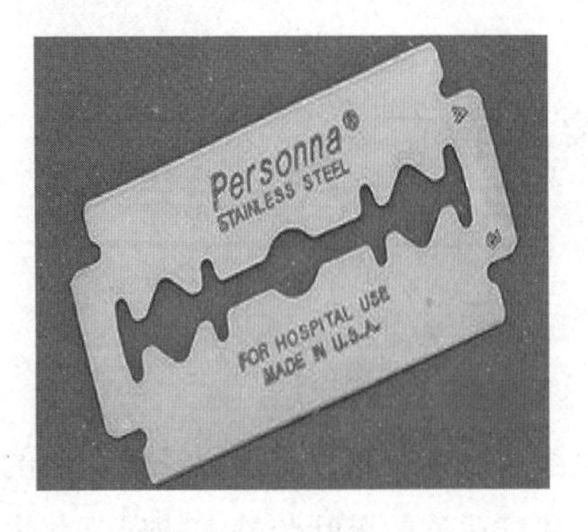

图 5-10　双面刀片

图 5-11　嫁接夹（左为圆夹，右为平夹）

任务实施

1. 嫁接前准备　选择合适的嫁接砧木。

2. 嫁接场地选择　蔬菜嫁接应在温室或塑料大棚内进行，场地内的适宜温度为 25～30℃、空气湿度 90%以上，并用草苫或遮阳网将地面遮成花荫。

3. 嫁接用具准备　嫁接用具主要有刀片、托盘、干净的毛巾、嫁接夹、手持小型喷雾器和酒精。

4. 培育砧木苗与接穗苗　对茄子进行靠接时砧木选择托鲁巴姆，接穗采用温汤浸种催芽、砧木采用激素浸种催芽，砧木比接穗早播 20d 左右。砧木苗茎长到高 12cm 以上，真叶 4～5 片，接穗真叶 3～4 片。

5. 靠接操作要点

（1）操作人员手指、刀片等嫁接工具用棉球蘸 75%酒精消毒。

（2）砧木去心。嫁接时用刀片在砧木苗茎的第二片与第三片真叶之间横切，去掉上部的新叶和生长点。

（3）削切砧木。在第一片与第二片真叶之间无叶片的一侧削切砧木，用刀片呈 40°左右的夹角自上而下斜切一刀，切口长度约 1cm，切口深度为苗茎粗的 2/3 以上。

（4）削切接穗。将接穗连根系完整取出，在接穗的第一片真叶下，无叶片一侧，紧靠子叶处，用刀片呈 40°左右的夹角自下而上斜切一刀，切口长度约 1cm，切口深度为苗茎粗的 2/3 以上。

（5）切口接合。将接穗和砧木的切口对齐，嵌合好。

（6）嫁接部位固定。用嫁接夹从接穗苗一侧入夹，把嫁接部位夹住。

（7）将接穗苗栽入育苗钵内，再向育苗钵内放些消过毒的床土，将接穗根系盖上并浇足水，进入嫁接后期管理。

（8）10d 后当嫁接苗恢复正常生长，用刀片断去接穗根系，去掉嫁接夹，如图 5-12 所示。

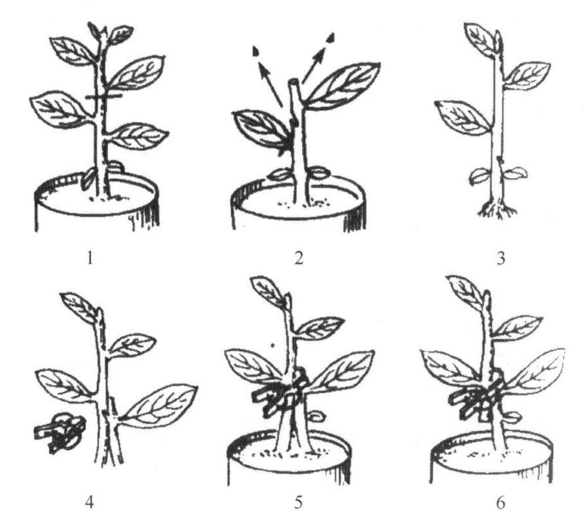

图 5-12　茄果类蔬菜靠接过程示意

1. 砧木苗横切去心　2. 砧木苗茎去侧芽、削切切口　3. 削切接穗

4. 切口嵌合、上夹固定　5. 接穗苗根系埋入土中　6. 接穗断根

（韩世栋，2006，蔬菜生产技术）

任务小结

靠接法是瓜类、茄果类蔬菜嫁接育苗常用的方法之一，靠接法的主要操作步骤包括砧木去心、削切砧木和接穗、切口接合、嫁接部位固定以及成活后的接穗断根。

知识支撑

（一）嫁接育苗的优点

1. 提高土地利用率　番茄、茄子、西瓜等蔬菜忌连作，通过应用嫁接技术，可提高被嫁接蔬菜的抗逆性，尤其是可以提高蔬菜抵抗土传病害的抗性，从而提高土地的利用率。

2. 防止病害的发生　选择抗性较强的品种作砧木，使栽培的蔬菜根系不接触土壤就能很好地预防土传病害的发生。

3. 提高产量　嫁接蔬菜通常表现为结果期延长，产量增加较为明显。

4. 改善品质　嫁接的砧木通常为葫芦、瓠瓜、南瓜、野生茄子及野生番茄等。砧木生长迅速，嫁接后成穗率高，对果实的品质有一定的促进作用。西瓜不产生酸味、不倒瓤，黄瓜无苦味，番茄酸味不增加等。

5. 扩大繁育系数　在育种材料较少的品种资源中，可有效利用其枝芽可嫁接到砧木上的特性，扩大繁育系数，大大提高了育种材料的比率，扩大了育种材料的繁育系数。

6. 增加作物的收获茬数 由于嫁接苗长势强、整体发育快、生育进程快，促进了蔬菜作物的收获茬数。如西瓜栽培，由于推广了嫁接技术，种植一季西瓜能收获 2 茬，若能栽培早熟品种，西瓜可收获 3 茬。

(二) 嫁接砧木的选择

对嫁接砧木的基本要求：与蔬菜的嫁接亲和力强并且稳定，以保证嫁接后伤口及时愈合；对蔬菜的土传病害抗性强或免疫，能弥补栽培品种的性状缺陷；能明显提高蔬菜的生长势，增强抗逆性；对蔬菜的品质无不良影响或不良影响小。目前蔬菜上应用的砧木主要是一些蔬菜野生种、半栽培种或杂交种。主要蔬菜常用嫁接砧木与嫁接方法如表 5-9 所示。

表 5-9 主要蔬菜常用嫁接砧木与嫁接方法

蔬菜名称	常用砧木	常用嫁接方法
黄瓜、丝瓜、苦瓜等	黑籽南瓜、杂交南瓜	靠接法、插接法
西　瓜	瓠瓜、杂交南瓜	插接法、劈接法
甜　瓜	野生甜瓜、黑籽南瓜	插接法、劈接法
番　茄	野生番茄	劈接法、靠接法
茄　子	野生茄子	劈接法、靠接法

(三) 茄子劈接

茄子嫁接方法除了靠接法，常用的还有劈接法，如图 5-13 所示。劈接法对蔬菜和砧木的苗茎要求不甚严格，根据接穗、砧木苗茎的粗细差异程度，一般又分为半劈接（砧木苗茎的切口宽度为苗茎粗度的 1/2 左右）和全劈接两种形式。砧木苗茎较粗、蔬菜苗茎较细时采用半劈接；砧木与接穗的苗茎粗度相当时用全劈接。砧木（托鲁巴姆）一般较接穗提前 20～25d 播种，砧木直接播种于育苗容器中或先育小苗，2 叶期移栽于育苗容器中，接穗苗进行密集播种。

图 5-13 茄子全劈接

劈接法的操作过程包括砧木苗茎去心、劈接口、插接、固定接口等几道工序，嫁接时保留砧木基部2片真叶，切除上部茎，用嫁接刀将茎从中间劈开，劈口长1.0～1.5cm；接穗于第二片真叶处切断，并将茎削成楔形，切口长度与砧木切缝深度相同，然后将削好的接穗插入砧木的切口中，使二者结合紧密并用嫁接夹固定。

拓展训练

（一）知识拓展

1. 填空题

（1）茄子嫁接育苗的主要方法有(　　　　)和(　　　　)。

（2）茄子靠接时砧木需要长出(　　　　)片真叶。

2. 判断题

（1）茄子的砧木可以选择野生番茄。　(　　)

（2）茄子进行靠接时砧木要比接穗提早播种。　(　　)

3. 简答题

（1）嫁接育苗的优点有哪些?

（2）简述茄子靠接法的步骤。

（二）技能拓展

拓展内容见表5-10至表5-12。

表 5-10 任 务 单

任务编号	实训 5-3
任务名称	茄子嫁接育苗
任务描述	靠接法是将接穗与砧木的苗茎靠在一起，两株苗通过苗茎上的切口互相咬合而形成一株嫁接苗
任务课时	2
完成任务要求	1. 选择合适的嫁接砧木。 2. 调节蔬菜嫁接场地内的温度和空气湿度至适宜范围。 3. 嫁接用具准备齐全。 4. 学会培育适宜嫁接苗龄的砧木苗与接穗苗。 5. 嫁接过程操作规范，衔接流畅。 6. 简要复述茄子靠接法的具体步骤。 7. 完成任务后小组之间进行展示、评比。 8. 工作态度积极认真，小组成员之间相互配合默契
任务实现流程分析	1. 布置任务。 2. 按步骤操作：砧木去心→削切砧木→削切接穗→切口接合→嫁接部位固定→接穗断根。 3. 对茄子靠接法操作过程进行评价
工具材料	刀片、嫁接夹、托盘、干净的毛巾、喷雾器和酒精等

表 5-11 实 施 单

任务编号	实训 5-3
任务名称	茄子嫁接育苗
任务课时	4
实施方式	小组合作 □　　独立完成 □
实施步骤	

表 5-12 评 价 单

任务编号	实训 5-3				
任务名称	茄子嫁接育苗				
考核要点	考核内容（主要技能）	标准分值	自我评价	小组评价	教师评价
	正确选择适宜嫁接的砧木和接穗苗	5			
	嫁接工具及操作人员手指消毒	5			
	砧木去心	5			
	削切砧木	10			
	削切接穗	10			
	切口接合	5			
	嫁接部位固定	5			
	嫁接速度	10			
	按操作流程规范作业	5			
	任务完成情况	5			
	任务说明	10			
	任务结果展示	5			
	学习态度	5			
	提出疑问或建议	10			
	小组合作	5			
	小计	100			
问题总结					

任务四　嫁接茄子苗苗期管理

任务描述

茄子嫁接后即进入苗期管理，苗期管理主要包括栽培环境的管理和嫁接苗自身的管理。栽培环境管理主要是指温度、空气湿度和光照度；嫁接苗自身的管理主要是嫁接苗成活后接穗的断根以及后续的抹杈、抹根。

任务分析

嫁接后愈合期的管理直接影响嫁接苗成活率，应根据设施条件采用各种方法加强嫁接苗的保温、保湿、遮阳等管理。由于靠接法在嫁接时接穗苗的根系没有去掉，因此当嫁接苗成活后还应当去除接穗苗的根系。砧木苗茎会萌发出新的侧枝，接穗苗茎上会生成不定根，后期要经常观察，随时将侧枝和不定根去除。

本任务工作流程如下：

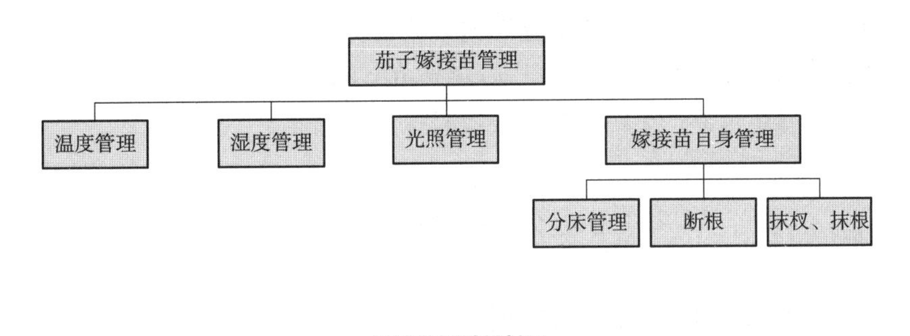

任务准备

工具准备：刀片、温度计、湿度计、遮阳网、地膜、酒精等。

任务实施

1. 温度管理　一般嫁接后的前4～5d，苗床内应保持较高温度，白天25～26℃，夜间20～22℃。嫁接后8～10d为嫁接苗的成活期，对温度要求比较严格。此期的适宜温度是白天25～30℃，夜间20℃左右。嫁接苗成活后，对温度的要求不甚严格，按一般育苗法进行温度管理即可。

2. 湿度管理 嫁接结束后，要随即把嫁接苗放入苗床内，并用地膜覆盖保湿，使苗床内的空气湿度保持在90%以上。当地膜里层凝结的水汽太多时要将地膜揭开，将上面的水珠抖落下去，尽量不要将水抖落在嫁接苗上。当水分不足时要向畦内地面洒水，但不要向苗上洒水或喷水，避免污水流入嫁接伤口内，引起接口染病腐烂。3d后适量放风，降低空气湿度，并逐渐延长苗床的通风时间，加大通风量。嫁接苗成活后，撤掉地膜。

3. 光照管理 嫁接当天及以后的3d，用遮阳网将苗床遮成花荫，促进愈伤组织形成。从嫁接4d后，每天的早晚让苗床接受短时间的光照，并随着嫁接苗的成活生长，逐天延长光照时间。嫁接苗完全成活后（判断嫁接苗是否完全成活可以通过观察嫁接伤口是否完全愈合、接穗苗茎上是否有新的叶片萌发），撤掉遮阳物，按正常苗管理。

4. 嫁接苗自身管理

（1）分床管理。一般嫁接后第7～10d，把嫁接质量好、接穗苗恢复生长较快的苗集中到一起，在培育壮苗的条件下进行管理；把嫁接质量较差、接穗苗恢复生长较差的苗集中到一起，继续在原来的条件下进行管理，促其生长，待生长转旺后再转入培育壮苗的条件下进行管理。对已发病或染病致死的嫁接苗要及时从苗床中去除。

（2）断根。靠接法嫁接苗在嫁接后的第9～10d，当嫁接苗完全恢复正常生长后，选阴天或晴天傍晚，将刀片或剪刀用酒精消毒后，将接穗苗茎紧靠嫁接部位以下切断或剪断，使接穗苗与砧木苗相互依赖进行共生。嫁接苗断根后的3～4d接穗苗容易发生萎蔫，要进行遮阳，同时在断根的前一天或当天上午还要将苗钵浇一次水。

（3）抹杈、抹根。砧木苗在去掉心叶后，其苗茎的腋芽能够萌发长出侧枝，要及时抹掉。另外，接穗苗茎上也易产生不定根，要及时抹掉。

任务小结

蔬菜嫁接后的管理直接影响着嫁接苗的成活率，本任务主要从4个方面即栽培环境的温度、湿度、光照和嫁接苗的自身管理进行了重点介绍，只有将这4个方面管理好，嫁接苗的成活率和质量才能得到保证。

知识支撑

（一）苗期虫害

苗期虫害主要有蚜虫、白粉虱等。防治措施：选用抗虫品种；使用防虫网；在苗床周围挂银灰色塑料条，驱避蚜虫；利用黄板诱杀；利用杀虫灯诱杀；保护和释放天敌，如草蛉、瓢虫等。用2.5%联苯菊酯乳油2 000倍液加10%吡虫啉可湿性粉剂2 000倍液或25%噻虫嗪可湿性粉剂5 000倍液喷雾。

（二）苗期病害

苗期病害主要有猝倒病、立枯病以及由低温引起的生理性病害沤根等。

1. 猝倒病 猝倒病多发生在早春育苗床上。苗床低温高湿，日照不足，幼苗生长缓慢，最易发病。病菌在土温15～20℃时繁殖最快，超过30℃以上即受抑制。

2. 立枯病 刚出土幼苗及大苗均可发病，多发生于育苗中后期。发病时，病株茎基变褐，初生椭圆形暗褐色斑，具同心轮纹及淡褐色蛛丝状霉。后病部缢缩，茎叶萎垂枯死；稍大幼苗白天萎蔫，夜间恢复，当病斑绕茎一周时，幼苗逐渐枯死。高温高湿、幼苗徒长时危害严重。病菌生长适温17～28℃，播种过密、间苗不及时，造成通风不良，温度过高易诱发本病。

3. 沤根 幼苗根部呈褐色腐烂，不发新根，地上部叶片色泽较淡或萎蔫，生育缓慢，病苗易被拔起。沤根是由于苗床土温过低、高湿和光照不足所致的一种生理性病害。

防治方法：

（1）加强苗床管理。选择地势较高、排水良好、向阳的地块作苗床；床土选用无病新土，肥料要腐熟，若用旧床，应进行床土消毒；播种不易过密，盖土不要过厚，以利于出苗；做好苗床保温工作，适当通风换气，不要在阴雨天浇水，保持苗床不干不湿。

（2）床土消毒。

（3）药剂防治。若苗床已发现少数病苗，在拔除病苗后，可用50%多菌灵粉剂拌土撒入苗床；喷洒75%百菌清可湿性粉剂600倍液，每隔7～10d喷洒一次，连续喷1～2次。若苗床湿度较大，可撒施少量草木灰或干细土加以调节。

拓展训练

（一）知识拓展

1. 填空题

（1）苗期常见的病害有（　　　）、（　　　）和（　　　）。

（2）为了驱避蚜虫，生产上可在苗床周围悬挂（　　　）色的塑料条。

2. 判断题

（1）嫁接育苗的目的是防止土传病害、提高产量，增强植株的抗逆性，并使砧木对接穗产品的品质产生一定的影响。（　　）

（2）沤根是由于高温引起的一种生理性病害。（　　）

3. 简答题

（1）苗期常见的虫害有哪些？如何进行防治？

（2）嫁接苗自身管理有哪些方面？

（二）技能拓展

拓展内容见表5-13至表5-15。

表 5-13 任务单

任务编号	实训 5-4
任务名称	茄子嫁接苗苗期管理
任务描述	嫁接后愈合期的管理直接影响嫁接苗成活率，应根据设施条件采用各种手段方法加强嫁接苗的保温、保湿、遮阳等管理
任务课时	2
完成任务要求	1. 嫁接后对嫁接苗进行正确的温度、湿度、光照和嫁接苗管理。 2. 简述完成本任务的具体方法。 3. 完成任务后小组之间进行展示和互评。 4. 工作态度积极认真，小组成员之间相互配合默契
任务实现流程分析	1. 布置任务。 2. 按步骤操作：嫁接后温度管理、湿度管理、光照管理、嫁接苗自身管理。 3. 对茄子嫁接育苗后的管理过程进行评价
工具材料	刀片、温度计、湿度计、遮阳网、地膜、酒精等

表 5-14　实 施 单

任务编号	实训 5-4
任务名称	茄子嫁接苗苗期管理
任务课时	2
实施方式	小组合作 □　　独立完成 □
实施步骤	

表 5-15　评 价 单

<table>
<tr><td>任务编号</td><td colspan="5">实训 5-4</td></tr>
<tr><td>任务名称</td><td colspan="5">嫁接茄子苗苗期管理</td></tr>
<tr><td rowspan="17">考核要点</td><td>考核内容（主要技能）</td><td>标准分值</td><td>自我评价</td><td>小组评价</td><td>教师评价</td></tr>
<tr><td>嫁接后 4～5d 的温度控制</td><td>5</td><td></td><td></td><td></td></tr>
<tr><td>嫁接后 8～10d 的温度控制</td><td>5</td><td></td><td></td><td></td></tr>
<tr><td>苗床内的湿度控制</td><td>5</td><td></td><td></td><td></td></tr>
<tr><td>抖落地膜上附着的水珠</td><td>5</td><td></td><td></td><td></td></tr>
<tr><td>苗床放风和通风</td><td>5</td><td></td><td></td><td></td></tr>
<tr><td>嫁接当天及以后的 3d 遮阳管理</td><td>5</td><td></td><td></td><td></td></tr>
<tr><td>嫁接苗分类管理</td><td>5</td><td></td><td></td><td></td></tr>
<tr><td>嫁接苗断根</td><td>10</td><td></td><td></td><td></td></tr>
<tr><td>嫁接苗抹杈、抹根</td><td>10</td><td></td><td></td><td></td></tr>
<tr><td>按操作流程规范作业</td><td>10</td><td></td><td></td><td></td></tr>
<tr><td>任务完成情况</td><td>5</td><td></td><td></td><td></td></tr>
<tr><td>任务结果展示</td><td>5</td><td></td><td></td><td></td></tr>
<tr><td>学习态度</td><td>5</td><td></td><td></td><td></td></tr>
<tr><td>提出疑问或建议</td><td>10</td><td></td><td></td><td></td></tr>
<tr><td>小组合作</td><td>10</td><td></td><td></td><td></td></tr>
<tr><td>小计</td><td>100</td><td></td><td></td><td></td></tr>
<tr><td>问题总结</td><td colspan="5"></td></tr>
</table>

【项目小结】

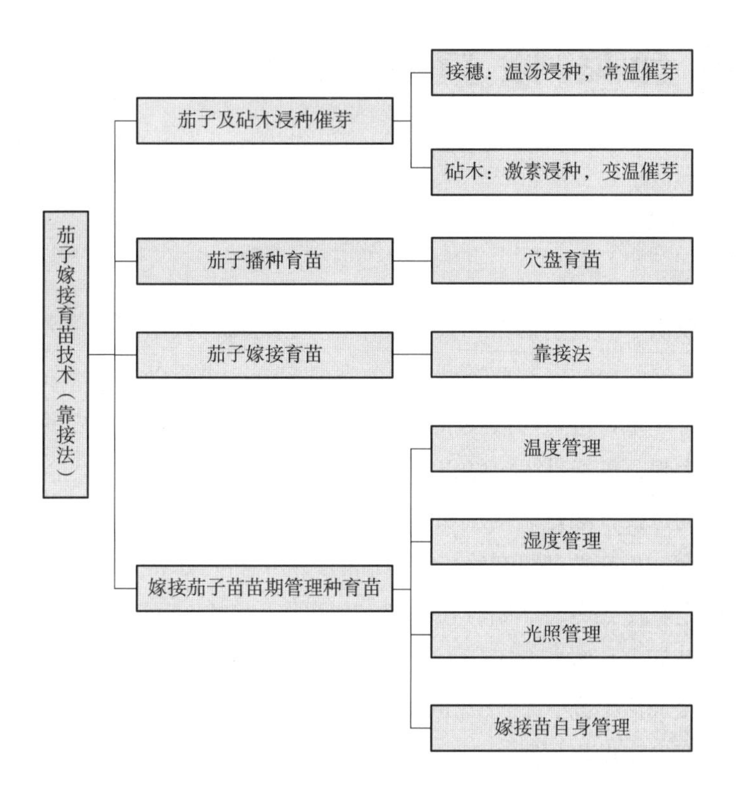
茄子嫁接育苗技术（靠接法）
茄子及砧木浸种催芽
接穗：温汤浸种，常温催芽
砧木：激素浸种，变温催芽
茄子播种育苗
穴盘育苗
茄子嫁接育苗
靠接法
嫁接茄子苗苗期管理种育苗
温度管理
湿度管理
光照管理
嫁接苗自身管理

项目六

番茄嫁接育苗技术（套管法）

【项目描述】

番茄是世界上仅次于马铃薯的第二大蔬菜作物，也是我国栽培面积最大的果菜之一，在蔬菜生产中占有十分重要的地位。番茄类型丰富，品种多样，主要以保护地栽培为主，四季连茬种植，所以土传病害严重，进行嫁接换根是提高品种抗病性的有效方法之一。番茄嫁接具有植株长势好、光合能力强、抗逆性强等特点，且土传病害发病率大幅降低，可以提高番茄的产量和品质。番茄常用的嫁接方法是贴接法和劈接法。套管嫁接是从日本引入的一种嫁接方法，它是用适宜内径、厚度、长度的塑料套管代替传统的嫁接夹进行嫁接，嫁接时将砧木与接穗进行斜切，通过套管固定，使二者自然贴合在一起，加快伤口愈合，同时随着嫁接苗不断长大，套管会从开口处被撑开而自行脱落，不用再人工摘除，所以相比于用嫁接夹的贴接法和劈接法具有嫁接效率高、嫁接成活率高、节约人工的特点。但是由于套管嫁接对接穗和砧木苗茎的粗细要求比较严格，需要注意做好播种计划，或者套管嫁接与贴接或劈接结合使用。

【项目导航】

<table>
<tr><td rowspan="2">教学目标</td><td>知识目标</td><td>1. 掌握番茄嫁接的作用和原理以及砧木选择要求。
2. 掌握蔬菜种子播前处理技术。
3. 掌握常用农业设施的环境条件调控方法。
4. 掌握番茄嫁接的常用方法。
5. 了解番茄苗期病虫害防治技术。
6. 了解番茄嫁接苗设施栽培技术</td></tr>
<tr><td>能力目标</td><td>1. 能够正确进行番茄（茄子砧木）种子播前处理。
2. 能够培育出合格的番茄嫁接砧木和接穗。
3. 能够正确进行番茄套管嫁接操作。
4. 能够做好番茄嫁接后的管理，保证嫁接苗成活率</td></tr>
<tr><td colspan="2">本项目学习重点</td><td>番茄套管嫁接技术</td></tr>
<tr><td colspan="2">本项目学习难点</td><td>番茄嫁接砧木与接穗育苗</td></tr>
<tr><td colspan="2">教学方法</td><td>项目教学、任务驱动、案例引导法</td></tr>
<tr><td colspan="2">建议学时</td><td>8</td></tr>
</table>

任务一　番茄、砧木浸种催芽

任务描述

番茄种子浸种就是把干净的种子放到常温的清水中浸泡，使种子吸足水分，此方法简便常用，但它不起到杀菌的作用。因此，可以结合温汤浸种的杀菌方法防治叶霉病、溃疡病、早疫病、晚疫病、枯萎病、黑斑病等。另外，在生产中种子播前处理防治病虫害比较常用的还有药剂浸种。番茄嫁接砧木多属于野生番茄或野生茄子，种子发芽率低，发芽较慢，在发芽率不理想时还应做播前促进种子发芽的浸种处理。

番茄种子催芽是将浸泡过的番茄种子用纱布或干净的湿毛巾包好，然后放到恒温环境中进行催芽，一般2～3d后当70%～80%种子露白时即可播种。

番茄嫁接选用的砧木主要有两大类，一类是番茄砧木，一类是茄子砧木，浸种催芽方法都相同，只是茄子种子催芽时间需要4～7d。在番茄及砧木浸种催芽中，优良的新种子发芽快，陈种子会晚出芽1～3d。

任务分析

1. 浸种

（1）一般浸种。番茄种子在清水中浸种6～8h，茄子种子浸种24～36h。

（2）温汤浸种。清水浸种10～15min后，捞出放入55℃温水保持温度搅拌浸泡10～15min，然后使其降温继续浸种6～8h。

（3）药剂浸种。清水浸种4～5h后，捞出放入药液中（10%磷酸三钠、1%高锰酸钾或1%氢氧化钠）浸种20～30min，捞出洗净。

（4）激素浸种。在5～10mg/L的赤霉素中浸种8～12h。

2. 催芽　捞出浸泡好的种子清洗后用湿纱布或湿毛巾包好，保持湿润，恒温催芽（25～28℃）或变温催芽（白天28℃左右，夜间18℃左右），每天淘洗1次，翻动2～3次，注意保持纱布或毛巾湿润，当70%～80%的种子露白时即可播种。催完芽后，如果外界条件不适合播种，可放在3℃左右的冰箱内短暂保存，这样胚芽几乎停止生长，等气候转好再进行播种，时间不宜超过24h。经过这种处理的胚芽，抗寒能力增强。

本任务工作流程如下：

（1）一般浸种催芽。

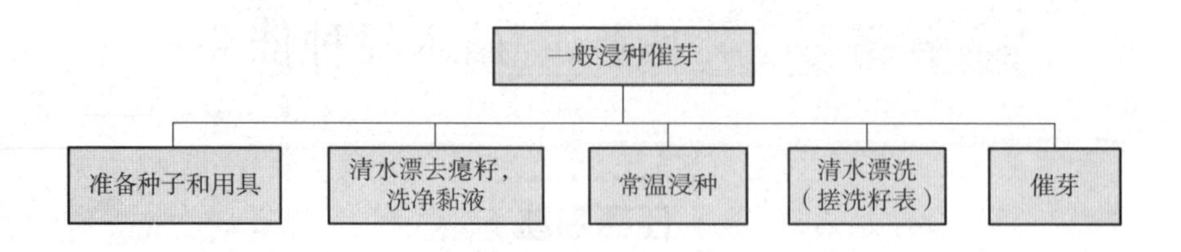

（2）温汤浸种催芽。

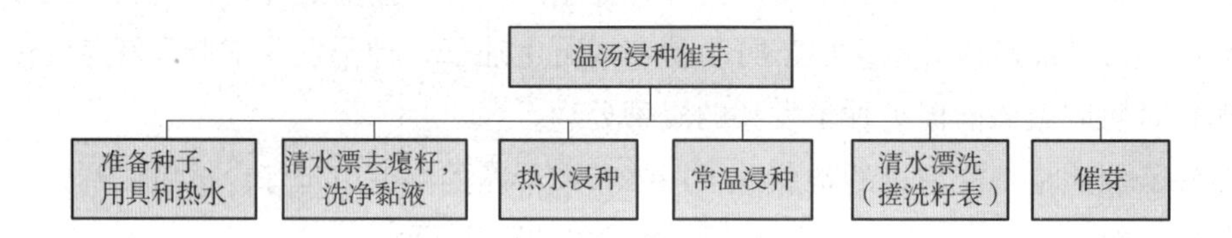

（3）药剂浸种催芽。

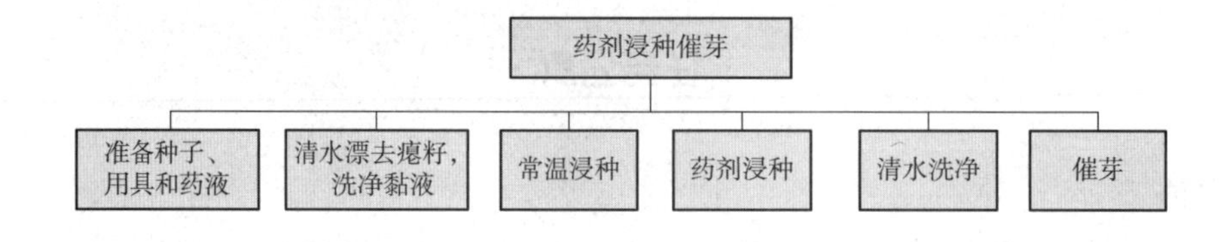

（4）激素浸种催芽。

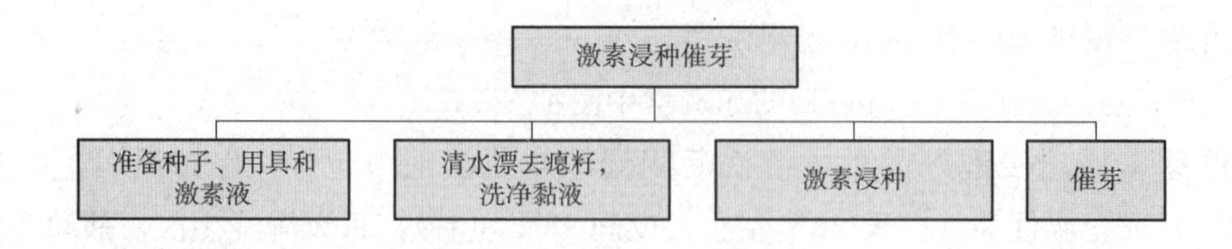

任务准备

1. 工具准备 浸种容器、棒式玻璃温度计、电磁炉、煮锅、烧杯、玻璃棒、天平、称量纸、药匙、棉花（或纸巾）、纱布（或毛巾）、托盘、恒温箱等（图 6-1 至图 6-5）。

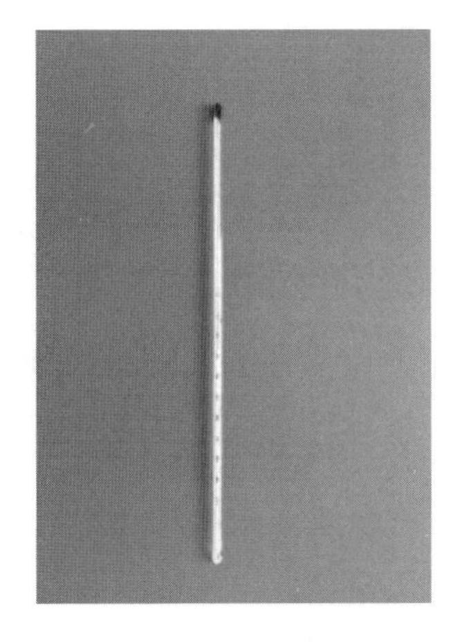

图 6-1　棒式玻璃温度计

图 6-2　电磁炉煮锅

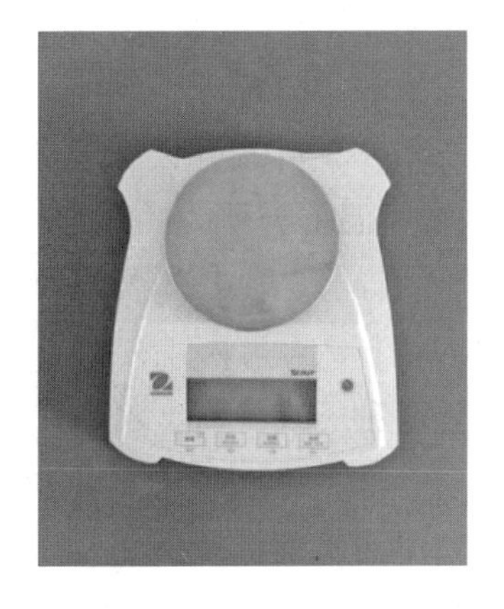

图 6-3　百分之一天平

图 6-4　托盘毛巾

图 6-5　电热恒温箱

2. 种子准备　番茄种子（接穗）；番茄种子或茄子种子（砧木）（图 6-6、图 6-7）。

图 6-6　番茄种子

图 6-7　茄子种子

3. 药剂准备　磷酸三钠（或高锰酸钾、氢氧化钠）、赤霉素。

任务实施

1. 一般浸种　将番茄种子放入烧杯或盆里，加入清水搅拌搓揉漂洗，去除漂浮的瘪种子，洗净种子表面的黏液；加种子量 5～6 倍的清水在常温下浸种 6～8h，然后揉洗种子去除黏液。

2. 温汤浸种　先烧好热水备用。将番茄种子放入烧杯或盆中，加入清水搅拌搓揉漂洗，去除漂浮的瘪种子，洗净种子表面的黏液；加清水在常温下浸种 10～15min 进行润湿。准备好种子量 2 倍的 55～60℃热水（用温度计测量），将润湿的番茄种子放入热水中并开始计时，不停搅拌使种子受热均匀，同时注意观察温度计（温度计保持一直插在温水中），不停添加适量热水使水温维持在 55～60℃，保持 10～15min，停止加热水，继续搅拌使水温下降至 30℃，或加入凉水使水温降至 30℃，然后用种子量 5～6 倍的清水常温浸种 6～8h（图 6-8）。

图 6-8　温汤浸种

3. 药剂浸种

（1）配制药剂。

①10％磷酸三钠溶液。称取 100g 磷酸三钠，加 1 000mL 水，充分溶解。

②1％高锰酸钾溶液。称取 10g 高锰酸钾，加 1 000mL 水，充分溶解。

③1％氢氧化钠溶液。称取 10g 氢氧化钠，加 1 000mL 水，充分溶解。

（2）浸种。番茄种子先一般浸种 4～5h，然后捞出放入 10％磷酸三钠（或 1％高锰酸钾、1％氢氧化钠）溶液中，药液浸过种子 5～10cm，常温下浸种 20～30min，然后捞出种子用清水洗净。

4. 激素浸种

（1）配制药剂。称取0.005～0.01g的赤霉素，加50mL无水乙醇或高度白酒，充分溶解后，加水至1 000mL，充分搅拌。现配现用，不能与碱性药剂混用。

（2）浸种。将番茄种子放入烧杯中，加入清水搅拌搓揉漂洗，去除漂浮的瘪种子，洗净种子表面的黏液；加入种子量3～4倍的赤霉素溶液在常温下浸种8～10h，然后捞出种子不用清洗，直接催芽。

5. 催芽 将浸种完毕并洗净的种子，用湿纱布或湿毛巾包好（一般100～200g一包）放在容器中置于28℃恒温箱，每天翻动2～3次，淘洗1次，并注意检查水分，让纱布或毛巾保持湿润但不能积水（会烂种），当70%～80%的种子露白时即可播种（图6-9）。

图6-9 催 芽

任务小结

温汤浸种时一定要注意适时添加热水，使水温在55～60℃持续10～15min才能达到杀菌效果，不能将水温调制55～60℃进行浸泡就任其冷却；药剂浸种一定要注意药剂浓度和浸种时间的掌握，浓度低则浸种时间延长，浓度高则浸种时间缩短，而且药剂浸泡结束后一定要将种子用清水冲洗干净，避免发生药物残留导致药害；激素浸种后不进行清洗直接催芽，如果将激素洗掉，打破种子休眠的作用会受到影响，导致出芽率不高等情况。催芽时注意保持毛巾或纱布湿润并且每天翻动淘洗，保证有足够的水分和氧气促进种子发芽。

知识支撑

1. 嫁接蔬菜的重茬栽培 嫁接蔬菜与普通蔬菜一样，栽培过程中也会对土壤理化性状和生物平衡有一定的破坏作用，只不过不良影响的表现程度轻一些、缓一些而已，因此嫁接蔬菜长期重茬栽培后也会出现重茬蔬菜的一些不良症状，最终无法正常栽培。所以为了充分发挥嫁接蔬菜耐重茬特性，延长重茬栽培时间，生产中常采取以下辅助措施：

（1）定期更换砧木品种。不要长时间使用同一个砧木品种，应当在可能的范围内，几个砧木品种交替使用。

（2）增施有机肥。有机肥属于养分、微生物相对平衡的肥料，不仅有利于维护土壤理化性状，也有利于维持土壤生物平衡，能够在一定程度上修补重茬造成的不良影响。

（3）实行无土栽培。方便进行基质消毒或更换基质。

（4）科学耕作制度。如定期深耕等。

2. 嫁接亲和力 嫁接的本质是换根，利用砧木的发达根系供应嫁接植株生长发育所需的水分及养分，由于砧木与接穗来自不同的植株，嫁接后存在着显著地相互作用，从而使得新植株在长势、形态及抗性上都会有所改变。嫁接繁殖是否成功与砧木、接穗间的亲和力有很大关系，砧穗间亲和力的高低是衡量砧木好坏的重要指标之一，接穗与砧木的亲和力越强，说明两者间亲缘关系越近。嫁接亲和力指的是嫁接后砧木、接穗能完全愈合成活的共生体，并可长期正常的生长、结实，表现出和相同起源相近的特征状态。砧木与接穗亲和力差，则会引起发育异常，植株光合作用下降，降低产量。接穗与砧木的遗传特性是影响嫁接亲和力的重要因素，其次是环境条件、嫁接方法和嫁接后水肥管理。

3. 番茄嫁接砧木的选择 选择番茄嫁接用砧要根据防病类型、栽培季节等综合因素进行考虑，具体如下：

（1）要根据所预防的病害种类来确定砧木类型。一般来讲，凡是抗番茄青枯病的砧木往往不抗番茄根腐病，反过来，抗番茄根腐病的砧木往往不抗番茄青枯病。因此，应当根据当地番茄的主要土壤病害种类来确定所要选择的砧木品种类型。

（2）要根据番茄的栽培季节来确定砧木的类型。就番茄两种主要土壤病害（番茄青枯病和根腐病）的发生条件来看，青枯病主要发生在高温期，而根腐病则主要发生在低温期，两种病害往往很少同时发生。因此，高温期栽培番茄应尽量选抗青枯病的砧木，低温期栽培番茄应尽量选抗根腐病的砧木。

（3）要选择对番茄果实不良影响小的砧木。一般来讲，砧木的生长势越强，就越容易产生畸形果和空洞果。野生番茄与栽培番茄的杂交一代砧木往往在抗病性和生长势等方面表现出明显的优势，但存在容易引起番茄旺长以及导致果实畸形等一系列问题，选择时要注意。

4. 较优良的番茄嫁接砧木介绍

（1）BF兴津101。该品种抗番茄青枯病和枯萎病，对番茄果实品质的不良影响较小，但不抗根腐病，也不抗根结线虫病，要求高温，温度不足时种子发芽以及幼苗初期的生长比较缓慢。

（2）PFN。该品种较耐番茄青枯病、枯萎病和根结线虫病，对嫁接番茄果实品质的不良影响也较小，但不抗番茄根腐病，对温度的反应比较敏感，种子出苗要求高温，温度偏低时出苗较差。

（3）PFNT。该品种对番茄青枯病、枯萎病、根结线虫病和烟草花叶病毒的综合抗性较强，对番茄栽培品种的不良影响也较小，但不抗番茄根腐病，种子发芽以及幼苗初期生长对温度的反应比较敏感，要求高温。

（4）KVNF。该品种对番茄根腐病、枯萎病和根结线虫病有较强的抗性，但不抗番茄青枯病。该砧木的生长势比较强，容易引起番茄徒长，对番茄果实的品质也有一定的不良影响。

（5）耐病新交1号。该品种抗番茄根腐病、青枯病和根结线虫病，吸肥吸水能力也比较强，但不抗番茄青枯病，也容易引起番茄徒长，导致坐果不良和降低果实品质。

（6）阿拉姆特。原生番茄一代交配品种，番茄嫁接专用砧木。生长势强，根系发达，耐低温，抗高温，亲和力极强，抗青枯、枯萎、病毒病及根结线虫，嫁接后植株可周年栽培。适宜直播，播种前应将种子在阳光下暴晒1～2d。

（7）农优野茄。农优野茄是漳州市农业科学研究所选育的茄科蔬菜优良砧木，既可作茄子的砧木也可作樱桃番茄的砧木，具有较强的抗茄果类蔬菜土传性病害能力及较好的嫁接亲和性，但因种子小、种皮致密、休眠性强等特点，在催芽时表现为发芽慢且不整齐，砧木成苗率低，可用300mg/L的赤霉素浸种12h后再进行催芽处理。

（8）果砧1号。国家蔬菜工程技术研究中心培育的专用砧木型番茄F1杂交种。无限生长型，对病毒病、叶霉病、根结线虫、枯萎病和黄萎病具有复合抗性。植株生长旺盛，根系发达，是番茄、茄子克服保护地连作障碍的理想砧木品种。对防治茄子黄萎病及重茬死秧有奇效。

（9）健壮1号。耐青枯病强，耐枯萎病、根腐枯萎病和根结线虫病，适于青枯病发病重、地下水位高、耕作层浅的土壤栽培，但要避免过湿。

（10）健壮25。长势强，在低温下生长好，耐青枯病、枯萎病、根腐枯萎病、根结线虫病等。适于耕作层深或浅的土壤栽培，生长中后期长势加强，要注意适当控制基肥的施用数量，以防徒长。

（11）桂茄砧1号。广西农业科学院蔬菜研究所采用系谱法从湖南引进品种791经3代自交提纯育成性状稳定的高抗青枯病的稳定株系作母本，以广西3号番茄为父本杂交选育而来。植株自封顶，长势较旺，株型紧凑；早熟，叶绿色，下部叶片易卷；高抗青枯病，耐热性强，耐寒性中等，适合春、夏、秋露地栽培。

（12）LA2701、LA3202、LA3526。引自美国番茄遗传资源中心，抗青枯病效果显著。

（13）柳砧2号。广西柳州市农业技术推广中心以日本砧木品种A6为母本，当地野生番茄种K9为父本进行杂交，采用系谱选择法选育而成的番茄砧木品种。植株生长势强，根系发达，无限生长型，叶小，叶色浅绿。嫁接亲和力强，耐热、耐湿，高抗青枯病，嫁接栽培增产效果显著，增幅达25.9%～100%。适宜番茄产区特别是番茄青枯病发生区作砧木嫁接番茄栽培。

（14）英雄。高抗番茄青枯病、溃疡病，特别能耐热，高温条件下生长良好，根系发达，是越夏番茄嫁接育苗种植中理想的砧木品种。

5. 蔬菜种子播前处理的其他方法

(1) 晒种。种子放在阳光下薄薄地摊开晾晒1～2d，勤翻动，利用日光紫外杀菌。

(2) 干热消毒。先晒种使其含水量下降至7%以下，然后置于70～73℃的烘箱中烘烤3～4d，可杀死多种种子内外的致病菌，之后再浸种催芽即可。种子干热消毒时安全有效的温度处理方式为阶梯式升温，即种子先在35℃的温度下处理24h，升高温度在50℃下处理24h，最后在75℃条件下处理几天，再缓慢降温至常温。整个过程中要求不同部位的种子温度是均匀一致的，所以应当使用专门的种子干热处理机，它内部有连续均匀的气流，可以保证温度的均匀性。经过干热处理的种子能大大地促进种子发芽速度，使植物生长更快。

(3) 热水烫种。此法利于杀死种子表面的病菌和虫卵。水温为70～85℃，甚至更高一些，用水量为种子的4～5倍，种子要经过充分干燥，因为种子越干燥，越能耐受高温，否则易烫死种子。烫种时要使用两个容器，把浸泡有种子的70～85℃热水来回倾倒，最初几次倾倒速度要快而猛，使热气散发并提供氧气，一直倾倒至水温降到55℃时，再改为不断地搅动，并保持55℃的温度7～8min；之后的步骤同常规浸种。此法适合于种皮硬而厚、透水困难的种子，如韭菜、丝瓜、冬瓜等。

(4) 药剂拌种。将种子装入干净的容器，按种子重量的0.3%～0.6%加入福美双、多菌灵等药剂，使药剂均匀地沾附在种子表面，能杀灭多种虫卵；或用种子用量0.3%的70%的敌磺钠原粉拌茄子、黄瓜、辣椒等蔬菜的种子，可有效防治苗期立枯病。

拓展训练

(一) 知识拓展

1. 填空题

(1) 浸种的作用是(　　　　)，催芽的作用是(　　　　)。

(2) 浸种包括(　　　　)、(　　　　)、(　　　　)、(　　　　)4种类型。

(3) 番茄嫁接选用砧木有两大类，分别是(　　　　)和(　　　　)。

(4) 温汤浸种的水温要求是(　　　　)。

(5) 常用的种子破休眠激素是(　　　　)。

2. 判断题

(1) 蔬菜嫁接砧木品种不需要更换。(　　)

(2) 亲缘关系越近，嫁接亲和力越强。(　　)

3. 简答题

蔬菜种子播前处理的方法有哪些？

(二) 技能拓展

拓展内容见表6-1至表6-3。

表 6-1　任 务 单

任务编号	实训 6-1
任务名称	嫁接番茄种子温汤浸种催芽
任务描述	为了提高嫁接番茄育苗效率，促进种子发芽并提高发芽势和整齐度，需要对番茄种子进行播前处理，常用的具有杀菌作用的方法是温汤浸种与催芽
任务工时	2
完成任务要求	1. 接穗番茄种子选用当地当季应季番茄品种种子，砧木种子根据需要选择相应品种（番茄砧或茄子砧）。 2. 浸种的水温符合要求。 3. 浸种容器大小适宜，能浸泡下种子，如杯、碗、盆等。 4. 毛巾或纱布大小适宜，恒温箱的温度能满足发芽需求。 5. 任务结束后做好整理工作。 6. 任务完成情况总体良好。 7. 说明完成本任务的方法和步骤。 8. 完成任务后各小组之间相互展示、评比。 9. 针对任务实施过程中的具体操作提出合理建议。 10. 工作态度积极认真
任务实现流程分析	1. 布置任务。 2. 按步骤操作：温水浸种→洗净包好→适温催芽。 3. 对嫁接番茄种子温汤浸种催芽过程进行评价
提供素材	种子、温水、清水、浸种容器、恒温箱等

表 6-2 实 施 单

任务编号	实训 6-1
任务名称	嫁接番茄种子温汤浸种催芽
任务工时	2
实施方式	小组合作 □　　独立完成 □
实施步骤	

表 6-3 评 价 单

<table>
<tr><td>任务编号</td><td colspan="5">实训 6-1</td></tr>
<tr><td>任务名称</td><td colspan="5">嫁接番茄种子温汤浸种催芽</td></tr>
<tr><td rowspan="16">考核要点</td><td>考核内容（主要技能）</td><td>标准分值</td><td>自我评价</td><td>小组评价</td><td>教师评价</td></tr>
<tr><td>浸种水温的控制</td><td>10</td><td></td><td></td><td></td></tr>
<tr><td>浸种时间的控制</td><td>10</td><td></td><td></td><td></td></tr>
<tr><td>种子清洗质量</td><td>5</td><td></td><td></td><td></td></tr>
<tr><td>种子浪费损失情况</td><td>5</td><td></td><td></td><td></td></tr>
<tr><td>每天翻动检查</td><td>5</td><td></td><td></td><td></td></tr>
<tr><td>每天淘洗的质量</td><td>5</td><td></td><td></td><td></td></tr>
<tr><td>出芽的质量</td><td>5</td><td></td><td></td><td></td></tr>
<tr><td>按操作规程作业</td><td>10</td><td></td><td></td><td></td></tr>
<tr><td>任务完成情况</td><td>10</td><td></td><td></td><td></td></tr>
<tr><td>任务说明</td><td>10</td><td></td><td></td><td></td></tr>
<tr><td>任务展示</td><td>5</td><td></td><td></td><td></td></tr>
<tr><td>工作态度</td><td>5</td><td></td><td></td><td></td></tr>
<tr><td>提出建议</td><td>10</td><td></td><td></td><td></td></tr>
<tr><td>文明生产</td><td>5</td><td></td><td></td><td></td></tr>
<tr><td>小计</td><td>100</td><td></td><td></td><td></td></tr>
<tr><td>问题总结</td><td colspan="5"></td></tr>
</table>

任务二　番茄播种育苗

任务描述

由于番茄嫁接苗嫁接后需要成活时间，因此嫁接育苗的播种期应较常规育苗法适当提早8～10d。砧木和接穗一般不同时播种，具体播种间隔时间要根据种子发芽所需时间与发芽后生长速度及气候因素而定。

嫁接育苗要在塑料薄膜大棚或日光温室内进行，需要有防虫网、遮阳网、加温设备及干净水源等设施条件。

为了培育壮苗，一般直接用穴盘点播进行护根育苗，如果使用旧穴盘要用漂白粉或石灰水进行消毒。最好使用无土固体基质育苗，以克服土壤带病原菌及草种的弊端。营养土的配置必须符合番茄砧木及接穗的营养需求。

播种后将穴盘整齐摆放于苗床上，覆盖薄膜。如果是低温季节，则需加盖小拱棚，高温季节则需挂遮阳网降温。播种后每天观察苗情，根据需要调节环境条件。出苗后及时除掉薄膜。当幼苗两片子叶平展，第一片真叶露出时，可进行统苗，即将每一穴盘中的弱苗、病苗剔除，用壮苗补齐，使穴盘苗情一致，统一管理培育壮苗。管理上要求加强苗期病虫害防治，并控制长势防止徒长。当砧木和接穗具有2～4片真叶、苗高12～15cm、苗茎粗0.3cm时即可进行套管嫁接。

任务分析

1. 设施准备　塑料大棚或日光温室需要在通风口拉上防虫网，防止潜叶蝇、蚜虫、白粉虱等虫害。使用前做好棚内消毒工作。

2. 播期确定　按照定植时间，留出育苗和嫁接成活时间（一般整个育苗嫁接期要占用一个月以上的时间）。具体播期要根据所选用的砧木接穗的品种长势结合季节进行推算。

3. 育苗基质准备　最好直接采用商品育苗基质，营养全面、疏松透气、保水保肥、无病虫杂草等，再搭配珍珠岩或蛭石。也可参考以下基质配方自行配置营养土：草炭∶蛭石＝2∶1，或草炭∶蛭石∶珍珠岩＝3∶1∶1。然后每立方米基质加钙镁磷肥1.5kg、三元复合肥1kg，或每立方米基质加钙镁磷肥2kg、生物有机肥2.5kg。

4. 播种　一般利用穴盘点播护根育苗。将基质浇水充分浸湿，装盘后每穴播一粒种子，基质覆盖后表层再撒一层珍珠岩或蛭石（低温季节宜用蛭石覆盖，高温季节宜用珍珠岩覆盖），保水保温。

5. 育苗管理

（1）温度管理。出苗前白天温度控制在25～28℃，夜间15～20℃；出苗后昼温25℃，夜温18℃；注意通风，防止秧苗徒长。

（2）湿度管理。棚内湿度要求控制在60%～70%。育苗盘基质以不干不湿为宜，过湿幼苗容易烂根，要保证苗床底部不积水。子叶展平前尽量少浇水。浇水的水温要求25～30℃，如果是低温季节水要预热后再使用，一般早晨或傍晚浇水，严禁中午高温浇水。夏季高温季节视墒情每天浇水1～2次，低温季节则几天浇一次即可。

（3）光照管理。保温覆盖或降温遮阳时，在保证温度合适的前提下，尽可能给予充分的光照条件，保证光合作用的顺利进行。幼苗在适温遮阳的条件下很容易徒长。

（4）营养管理。当番茄幼苗2片真叶展开后，可视情况对幼苗进行叶面施肥补充营养。可结合浇水喷2～3次营养液，营养液应注意氮、磷、钾三要素的配合，三者的总浓度不要超过0.2%。这里介绍一个营养液配方供参考应用：尿素50g、硫酸钾80g、磷酸二氢钾50g，加水100kg，溶液浓度为0.18%；还可以采用三元复合肥配制。

（5）防止徒长。育苗管理中降温控水可以抑制番茄苗徒长。也可以使用生长调节剂调控，常用的是50%矮壮素水剂1 000～1 500倍液或15%多效唑可湿性粉剂1 500倍液。

（6）病虫害防治。番茄苗期主要注意防治猝倒病、立枯病、灰霉病、晚疫病、早疫病、白粉虱、美洲斑潜蝇、根结线虫等。

本任务工作流程如下：

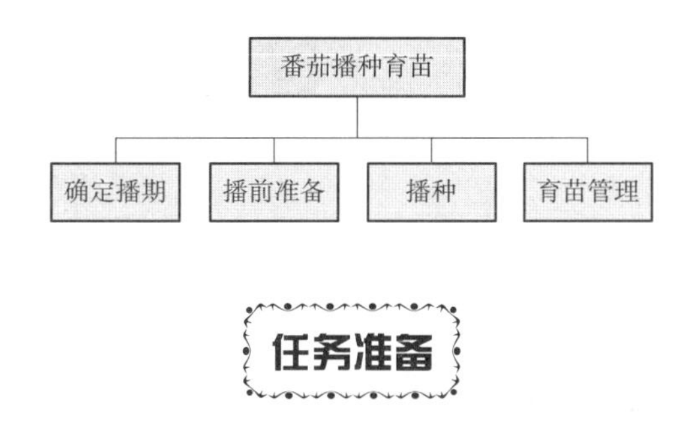

任务准备

1. 场地准备 塑料薄膜大棚（南方）或日光温室（北方）（图6-10至图6-13）。

图6-10 塑料大棚

图6-11 塑料大棚育苗

图 6-12　日光温室

图 6-13　日光温室育苗

2. 工具准备　穴盘（72 孔或 60 孔）、育苗基质、珍珠岩或蛭石、小拱棚拱杆、塑料薄膜、遮阳网、浇水工具、配药容器、喷药工具等（图 6-14 至图 6-23）。

图 6-14　育苗穴盘

图 6-15　育苗基质

图 6-16　珍珠岩

图 6-17　蛭　石

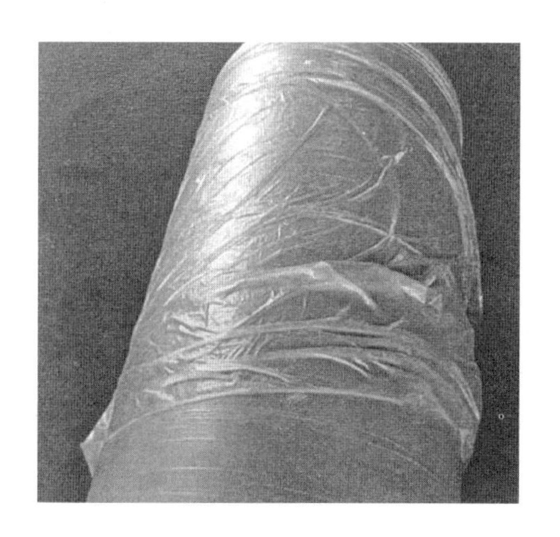

图 6-18　塑料薄膜

图 6-19　遮阳网

图 6-20　洒水枪

图 6-21　倒挂式浇水喷头

图 6-22　移动式浇水喷头

图 6-23　打药器

任务实施

1. 检查设施 使用前检查设施是否完好，如果薄膜老旧或破损需要更换，并且在通风口挂好防虫网。

2. 计算播期 按照定植时间往前推算，留出嫁接苗成活时间10d左右，留出培育砧木和接穗育苗时间一个月左右。砧木与接穗要根据生长情况确定是同时播种还是错期播种，具体要求砧木与接穗同时达到茎粗0.3cm左右的嫁接操作要求。

3. 基质准备 直接购买育苗基质和珍珠岩（蛭石），播种前将基质充分浇水，然后装盘到九分满。

4. 播种 将催芽完成的砧木或接穗种子点播在穴盘里，每穴一粒（图6-24），穴深1cm左右，然后用基质覆盖，表面再撒一层珍珠岩（蛭石），播种完毕后轻淋一遍小水，注意不可浇大水，以免冲开覆盖土。

5. 育苗管理 播种完成后将穴盘整齐摆放到设施内苗床上，再加盖塑料薄膜或搭建小拱棚保温保湿（高温季可换作遮阳网覆盖），出苗后可撤掉塑料薄膜（图6-25、图6-26）。

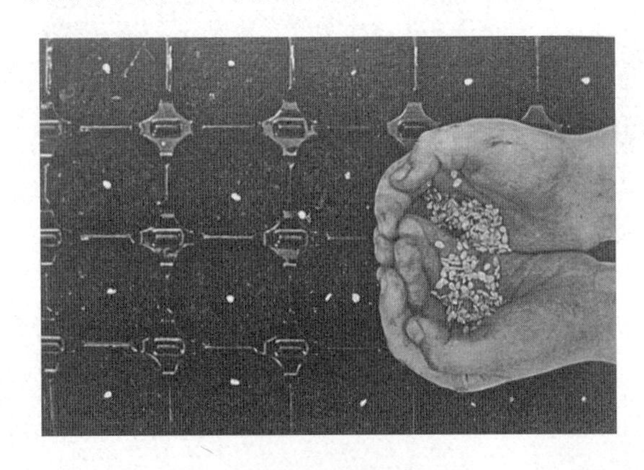

图6-24 播 种

图6-25 播种后覆盖塑料薄膜

图6-26 播种后搭建小拱棚

（1）环境条件调控。育苗期管理主要是按照番茄苗生长对环境条件的要求调节设施环境。每天都要观察温湿度计，维持昼温在25℃左右，夜温在18℃左右，空气相对湿度60%～70%。每天进行通风换气，降低湿度，改善气体条件，高温季通风时间长，低温季通风时间缩短；如果温度过高需要拉遮阳网，棚外铺遮阳网，棚内还可以再挂1～2层以降低温度，但上午和下午还是需要适时收起遮阳网让番茄苗见光，如果温度过低且低温时间长则需要加盖小拱棚或点炉子加温。育苗盘每穴基质量少，持水量少，高温季节每天要浇水1～2次，低温季节根据墒情判断适时浇水，要求基质湿润但又不能过湿，一定不能积水。在育苗期在2片真叶展开后如果发现幼苗长势弱，还可以适当喷施叶面肥，最简便的方法是直接购买专用叶面肥按照说明浓度配制后进行喷施，在嫁接前的育苗期喷施1～2次即可。如果幼苗生长健壮，整个育苗期都不用喷施叶面肥。

（2）防止徒长。在高温季节育苗还要注意控制徒长。

①控温控水不遮光。

②使用矮壮素。当番茄苗真叶长度达到1cm时，用50%矮壮素水剂1 000～1 500倍液，即1mL药剂加水1 000～1 500mL混匀，每个穴盘喷雾量为7～8mL，第一次用药后48h再喷1次。

③使用多效唑。在幼苗2～3片真叶时，可以喷15%多效唑可湿性粉剂1 500倍液，即称取15%多效唑可湿性粉剂1g，充分溶解于1 500mL水中，喷施1次即可，否则抑制作用太强影响苗期生长发育。

（3）病虫害防治。番茄苗期主要易发猝倒病、立枯病、灰霉病、晚疫病、早疫病以及生理性沤根，虫害主要有白粉虱、斑潜蝇和根结线虫危害等。

①农业防治。加强苗床管理，每天及时通风，避免高湿和光照不足（容易诱发猝倒病和立枯病），低温高湿和弱光易诱发灰霉病，高温高湿易诱发晚疫病和早疫病，土壤长期积水容易沤根且根结线虫危害严重，所以及时调控设施内环境条件，培育壮苗能减少病害发生；培育壮苗，增强植株抵抗力；选用抗病品种。

②物理防治。做好环境、基质和种子消毒工作减少病原。张挂防虫网、设施周围清除杂草，隔绝虫源；设施内张挂黄板、诱蝇纸诱杀害虫。高温季节育苗，对有根结线虫病史的地区最好采用无土基质育苗。

③生物防治。在设施内释放丽蚜小蜂防治白粉虱，释放潜蝇姬小蜂防治斑潜蝇等。

④化学防治。针对发生的病虫害正确使用化学农药防治。

任务小结

在计算番茄育苗播期时如果是初次操作，最好先提前进行小试验后再进行推算。环境条件的管理是培育壮苗的基础，做好相应工作还能降低病虫害的发生。在防治病虫害时还是遵循常规的植保原则“预防为主，综合防治”，必须使用药剂防治时，为了降低病虫害的抗药性，需要不同组的药剂轮换交替使用。

知识支撑

1. 塑料薄膜大棚和日光温室

（1）塑料大棚。通常把不用砖石结构维护，只以竹木、水泥或钢材等作骨架，用塑料薄膜覆盖的一种大型拱棚称为塑料大棚。塑料大棚充分利用太阳能，有一定的保温作用，并通过卷膜能在一定范围调节棚内的温度和湿度。因此，塑料大棚在我国北方地区主要是起到春提前、秋延后的保温栽培作用，一般春季可提前30～35d，秋季能延后20～25d，但不能进行越冬栽培；在我国南方地区，塑料大棚除了冬春季节用于蔬菜、花卉的保温和越冬栽培外，还可更换遮阳网用于夏、秋季节的遮阳降温和防雨、防风、防雹等的设施栽培。我国各地多数使用拱圆顶单栋式大棚。

塑料大棚一般高2～3m，宽8～15m，长30～60m，占地300m²以上。塑料大棚的骨架由立柱、拱杆（拱架）、拉杆（纵梁）、压杆（压膜线）等部件组成，俗称“三杆一柱”（图6-27、图6-28），这就是塑料薄膜大棚最基本的骨架构成，其他形式都是在此基础上演化而来的。

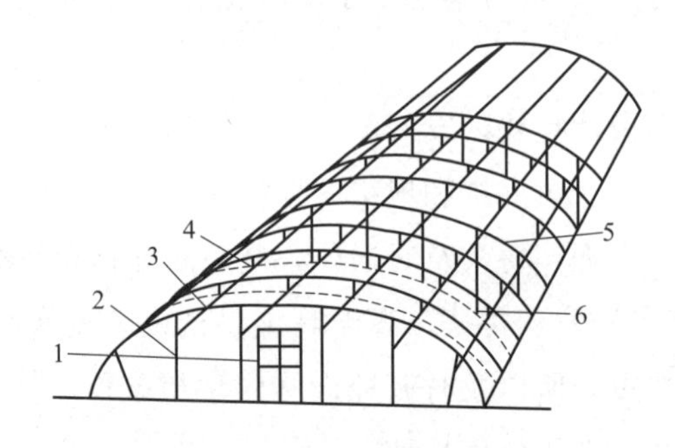

图6-27　塑料大棚骨架结构

1. 门　2. 立柱　3. 拉杆　4. 小吊柱　5. 拱杆　6. 压杆（压膜线）

（周克强，2007，蔬菜栽培）

（2）日光温室。日光温室是节能日光温室的简称，又称暖棚，由两侧山墙、后墙体、支撑骨架及覆盖材料组成，是我国北方地区独有的一种温室类型。是一种在室内不加热的温室，通过后墙体对太阳能吸收实现蓄放热，维持室内一定的温度水平，以满足蔬菜作物生长的需要。日光温室采用较简易的设施，充分利用太阳能，在寒冷地区一般不加温进行蔬菜越冬栽培，生产新鲜蔬菜。日光温室具有鲜明的中国特色，是我国独有的设施，而且仅在北方使用。

日光温室跨度一般6～8m，高2.7～3.5m，长以50～100m为宜；墙体及后屋面如果是土墙必须厚0.8～1.0m，如果是夹心墙厚度为0.5～0.6m，温室后屋面一般用水泥预

图 6-28　塑料大棚结构

制板，但水泥预制板上必须铺设隔热层，隔热层厚度要在 20cm 以上；对于北纬32°～43°地区，日光温室前屋面角应在 20.5°～31.5°，后屋面角应为 30°～40°（图 6-29、图 6-30）。

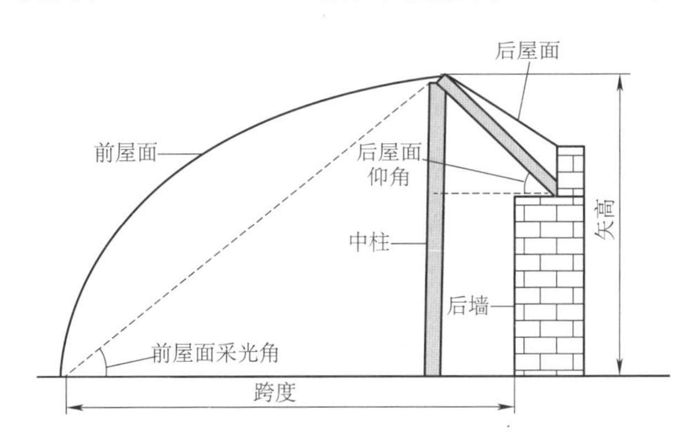

图 6-29　日光温室结构示意

（河南省职业技术教育教学研究室，2011，园艺植物生产技术）

2. 塑料大棚及日光温室的环境调控方法

（1）农业设施光照环境的调节与控制。

①增加光照；合理布局；优化设施结构；选择适宜的建筑材料；保持薄膜清洁，每年更换新膜；日光温室后墙涂白或张挂反光幕；覆盖银白色地膜，利用反射光改善光照条件；在保温的前提下，尽可能早揭晚盖外保温和内保温覆盖物，增加光照时间，在阴雨雪天，也应揭开不透明的覆盖物，在确保防寒保暖的前提下时间越长越好，用以增加散射光；采用扩大行距缩小株距的定植方式，改善行间透光率；及时整枝打杈、吊蔓或插架、摘除下部老叶，改善植株受光状态。

②遮光。遮光主要有两个目的：一是减弱保护地内的光照度；二是降低保护地内的温度。一般果菜类蔬菜嫁接育苗时，或者蔬菜软化栽培时需要遮光，覆盖遮阳网即可。

图 6-30 日光温室结构

（2）农业设施温度环境的调节与控制。

①保温。正确选择建造场地和材料，增加太阳辐射透过率，以增加设施内能量来源，减少设施内热量支出，注意工程质量，避免缝隙散热，在设施外挖防寒沟，多层覆盖等。

②加温。可采用临时炉火加温、土壤电热线加温、锅炉式加温等方式。

③降温。遮光，通风，喷雾（结合通风避免室内湿度过大）。

（3）农业设施湿度环境及其调节控制。

①除湿。控制浇水量或采用滴灌，减少过多水分蒸发；覆盖地膜保水保肥；采用无滴膜；加强通风换气。

②加湿。一般在蔬菜分苗后、定植后缓苗或嫁接后伤口愈合培养时，需要较高的空气湿度，以利于缓苗。生产中一般通过加盖小拱棚保湿、遮阳网遮阳、向小拱棚内喷雾等方法增加空气湿度。

（4）农业设施气体环境及其调节控制。

①增施 CO_2。在设施中增施 CO_2气体肥料有增产、促进早熟和改善品质的作用。如果需要增施 CO_2肥料，最简便的方法是化学反应法，采用碳酸盐或碳酸氢盐和强酸反应产生 CO_2，专门的 CO_2 气体发生器就是采用这种方法，农户可直接购买使用。

②预防有害气体。选用优质农膜；经常通风换气；安全加温；合理施肥，大棚内避免使用未充分腐熟的厩肥、粪肥，要施用完全腐熟的有机肥；不施用挥发性强的碳酸氢铵、氨水等，少施或不施尿素、硫酸铵，可使用硝酸铵；施肥要做到基肥为主、追肥为辅；追肥要按“少施勤施”的原则，穴施、深施，不能撒施，施肥后要覆土、浇水，并进行通风换气。

（5）农业设施土壤环境及其调节控制。农业设施中，经常出现土壤盐渍化、土壤酸化、连作障碍等情况，严重影响设施作物的生长发育。改善土壤状况常用技术有：增施有机肥；实行必要的休耕；实行轮作；采用无土栽培。

拓展训练

（一）知识拓展

1. 判断题

（1）高温季育苗常张挂遮阳网降温，可以一直挂着。（ ）

（2）塑料大棚也存在低温危害危险。（ ）

（3）农业设施内特别容易出现高湿情况，容易诱发病害，所以需要及时通风。（ ）

2. 简答题

（1）如何确定番茄嫁接育苗的播期？

（2）番茄育苗的设施要求是什么？

（3）在番茄育苗中如何防止徒长？

（4）设施常用的降温方法有哪些？

（5）我国的植保方针是什么？病虫害的防治方法一般包含哪几种？

（二）技能拓展

拓展内容见表 6-4 至表 6-6。

表 6-4　番茄播种育苗任务单

任务编号	实训 6-2
任务名称	嫁接番茄播种育苗
任务描述	番茄嫁接育苗的前提是在农业设施内培育符合嫁接要求的壮苗
任务工时	2
完成任务要求	1. 做好设施准备。 2. 计算好播期适时播种。 3. 按照番茄苗生长对环境条件的要求进行调控管理。 4. 任务结束后做好整理工作。 5. 任务完成情况总体良好。 6. 说明完成本任务的方法和步骤。 7. 完成任务后各小组之间相互展示、评比。 8. 针对任务实施过程中的具体操作提出合理建议。 9. 工作态度积极认真
任务实现流程分析	1. 布置任务。 2. 按步骤操作：确定播期→播前准备→播种→育苗管理（包括环境调控、营养管理、防止徒长、病虫害管理）。 3. 对嫁接番茄播种育苗过程进行评价
提供素材	农业设施（塑料大棚或日光温室、小拱棚）、育苗基质、穴盘、塑料薄膜、遮阳网、浇水工具、喷药工具等

表 6-5　番茄播种育苗实施单

任务编号	实训 6-2
任务名称	嫁接番茄播种育苗
任务工时	2
实施方式	小组合作 □　　独立完成 □
实施步骤	

表 6-6 评 价 单

<table>
<tr><td>任务编号</td><td colspan="5">实训 6-2</td></tr>
<tr><td>任务名称</td><td colspan="5">嫁接番茄播种育苗</td></tr>
<tr><td rowspan="19">考核要点</td><td>考核内容（主要技能）</td><td>标准分值</td><td>自我评价</td><td>小组评价</td><td>教师评价</td></tr>
<tr><td>确定播期</td><td>5</td><td></td><td></td><td></td></tr>
<tr><td>设施准备</td><td>5</td><td></td><td></td><td></td></tr>
<tr><td>播种准备</td><td>5</td><td></td><td></td><td></td></tr>
<tr><td>播种</td><td>5</td><td></td><td></td><td></td></tr>
<tr><td>温度管理</td><td>5</td><td></td><td></td><td></td></tr>
<tr><td>湿度管理</td><td>5</td><td></td><td></td><td></td></tr>
<tr><td>光照管理</td><td>5</td><td></td><td></td><td></td></tr>
<tr><td>营养管理</td><td>5</td><td></td><td></td><td></td></tr>
<tr><td>防止徒长</td><td>5</td><td></td><td></td><td></td></tr>
<tr><td>病虫害防治</td><td>5</td><td></td><td></td><td></td></tr>
<tr><td>按操作规程作业</td><td>5</td><td></td><td></td><td></td></tr>
<tr><td>任务完成情况</td><td>10</td><td></td><td></td><td></td></tr>
<tr><td>任务说明</td><td>10</td><td></td><td></td><td></td></tr>
<tr><td>任务展示</td><td>5</td><td></td><td></td><td></td></tr>
<tr><td>工作态度</td><td>5</td><td></td><td></td><td></td></tr>
<tr><td>提出建议</td><td>10</td><td></td><td></td><td></td></tr>
<tr><td>文明生产</td><td>5</td><td></td><td></td><td></td></tr>
<tr><td>小计</td><td>100</td><td></td><td></td><td></td></tr>
<tr><td>问题总结</td><td colspan="5"></td></tr>
</table>

任务三　番茄嫁接育苗

任务描述

番茄嫁接常用方法有套管法、贴接法、劈接法和靠接法，其中效率最高的是番茄套管法，若管理得当嫁接苗成活率在90%以上。本次任务主要学习番茄套管嫁接方法。

砧木与接穗都长到具有2～4片真叶、株高12～15cm时即可进行套管嫁接，嫁接时根据幼苗的茎粗选择合适大小的套管，现在市售的套管规格有0.35cm、0.30cm、0.25cm等。

任务分析

1. 嫁接苗的要求（图6-31至图6-33）

图6-31　嫁接苗大小

图6-32　嫁接苗高

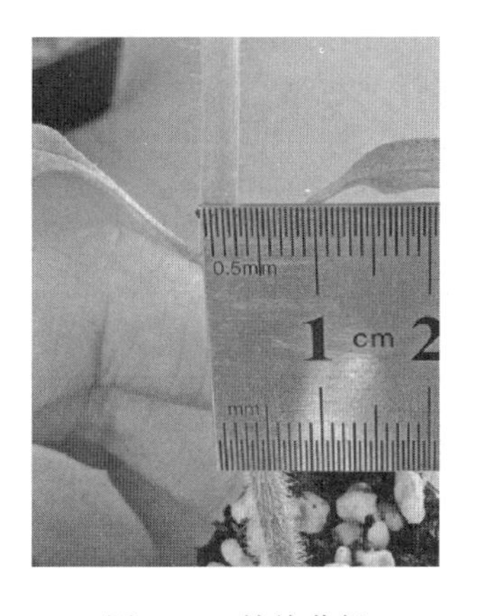

图6-33　嫁接苗粗

(1) 接穗苗的要求。苗茎粗壮、色深，苗茎高12～15cm，茎粗0.3cm左右；2～4片真叶，叶片颜色深绿，肥厚；幼苗生长健壮，没有遭受病虫危害。

(2) 砧木苗的要求。与接穗苗的要求相同。

2. 嫁接前的准备 嫁接前一天将砧木和接穗苗浇一遍水，均匀喷洒，冲洗掉叶片上的基质或灰尘，并喷75%百菌清可湿性粉剂600倍液，拔除病苗、弱苗及残株病叶、杂草。准备好酒精棉球、嫁接套管、刀片、放接穗的容器等（图6-34）。

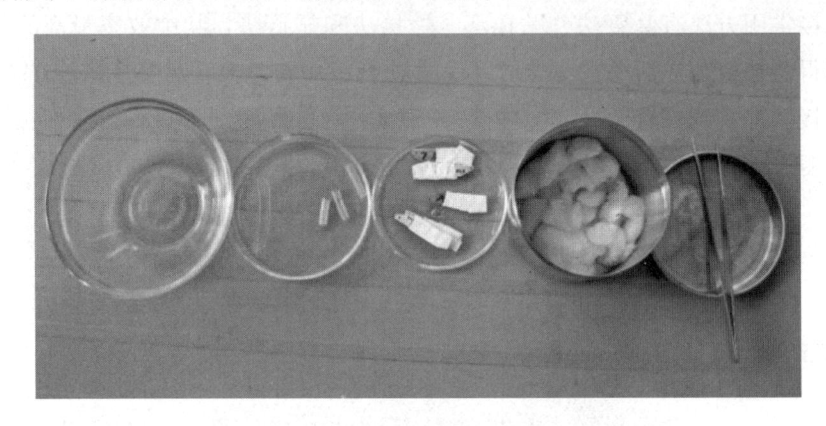

图6-34 嫁接前工具准备

3. 嫁接操作 在砧木子叶上方1cm处从上向下呈30°角斜切，把粗细合适的套管从顶端插在砧木切口上，切口面背向套管开口处，插入深度为套管1/2左右；挑选粗细与砧木接近的接穗，在其子叶和第一片真叶之间沿茎从上向下呈30°角斜切后插到套管里，使两切面完全吻合。

4. 注意事项 砧木切口和接穗切口的长短要一致；刀片在削切接口的过程中要求动作干净利落，一刀完成操作动作，中途不能停下，以免造成切面不平整；嫁接过程中要注意切口卫生，时不时用酒精棉球擦拭嫁接刀口，以防感染病菌，降低成活率。如果嫁接苗茎偏细，套管太松，固定不住接穗，可改用嫁接夹进行固定，用贴接法嫁接；如果嫁接苗苗茎偏粗，无法使用套管，则灵活改用贴接或劈接法嫁接。

本任务工作流程如下：

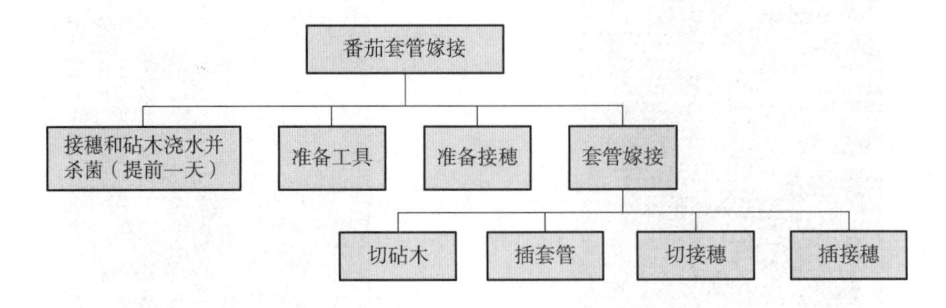

任务准备

1. 场地准备 塑料薄膜大棚（南方）或日光温室（北方）。

2. 工具准备 浇水工具、配药容器、喷药工具、剪刀、套管（直径 0.35cm、0.30cm）、酒精棉球、镊子、刀片等。

3. 药剂准备 75%百菌清可湿性粉剂。

任务实施

1. 配药 75%百菌清可湿性粉剂 1g 兑水 600g（或按所需总药液量计算配制），充分搅拌溶解。

2. 浇水 嫁接前一天将需要嫁接的番茄砧木和接穗（要求苗龄均为具 2～4 片真叶，茎粗 0.3cm 左右，植株健壮）浇透水，保证第二天进行嫁接时基质含水量适中，达到 80%～90%，砧木和接穗植株干净干燥无残留水。

3. 杀菌 浇水后将配好的 75%百菌清可湿性粉剂 600 倍液装入喷洒工具，均匀喷洒第二天需要嫁接的番茄砧木和接穗，进行杀菌，防止愈合期发生病害。

4. 准备嫁接工具 浇水喷药后的第二天清晨开始嫁接。先准备嫁接工具，将套管剪出开口，再剪成长 1.5～1.7cm（直径 3.0cm 或 3.5cm）的小段备用（图 6-35）。刀片可双面长刀片（图 6-36）直接用，也可用双面小刀片纵向剪开后用胶布缠绕一半左右作为手执部分（图 6-37），锋利即可；如果嫁接苗很多，嫁接中发现刀片变钝影响切口平滑时应立即更换。棉球缸里倒入 70%酒精准备好酒精棉球。

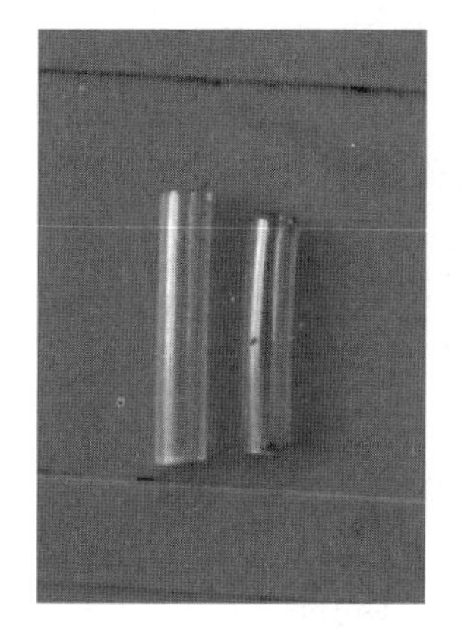

图 6-35 套管剪段

图 6-36 长刀片

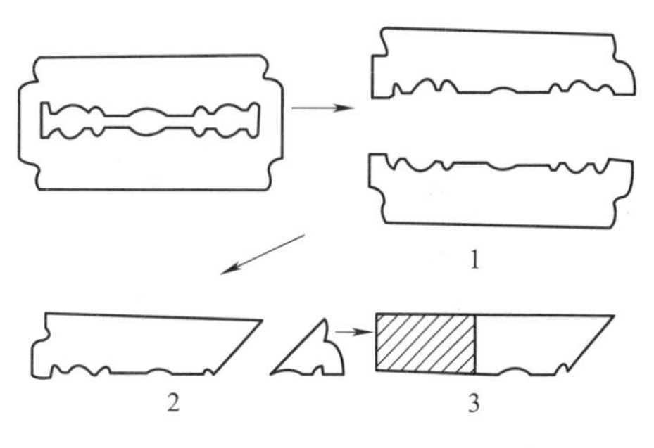

图 6-37 小刀片准备

1. 对折 2. 去角 3. 包缠

（韩世栋等，2014，蔬菜嫁接百问百答）

5. 嫁接

（1）嫁接前准备。先将嫁接桌擦拭干净，砧木抬到嫁接桌上及旁边。然后洗净双手，用镊子夹出酒精棉球擦拭双手和刀片，沿番茄下胚轴将接穗切下放入容器中，注意苗茎切口和刀片都要保持清洁不沾染基质；数量按嫁接速度估计，嫁接不熟练则每次少切点，如嫁接熟练则每次可多切，原则上保证接穗在不萎蔫前嫁接完毕。也可以边嫁接边直接削切接穗。

（2）切砧木。选一盘砧木开始嫁接，可以一株一株地操作，如果嫁接熟练，也可以半盘或整盘切削后，统一插套管，再一株一株地切接穗嫁接；在砧木子叶上方 1cm 处从上向下呈 30°角斜切，保证切口平滑（图 6-38 至图 6-40）。

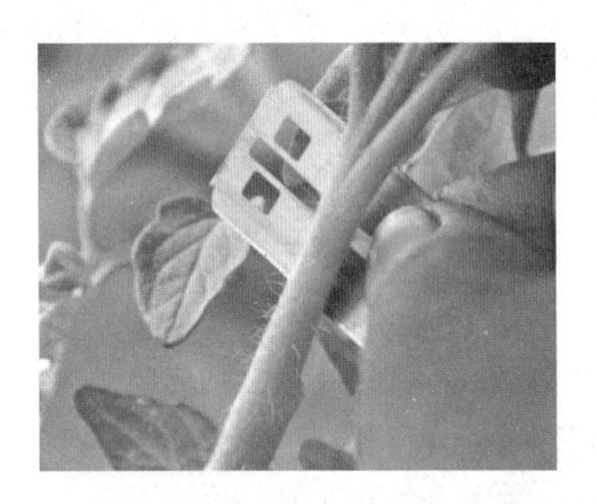

图 6-38　切砧木下刀

图 6-39　砧木 30°切角

图 6-40　砧木排切

（3）插套管。把粗细合适的套管从切好的砧木顶端插入，深度以砧木切口居套管中部为宜，并要求切口面背向套管开口处（图 6-41、图 6-42）。

图 6-41　插套管

图 6-42　套管开口背对砧木切口

（4）切接穗和插入套管。挑选茎干粗细与砧木接近的接穗，在其子叶和第一片真叶之间沿茎从上向下呈 30°角斜切，切口要平滑，然后从上部插到套管里，使两切面完全吻合。嫁接途中要时不时用酒精棉球消毒刀片和手（图 6-43 至图 6-45）。

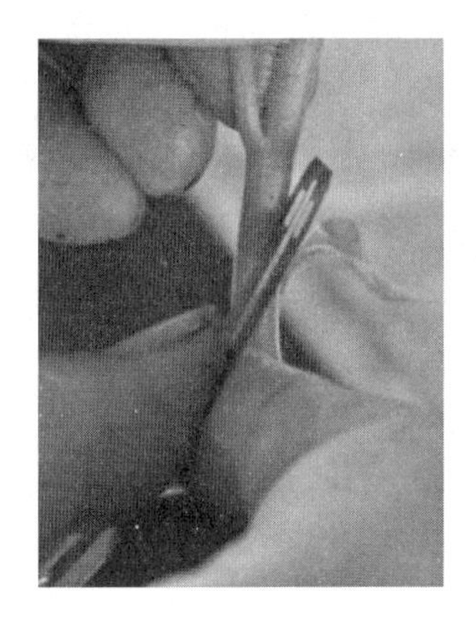
图 6-43　切接穗

图 6-44　接穗 30°切角

图 6-45　插接穗

任务小结

番茄套管嫁接的关键是砧木和接穗的茎粗要求与套管内径相近，所以对育苗的整齐度要求比较高。在育苗水平不是很高的地区可以与其他番茄嫁接法一起使用或直接选用其他比较合适的嫁接方法。

知识支撑

1. 番茄嫁接贴接法　番茄砧木接穗的培育及削切方法同套管嫁接，不同之处在于接穗与砧木切口贴合不用套管固定，用白色橡塑材料的幼苗嫁接夹固定，该嫁接夹常用规格有3mm、4mm、4.5mm，适用性广，韧性好，固定稳，嫁接苗成活后需要人工摘除嫁接夹（图 6-46 至图 6-49）。

图 6-46　番茄贴接用嫁接夹

图 6-47　贴　接

图 6-48　贴接固定

图 6-49　番茄贴接嫁接

2. 番茄嫁接劈接法　当砧木长到高 12～18cm、茎粗 0.3～0.5cm、具有 5～7 片真叶，接穗具有 3～4 片真叶即可嫁接，用刀片横切砧木茎，去掉上部，保留子叶或 1～2 片真叶，再由茎中间劈开，向开口纵切 1.0～1.5cm，然后将接穗苗拔起，保留上部 3～4 片真叶，用刀片切掉下部并削成楔形，楔形的大小应与砧木切口相当，随即将接穗插入砧木中，对齐后用夹子固定。嫁接成活后需要人工摘除嫁接夹（图 6-50 至图 6-54）。

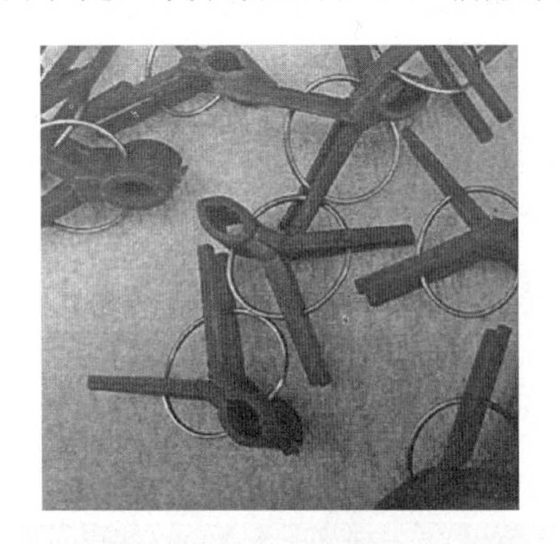

图 6-50　圆口嫁接夹

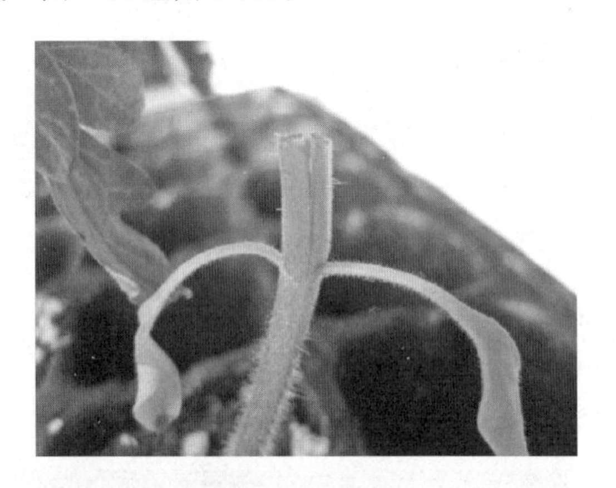

图 6-51　劈砧木

图 6-52　削接穗

图 6-53　砧穗接合

3. 番茄嫁接靠接法　当砧木具有4～5片真叶，接穗具有2～3片真叶时可进行番茄靠接。嫁接前一天要浇水喷药，第二天嫁接时接穗要带根起苗，可以边接边起苗，也可以一次起苗20株的接穗待用（不可过多，嫁接时间长会导致接穗苗萎蔫），砧木苗需要用育苗钵培育（不可用穴盘），连钵带苗将砧木搬出，用刀片在砧木苗茎上切除新叶和生长点，仅留2片真叶即可，然后在第二片或第一片真叶下、苗茎无叶片的一侧，用刀片呈40°左右的夹角向下斜切一刀，切口长1cm左右，深达苗茎粗的2/3左右；削切接穗则是在苗茎无叶片的一侧，第一片真叶下，呈40°左右的夹角向上斜切一刀，刀口长同砧木切口，深达苗茎粗的2/3左右；然后将两切口对正嵌合，要求苗茎切面充分接合，相互间要尽量插到切口底部，不留空隙（图6-55），并用嫁接夹固定；随即将接穗根系栽入育苗钵砧木苗旁，接穗和砧木苗要分开1cm左右，以便嫁接成活后对砧木苗进行断根。

图6-54　劈接固定

图6-55　番茄靠接法

4. 番茄不同嫁接方法的优缺点

（1）套管法。番茄套管嫁接操作步骤最少，嫁接效率高，而且嫁接后不用人工去除套管，也节省劳动力。但是在嫁接苗成活期间管理要求也比较高，而且套管大小制约着嫁接时期，习惯大苗嫁接的栽培区不适用，另外对嫁接砧木与接穗的苗茎粗细大小一致性要求较高，会使在遇到意外天气时应激性较差。所以建议习惯小苗嫁接及工厂化育苗的地区采用套管嫁接法。

（2）贴接法。番茄贴接嫁接技术简单，而且砧木与接穗接口离地面较高，接合部位没有多余的断茎，不容易遭受土壤污染，也不易因蔬菜苗茎上产生不定根而使嫁接苗丧失嫁接作用；嫁接夹固定很稳，对番茄苗茎的适用范围比套管灵活。但是贴接法嫁接在嫁接苗成活后需要人工去除嫁接夹，比套管嫁接多一道工序；另外，贴接法同套管嫁接法一样，对嫁接后的管理要求比较高，如果管理不仔细，成活率不好控制。

（3）劈接法。番茄苗茎不会出现空腔，并且苗茎较长，比较适合选用劈接法嫁接育苗。番茄劈接法嫁接砧木与接穗间接口面积比较宽大，有利于砧木与接穗间上下的营养交流，对培育壮苗比较有利，也不容易出现砧木与接穗脱离的现象。另外，劈接法的接穗接口能完全插入砧木内，不外露，嫁接位置比较高，离地面较远，不容易受土壤污染，不容易感染土传病害，也不容易产生自根，嫁接效果比较好。劈接法存在的缺点主要是操作步骤多，影响嫁接速度；嫁接番茄接穗不带自根，容易失水萎蔫，嫁接苗成活期间对育苗床内的环境要求比较严格，管理要求比较高；另外，砧木苗茎存在从劈口处发生劈裂的危险。

（4）靠接法。番茄砧木与接穗苗茎粗细差异较小、实心，也适宜选用靠接法嫁接育苗。靠接法育苗番茄接穗带根嫁接，在嫁接苗成活期间，能够自己从土壤中吸收水分，不容易发生萎蔫，嫁接苗的成活率比较高，嫁接苗成活期间苗床的环境要求也不甚严格，容易管理，易于推广，较适合于嫁接育苗管理粗放的地区使用。但靠接法嫁接操作步骤比较烦琐，费时费力，并且接穗断根后在嫁接口外会留下一段断茬，断茬上比较容易发生自根，也需要人工抹除，增加后期管理的工作量。

拓展训练

（一）知识拓展

简答题

（1）番茄嫁接常用方法有哪些？

（2）番茄套管嫁接对砧木与接穗的核心要求是什么？

（3）请写出番茄套管嫁接操作流程。

（二）技能拓展

拓展内容见表6-7至表6-9。

表6-7 任 务 单

任务编号	实训6-3
任务名称	番茄套管嫁接
任务描述	为了提高番茄植株抗性，提高产品产量与质量，对番茄进行嫁接换根育苗；番茄嫁接方法常用的有套管法、贴接法、劈接法、靠接法，其中效率最高的是番茄套管嫁接
任务工时	2
完成任务要求	1. 砧木与接穗要求秧苗健壮，茎粗一致，达到0.3cm左右。 2. 嫁接前一天浇水喷药，准备好嫁接工具。 3. 手和工具消毒后开始嫁接，下刀位置合适，切口平滑，砧木与接穗切角一致贴合紧密。 4. 任务结束后做好整理工作。 5. 任务完成情况总体良好。 6. 说明完成本任务的方法和步骤。 7. 完成任务后各小组之间相互展示、评比。 8. 针对任务实施过程中的具体操作提出合理建议。 9. 工作态度积极认真
任务实现流程分析	1. 布置任务。 2. 按步骤操作：嫁接前准备→嫁接操作（切砧木→插套管→切接穗→插接穗）。 3. 对番茄套管嫁接操作过程进行评价
提供素材	浇水工具、配药容器、喷药工具、剪刀、套管（直径0.3cm）、酒精棉球、镊子、刀片、番茄砧木与接穗苗等

表 6-8 实 施 单

任务编号	实训 6-3
任务名称	番茄套管嫁接
任务工时	2
实施方式	小组合作 □　　独立完成 □
实施步骤	

表 6-9　评 价 单

<table>
<tr><td>任务编号</td><td colspan="5">实训 6-3</td></tr>
<tr><td>任务名称</td><td colspan="5">番茄套管嫁接</td></tr>
<tr><td rowspan="17">考核要点</td><td>考核内容（主要技能）</td><td>标准分值</td><td>自我评价</td><td>小组评价</td><td>教师评价</td></tr>
<tr><td>嫁接前浇水喷药</td><td>5</td><td></td><td></td><td></td></tr>
<tr><td>工具准备</td><td>5</td><td></td><td></td><td></td></tr>
<tr><td>消毒工作</td><td>5</td><td></td><td></td><td></td></tr>
<tr><td>切砧木</td><td>10</td><td></td><td></td><td></td></tr>
<tr><td>切接穗</td><td>10</td><td></td><td></td><td></td></tr>
<tr><td>套管固定</td><td>5</td><td></td><td></td><td></td></tr>
<tr><td>嫁接的质量</td><td>5</td><td></td><td></td><td></td></tr>
<tr><td>嫁接熟练程度</td><td>5</td><td></td><td></td><td></td></tr>
<tr><td>按操作规程作业</td><td>5</td><td></td><td></td><td></td></tr>
<tr><td>任务完成情况</td><td>10</td><td></td><td></td><td></td></tr>
<tr><td>任务说明</td><td>10</td><td></td><td></td><td></td></tr>
<tr><td>任务展示</td><td>5</td><td></td><td></td><td></td></tr>
<tr><td>工作态度</td><td>5</td><td></td><td></td><td></td></tr>
<tr><td>提出建议</td><td>10</td><td></td><td></td><td></td></tr>
<tr><td>文明生产</td><td>5</td><td></td><td></td><td></td></tr>
<tr><td>小计</td><td>100</td><td></td><td></td><td></td></tr>
<tr><td>问题总结</td><td colspan="5"></td></tr>
</table>

任务四　嫁接番茄苗苗期管理

任务描述

番茄套管嫁接后的工作主要是促进嫁接伤口愈合，使嫁接苗健康地成活生长，要按照番茄嫁接苗成活与生长的环境条件要求调控好温度、湿度和光照；这就要求有农业设施的辅助，需要有塑料薄膜覆盖或在设施内再搭建育苗小拱棚。

番茄嫁接苗苗期一般需 15～20d。伤口愈合嫁接成活需要 7d 左右，嫁接苗成活后 10d 左右，长出新叶后即可进行定植，进入栽培生产阶段。

任务分析

1. 温度管理　此阶段白天要求调控室温为 25～28℃，夜晚为 16～20℃，因为嫁接苗是覆膜的，膜内温度会比大棚温度高。则大棚内最高温不能超过 30℃，最低温不能低于 15℃；温度过高时接穗失水加快，容易发生萎蔫，温度长时间偏低，接穗与砧木接合较慢，成活率不高。

2. 湿度管理　此阶段要求较高的空气湿度，特别是嫁接后前 3d 都需要密闭保湿，使空气湿度保持在 90%以上，如果湿度下降要及时喷雾，以后几天也要保持在 80%左右。在适宜的空气湿度下，嫁接苗一般表现为叶片开展正常、叶色鲜艳，上午日出前叶片有吐水现象，中午前后叶片不发生萎蔫。一般来说，嫁接前育苗盘浇足水，嫁接后小拱棚扣盖严实或塑料薄膜包盖严实，嫁接后前 3d 不会出现空气干燥现象。通常从第四天开始要适当通风，降低苗床内的空气湿度，防止苗床内空气湿度长时间偏高，引起嫁接苗发生病害。苗床通风要先小后大，以通风后嫁接苗不发生萎蔫为适宜，嫁接苗发生萎蔫时，要及时扣膜，萎蔫严重时，还要对嫁接苗进行叶面喷水。在通风时间的安排上，要先早晚，渐至中午，嫁接苗不发生萎蔫时揭膜，全天通风，适时浇水，始终保持育苗基质不干燥。

3. 光照管理　此阶段要求散射光照。嫁接后前 3d 需要对苗床覆盖遮阳网等进行遮阳，避免强光直射苗床，促进伤口愈合，3d 后逐渐缩短苗床遮光时间，进行半遮光管理，加强苗床内光照，防止嫁接苗因光照不足而导致叶片发黄、脱落，以及诱发病害等。嫁接苗成活后逐渐撤掉遮阳网，进行正常见光管理，让嫁接苗进行光合作用正常生长。

4. 成活至定植阶段管理　该阶段从嫁接苗开始明显生长到定植时结束。此阶段对育苗床内的环境要求不甚严格，大部分管理工作可按常规育苗法进行。嫁接育苗与常规育苗主要区别是：当大部分嫁接苗转入明显生长后，要将苗床中成活不良的苗挑出，集中于一个苗床内继续给予适温、高湿和遮光管理，促其生长。套管不用人工去除，番茄嫁接苗成活后随着生长茎逐渐加粗，会使套管被撑开自行脱落。砧木冒芽或接穗产生不定根时要及时抹除。

本任务工作流程如下：

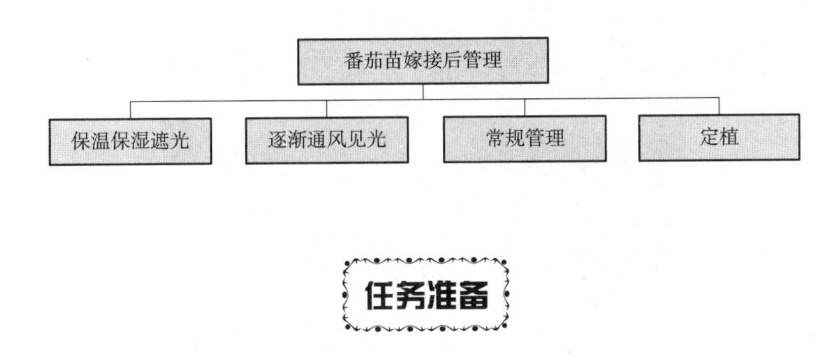

任务准备

1. 场地准备 塑料薄膜大棚（南方）或日光温室（北方）。

2. 工具准备 小拱棚拱杆、塑料薄膜、遮阳网（6 针）、喷雾器等。

任务实施

1. 摆苗

（1）需要搭建小拱棚。整理苗床铺好地膜，苗床大小根据嫁接苗量多少设计，一般宽度 0.8～1.2m，将嫁接苗整齐摆好，喷雾。

（2）有育苗床架。在育苗架上将嫁接苗整齐摆好，喷雾。

2. 保湿遮光

（1）需要搭建小拱棚。在苗床上每隔 40～70cm 插一小拱架，拱架高 60～80cm，然后盖膜，将塑料薄膜展平，拉紧，盖严，四边埋入土中固定。拱棚上盖上遮阳网。

（2）有育苗床架。将所有嫁接苗用透明塑料薄膜盖好，四周压到穴盘下封严，上面再盖一层遮阳网。

3. 温度管理 主要是调控大棚内的温度，白天为 25～28℃，夜晚为 16～20℃。一般在中午温度高时卷起大棚侧面的棚膜通风降温，如果温度还高可张开棚顶的遮阳网，或在苗床上方挂 1～2 层遮阳网，其他时间放下棚膜保温，如果低温季遇上极端天气，大棚内温度不够可以烧煤炉加温。

4. 湿度管理 嫁接后前 3d 不通风，保证小环境空气湿度在 90%以上，如果湿度不够可喷雾补充。拱棚育苗 3d 后可在早晨傍晚揭开单侧膜适当通风，注意观察苗情，出现萎蔫及时喷水扣棚，逐渐延长通风时间、加大通风量，7～8d 后撤掉薄膜进行全通风管理，适时浇水，始终保持育苗基质不干燥。薄膜覆盖育苗 3d 后每天都要倒膜数次，即把覆盖的薄膜换面，一是给小苗通风换气，二是膜上积水容易引发病害，换干燥的一面进行覆盖，循序渐进地揭膜，7～8d 后撤膜进行全通风管理。

5. 光照管理 嫁接后前 3d 覆盖遮阳网，拱棚育苗第四天开始将遮阳网侧面撩起半见光培养，薄膜覆盖育苗则是将遮阳网升起挂于苗床上方30～50cm处（图6-56），7～8d后撤掉遮阳网进行正常见光管理。

图6-56　番茄嫁接苗床架管理

任务小结

嫁接后的管理时间不长，主要涉及温度、湿度和光照3个环境因子的调控，其实其管理水平是影响嫁接苗成活率的重要因素，所以一定要重视这一环节，才能保证高效率培育出健壮合格的番茄嫁接苗。

知识支撑

1. 番茄嫁接苗的壮苗标准　秧苗健壮，株顶平而不突出，高15～20cm；6～8片真叶，叶片舒展，叶色深绿，表面茸毛多；嫁接口处愈合良好，嫁接口距离基质表面8～10cm；茎粗壮，横茎0.6～1.0cm，节间短，茸毛多；第一花序不现或少量现而未开放；根系发达，侧根数量多，保护完整；无病虫害；生长势强，对不良环境条件有较强的适应性。

2. 温室大棚番茄种植和管理技术

（1）土壤。番茄能耐旱，但不耐涝，对土壤要求不十分严格，为了获得高产，需选择土层深厚、疏松肥沃、保水保肥力强的土壤，土壤酸碱度以pH 6～7为宜。

（2）温度和环境。番茄是喜温性蔬菜，在正常条件下，同化作用最适温度为20～25℃，根系生长最适土温为20～22℃。喜光，光饱和点为70klx，适宜光照度为30～50klx。番茄是短日照植物，喜水，一般以土壤湿度60%～80%、空气湿度45%～50%为宜。

（3）定植。适时定植，合理密植：春季保护地早熟栽培于2月下旬至3月初抢冷尾暖头天气定植。定植密度为早熟品种多干整枝行株距50cm×30cm，每亩3 000株左右；中晚熟品种采用单干整枝，每亩3 500株左右；采用双干整枝时每亩2 000株左右。

（4）整枝。在第一穗果坐果后搭“人”字架。整枝方式主要有两种，一种是只留主干，侧枝全部摘除（侧枝长到4～7cm时摘除为宜），称为单干整枝；另一种是除留主干外再留第一花序下的侧枝，其余侧枝全部摘除，称为双干整枝。不管采用那种整枝方式，都要注意及时绑蔓。

（5）施肥。深耕耙细后开成宽80cm、高16～24cm的厢，厢沟宽33cm，每厢栽2行。在施肥时氮、磷、钾合理的配合比例为1∶1∶2，亩施腐熟有机肥3 000～5 000kg，配合施入过磷酸钙25kg、钾肥20kg（或草木灰80kg）。

番茄生长期适当追肥，不可偏施氮肥，须配施磷、钾肥。一般于定植缓苗后施催苗肥，促茎叶生长。第一穗果开始膨大后进行第二次追肥，促果实膨大，中、晚熟品种还需在第一、第二穗果采收后进行3～4次追肥。

在果实生长期间用1.5％过磷酸钙或0.3％磷酸二氢钾溶液进行叶面追肥，有利于果实成熟，提高产量。定植缓苗后需中耕保墒，第一花序开花期间应控制灌水，防止因茎叶生长过旺引起落花落果。第一穗果坐果后，植株需水较多，应及时灌溉，雨季注意排水。

（6）保花。为防止落花落果，可于花期用10～20mg/L 2，4-滴药液浸花或涂花，或用20～30mg/L的番茄灵喷花。植株生长中后期，下部的老叶也可适当摘除，以减少养分消耗，改善通风透光；无限生长型品种在4～5台果后要及时打顶，提高坐果率，促进果实成熟。

（7）采收。适时采果。番茄成熟有绿熟、变色、成熟、完熟4个时期。贮存保鲜可在绿熟期采收。运输出售可在变色期（果实的1/3变红）采摘。就地出售或自食应在成熟期即果实1/3以上变红时采摘。采收时应轻摘轻放，摘时最好不带果蒂，以防装运中果实相互刺伤。

初霜前，如还有熟不了的青果，应采下后贮藏在温室内，待果实变熟后再上市，这样既延长了供应期，又增加了经济效益。在果实后熟期不宜用激素刺激果实着色，经精选后装箱销售，既降低了生产成本，改善了果品品质，又保障了消费者的食用安全。

拓展训练

（一）知识拓展

1. 填空题

（1）番茄套管嫁接后的工作主要是（　　　　）。

（2）番茄栽培中保花可用（　　　　）点花。

2. 判断题

（1）刚嫁接好的番茄苗要保温保湿、遮光。（　　）

（2）番茄为喜温蔬菜。（　　）

3. 简答题

（1）番茄嫁接苗的壮苗标准是什么？

（2）番茄单干整枝和双干整枝分别指什么？

（二）技能拓展

拓展内容见表6-10至表6-12。

表 6-10 任 务 单

任务编号	实训 6-4
任务名称	番茄嫁接苗苗期管理
任务描述	番茄苗嫁接后的管理直接关系到嫁接苗成活率，一定要保证高水平管理才能培育出合格的番茄嫁接苗供栽培生产使用
任务工时	2
完成任务要求	1. 嫁接完毕做好品种标记和保湿遮光。 2. 嫁接后前 3d 进行保温、保湿、遮光管理。 3. 嫁接 4d 后逐渐通风降湿，半遮光。 4. 嫁接 7d 后正常管理。 5. 任务结束后做好整理工作。 6. 任务完成情况总体良好。 7. 说明完成本任务的方法和步骤。 8. 完成任务后各小组之间相互展示、评比。 9. 针对任务实施过程中的具体操作提出合理建议。 10. 工作态度积极认真
任务实现流程分析	1. 布置任务。 2. 按步骤操作：嫁接后覆盖→环境条件管理→苗床整理。 3. 对嫁接番茄苗苗期管理过程进行评价
提供素材	苗床架、小拱棚、塑料薄膜、遮阳网、喷雾器等

表6-11　实 施 单

任务编号	实训6-4
任务名称	番茄嫁接苗苗期管理
任务工时	2
实施方式	小组合作 □　　独立完成 □
实施步骤	

表 6-12 评 价 单

<table>
<tr><td>任务编号</td><td colspan="5">实训 6-4</td></tr>
<tr><td>任务名称</td><td colspan="5">番茄嫁接苗苗期管理</td></tr>
<tr><td rowspan="15">考核要点</td><td>考核内容（主要技能）</td><td>标准分值</td><td>自我评价</td><td>小组评价</td><td>教师评价</td></tr>
<tr><td>摆苗</td><td>5</td><td></td><td></td><td></td></tr>
<tr><td>保湿遮光</td><td>5</td><td></td><td></td><td></td></tr>
<tr><td>温度管理</td><td>10</td><td></td><td></td><td></td></tr>
<tr><td>湿度管理</td><td>10</td><td></td><td></td><td></td></tr>
<tr><td>光照管理</td><td>10</td><td></td><td></td><td></td></tr>
<tr><td>嫁接苗成活率</td><td>5</td><td></td><td></td><td></td></tr>
<tr><td>嫁接苗质量</td><td>5</td><td></td><td></td><td></td></tr>
<tr><td>按操作规程作业</td><td>5</td><td></td><td></td><td></td></tr>
<tr><td>任务完成情况</td><td>10</td><td></td><td></td><td></td></tr>
<tr><td>任务说明</td><td>10</td><td></td><td></td><td></td></tr>
<tr><td>任务展示</td><td>5</td><td></td><td></td><td></td></tr>
<tr><td>工作态度</td><td>5</td><td></td><td></td><td></td></tr>
<tr><td>提出建议</td><td>10</td><td></td><td></td><td></td></tr>
<tr><td>文明生产</td><td>5</td><td></td><td></td><td></td></tr>
<tr><td></td><td>小计</td><td>100</td><td></td><td></td><td></td></tr>
<tr><td>问题总结</td><td colspan="5"></td></tr>
</table>

【项目小结】

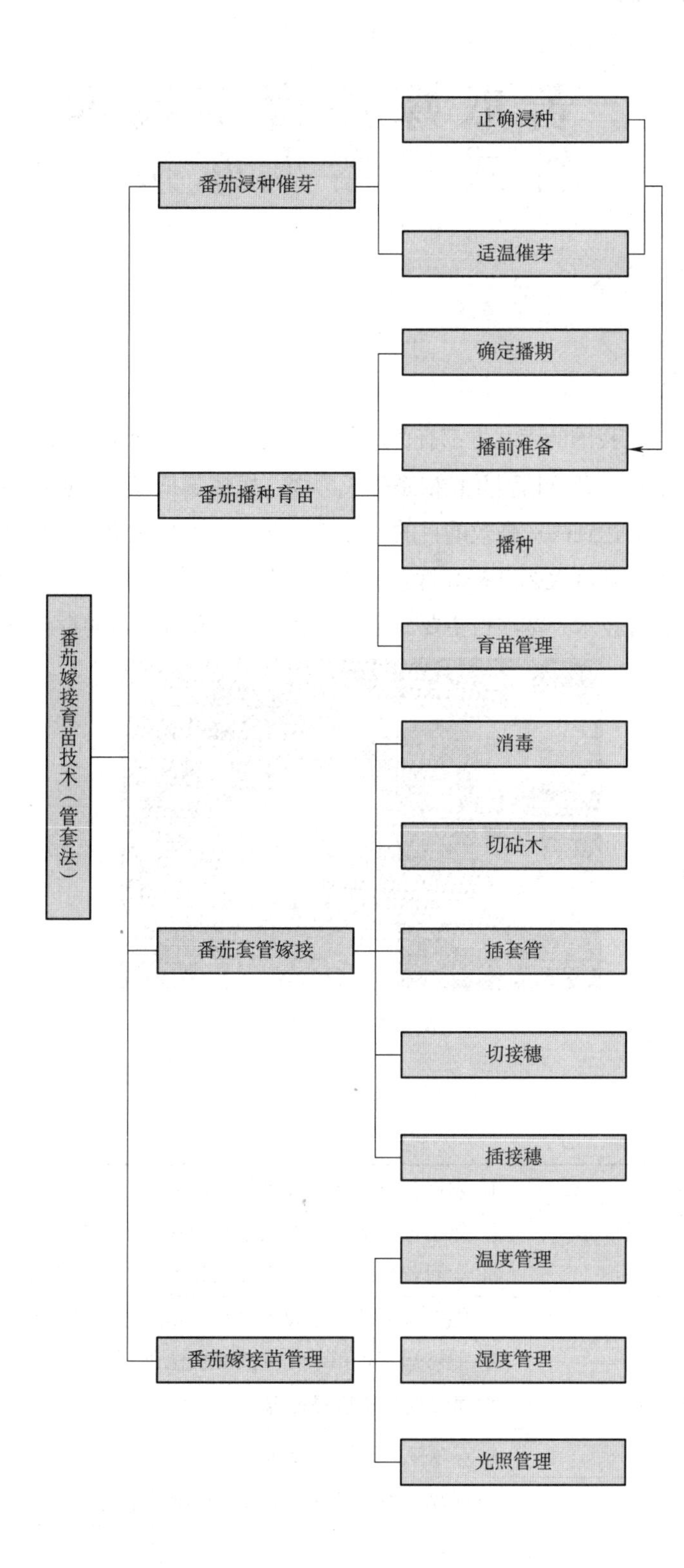
番茄嫁接育苗技术（管套法）
番茄浸种催芽
正确浸种
适温催芽
番茄播种育苗
确定播期
播前准备
播种
育苗管理
番茄套管嫁接
消毒
切砧木
插套管
切接穗
插接穗
番茄嫁接苗管理
温度管理
湿度管理
光照管理

项目七

苦瓜嫁接育苗技术（针式机器人嫁接法）

【项目描述】

苦瓜适应能力强，在我国的南北方都有普遍种植，而且还可以利用大棚和日光温室等进行保护地反季节栽培。由于丝瓜高抗枯萎并且根系生长力强，嫁接苦瓜以后可提高苦瓜的抗病性，延长苦瓜的采摘时间，从而达到高产高效的目的。嫁接机器人技术是集机械、自动控制与设施园艺技术于一体的高新技术，它可大幅度提高嫁接速度、明显降低劳动程度，并可提高嫁接成活率，被视为嫁接育苗的革命性技术。本项目主要介绍苦瓜嫁接技术及嫁接苗的育苗管理（图 7-1）。

图 7-1　嫁接机

【教学导航】

教学目标	知识目标	1. 掌握苦瓜及丝瓜浸种催芽的方法。 2. 熟悉苦瓜播种育苗技术及嫁接苗苗期管理技术。 3. 学习苦瓜手工针式嫁接法技术要点及使用针式嫁接机工作流程
	能力目标	1. 能够根据任务单要求进行苦瓜、丝瓜浸种催芽育苗。 2. 能够运用苦瓜手工针式嫁接法进行嫁接，会使用针式嫁接机
本项目学习重点		掌握苦瓜及丝瓜浸种催芽的方法
本项目学习难点		针式嫁接机的使用方法
教学方法		项目教学法、任务驱动法、案例教学法
建议学时		10

任务一 苦瓜、丝瓜浸种催芽

任务描述

苦瓜种皮坚硬厚实，出苗缓慢，尤其在早春低温条件下很难出苗甚至烂种，故多采用浸种催芽法。

任务分析

1. 丝瓜浸种催芽 具体做法是：

（1）去杂质。用12目的筛子将混在种子里的杂质去掉。

（2）装盘。将种子平铺于烤盘内，厚度不宜超过5cm。

（3）消毒浸种处理。

①常温浸种。把种子放入常温水中清洗洁净，再换水浸种3～5h。

②温汤浸种。把种子放入50～55℃的温水中，坚持水温均匀浸泡种子15～20min，放至常温后拿出洗净，再放入常温水浸3～5h，以杀死种子种皮外表的病菌。

③药剂浸种。腐霉利浸种：先用清水浸种1～2h，放入50%腐霉利可湿性粉剂1 500倍液中浸泡10min，捞出洗净，再放入常温水中浸种2～3h，以防治丝瓜灰霉病。

（4）破壳。由于丝瓜种子表皮较厚，发芽势较低，为了提高丝瓜种子出苗整齐度，在催芽前将丝瓜种子破壳。丝瓜种子破壳以后，种子更容易吸水，出芽整齐。用专用剪刀剪去丝瓜种子头部的边缘，但不能剪到种子的胚乳（图7-2）。

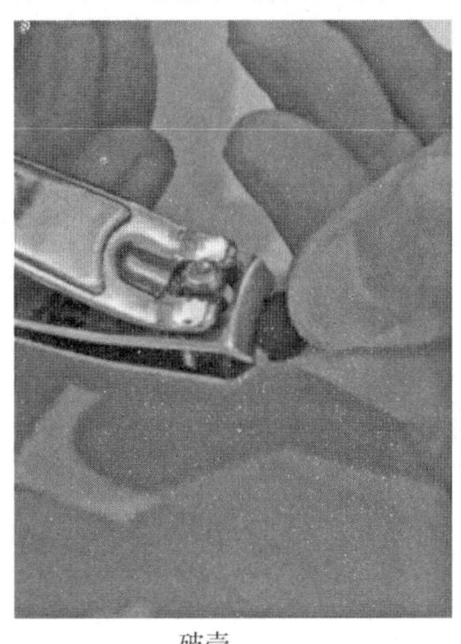

破壳

破壳后

图7-2 丝瓜破壳

(5) 浸种。清水洗净种子，常温下清水浸种 8～10h。

(6) 催芽。浸种后，清水洗净种子，风干后装盘，放置在催芽箱中催芽，温度在 30℃。

(7) 选种。种子在 20h 后萌芽，挑有芽的种子播种，没芽的种子清水洗净、风干再催芽，重复二次催芽后，将未发芽的种子剔除。

2. 苦瓜种子浸种催芽

(1) 苦瓜破壳。由于苦瓜种子种壳较厚，发芽势较低，出苗不整齐，不适合工厂化嫁接育苗，为使种子出苗整齐，便于工厂化集中操作，必须进行破壳处理，使苦瓜种子出苗整齐划一，便于工厂化嫁接育苗（图 7-3）。

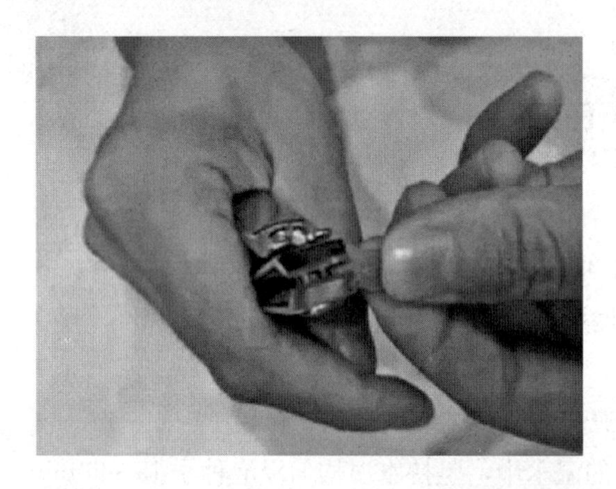

图 7-3　苦瓜破壳

(2) 浸种。将苦瓜种子浸泡于 55℃左右的温水中，天然冷却后持续 12h 以上，捞出种子在清水中洗净。

(3) 催芽。浸种后，用清水洗净，风干后装盘，放置催芽室催芽。温度在 30～32℃，相对湿度为 85%～90%。

本任务工作流程如下：

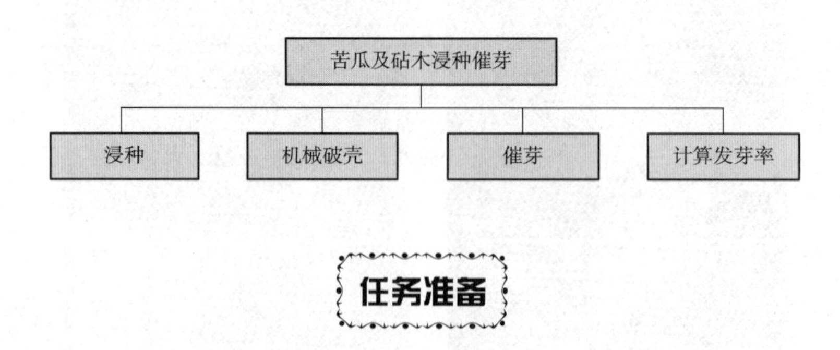

任务准备

1. 工具及材料准备　烧杯、尖嘴钳、托盘、恒温箱、毛巾或纱布、温度计、苦瓜种子和丝瓜种子（图 7-4 至图 7-11）。

图 7-4 烧 杯

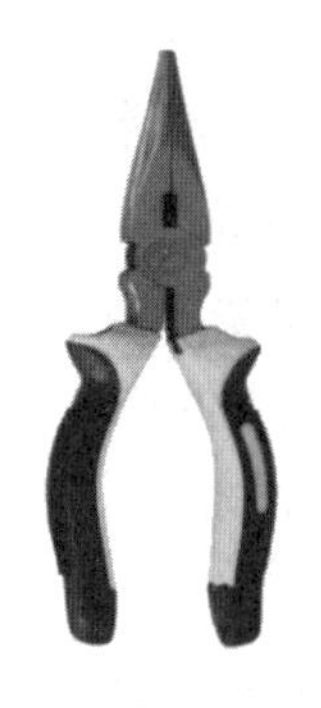

图 7-5 尖嘴钳

图 7-6 托 盘

图 7-7 恒温箱

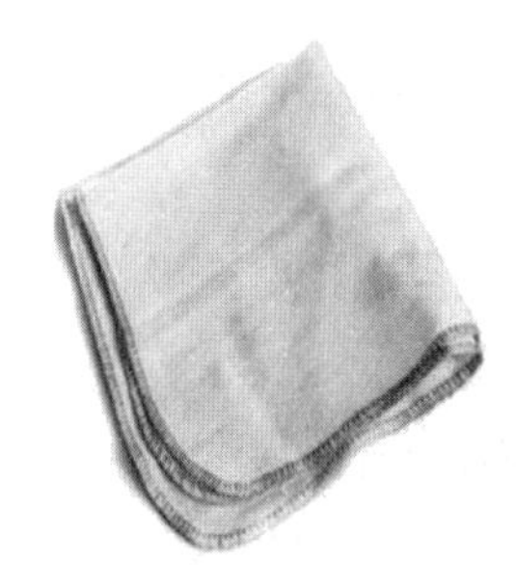

图 7-8 纱布或毛巾

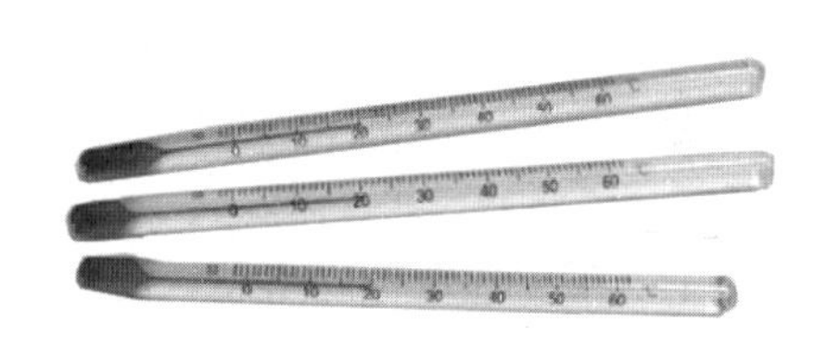

图 7-9 温度计

图 7-10 苦瓜种子

图 7-11 丝瓜种子

2. 人员准备 将学生分成若干小组，每组 4～6 人，确定组长，明确任务。

任务实施

1. 浸种 分温汤浸种和赤霉素浸种两种。

（1）温汤浸种。即将苦瓜种子用 55℃左右的温水浸泡，自然冷却后继续浸种 12h。为防止带菌种子传播病害，最好进行种子消毒。用 75%百菌清可湿性粉剂 800 倍液或 50%多菌灵可湿性粉剂500倍液浸种30min，捞出冲洗干净并浸清水中3～4h后进行催芽。

(2) 激素（赤霉素）浸种。即先用30℃的温水浸种苦瓜30min左右，再用赤霉素10 000倍液浸种2～3h，之后用25～30℃的温水浸种8h左右。

2. 机械破壳 用钳子（或镊子）将种皮捏裂，剥开露出胚根即可。脐部稍弄破，然后置于能够保持30℃左右温度及有足够湿润的地方催芽。

3. 催芽 恒温箱催芽法，即将浸种过的苦瓜种子用多层潮湿的纱布或者毛巾等包起，其中纱布或毛巾用100℃开水烫过后使用。然后将苦瓜种子放在28～32℃的恒温箱中催芽。种子干燥时应喷水，使种子保持湿润。催芽过程中要每天勤检查。一般4d之后开始出芽，当70%以上种子发芽时即可播种。将盛有浸泡后苦瓜种子的发芽器皿放到25～30℃恒温条件下催芽，保持吸湿布的湿度，每天要翻动3～4次，48h后即可发芽。

4. 发芽率 计算苦瓜及丝瓜种子发芽率。

种子发芽率＝（发芽种子粒数/供试种子粒数）×100%

任务小结

由于苦瓜、丝瓜种皮坚硬，浸种前应将胚端的种壳磕开，以加速吸水。因早春气温低，丝瓜直播发芽率低，必须催芽露白后才能播种。另外，催好芽的种子如果因天气等原因不能立即播种，可放在15℃的低温条件下抑制芽的伸长，等待播种。

知识支撑

苦瓜是葫芦科苦瓜属一年生攀缘性草本植物，多分枝；茎、枝被柔毛，卷须纤细；叶柄细长，叶片膜质，叶面绿色，背面淡绿色，叶脉掌状；雌雄同株；雄花花梗纤细，被微柔毛，苞片绿色，稍有缘毛，花萼裂片卵状披针形，被白色柔毛，花冠黄色，裂片被柔毛，雄蕊离生；雌花单生，花梗被微柔毛，子房纺锤形，柱头膨大；果实纺锤形或圆柱形，多瘤皱，成熟后橙黄色；种子长圆形，两面有刻纹，花、果期为5—10月（图7-12）。

(一) 选择适宜的砧木和接穗品种

砧木作为嫁接苗的载体，是蔬菜育苗产业发展不可缺少的生产要素。目前，主要以北方保护地栽培的黑籽南瓜为宜，金刚铁甲、全能铁甲、新土佐、勇士等南瓜砧木也可以用来与苦瓜进行嫁接；除此之外，丝瓜砧木主要用于南方苦瓜栽培，专用砧木主要有双依。接穗品种一般选本地主栽品种中瓜型好、瓜条直、颜色翠绿、瓜瘤分布均匀的品种，如自贡市农业科学研究所选育的龙都苦瓜1号、蓝天大白苦、湘苦瓜3号、滨城苦瓜等均可。这些品种早熟性、果实品质和商品性好，前期产量高，并具有较强的抗病、抗逆性。

图 7-12　苦　瓜

（二）浸种、催芽及配制营养土

苦瓜、丝瓜种浸种催芽

1. 浸种、催芽　首先根据本地主要种植品种选好种子，避免选择干瘪、病虫害的种子影响种植。由于苦瓜种子种壳较厚，发芽势较低，出苗不整齐，不适合工厂化嫁接育苗，为使种子出苗整齐，便于工厂化集中操作，必须进行破壳处理，使苦瓜种子出苗整齐划一，便于工厂化嫁接育苗。种植前，将筛选的苦瓜种种壳磕破，小心不要伤及种仁。然后，分别对苦瓜和南瓜种子进行温汤浸种，浸泡在 55～60℃的热水中，并不断搅拌，使种子均匀受热。10～20min 后，水温降至 30℃左右继续浸泡。将苦瓜种子浸泡8～10h，将南瓜子浸泡 8h，然后用清水洗去黏液，浸泡后捞起，然后平铺于瓷盘中，上面覆盖双层湿布，置于 28～32℃的恒温箱中进行催芽。如果无恒温箱可用电热毯催芽，在此期间，每天要将种子取出清洗 1～2 次，以洗去黏液。种子发芽后，大部分露白可即可播种。

2. 配制营养土　南瓜播种育苗必须采用营养钵，营养土的配制是将多年未种过瓜的田土与腐熟的厩肥或堆肥，以 3∶1 的比例混合均匀，每立方米营养土加入 50kg 腐熟的人畜粪、1kg 过磷酸钙、福尔马林 50 倍液（100g 多菌灵或 200g 百菌清）混合，薄膜覆盖堆闷 10～15d，让其充分发酵消毒，摊开翻晾 5～7d，然后装入营养钵中。苦瓜播种育苗须采用净土，以防苗期感染病害。

拓展训练

（一）知识拓展

1. 填空题

（1）将苦瓜种子用(　　　　)℃左右的温水浸泡，自然冷却后继续浸种 12h。为防止带菌种子传播病害，最好进行种子消毒。

（2）砧木作为嫁接苗的载体，是蔬菜育苗产业发展不可缺少的生产要素。目前，主要以北方保护地栽培的(　　　　)为宜，金刚铁甲、全能铁甲、新土佐、勇士等南瓜砧木也可以用来与苦瓜进行嫁接。

（3）将浸种过的苦瓜种子用多层潮湿的(　　　　)或者毛巾等包起，其中(　　　　)或毛巾用(　　　　)℃开水烫过后使用。然后，将苦瓜种子放在(　　　　)℃的恒温箱中催芽。种子干燥时，应(　　　　)，使种子保持湿润。催芽过程中要每天勤检查。一般，(　　　　)天之后开始出芽，当(　　　　)%以上种子发芽时即可播种。

（4）将盛有浸泡后黑籽南瓜种子的发芽器皿放到(　　　　)℃恒温条件下催芽，保持湿布的湿度，每天要翻动(　　　　)次，48h后即可发芽。

2. 简答题

（1）苦瓜如何浸种催芽？

（2）南瓜如何浸种催芽？

（二）技能拓展

拓展内容见表7-1至表7-3。

表 7-1 任 务 单

任务编号	实训 7-1
任务名称	苦瓜、丝瓜浸种催芽
任务描述	苦瓜、丝瓜种皮坚硬，浸种前应将胚端的种壳磕开，以加速吸水。种子发芽后，大部分露白即可播种
任务工时	2
完成任务要求	1. 正确进行苦瓜浸种。 2. 正确进行丝瓜浸种。 3. 正确进行苦瓜、丝瓜破壳。 4. 正确进行苦瓜催芽，计算发芽率并写好标签。 5. 正确进行丝瓜催芽，计算发芽率并写好标签。 6. 将用过的仪器洗涤或擦拭干净。 7. 任务完成情况总体良好。 8. 说明完成本任务的方法和步骤。 9. 完成任务后各小组之间相互展示、评比。 10. 针对任务实施过程中的具体操作提出合理建议。 11. 工作态度积极认真
任务实现流程分析	1. 布置任务。 2. 按步骤操作：浸种→机械破壳→催芽→计算发芽率。 3. 对苦瓜、丝瓜浸种催芽过程进行评价
提供素材	苦瓜种子、丝瓜种子、烧杯、尖嘴钳、托盘、恒温箱 、纱布或毛巾、温度计等

表 7-2 实 施 单

任务编号	实训 7-1
任务名称	苦瓜、丝瓜浸种催芽
计划工时	2
实施方式	小组合作 □ 独立完成 □
实施步骤	

表 7-3　评 价 单

<table>
<tr><td>任务编号</td><td colspan="5">实训 7-1</td></tr>
<tr><td>任务名称</td><td colspan="5">苦瓜、砧木浸种催芽</td></tr>
<tr><td rowspan="18">考核要点</td><td>考核内容（主要技能）</td><td>标准分值</td><td>自我评价</td><td>小组评价</td><td>教师评价</td></tr>
<tr><td>苦瓜种子浸种</td><td>5</td><td></td><td></td><td></td></tr>
<tr><td>丝瓜种子浸种</td><td>5</td><td></td><td></td><td></td></tr>
<tr><td>苦瓜种子催芽</td><td>5</td><td></td><td></td><td></td></tr>
<tr><td>丝瓜种子催芽</td><td>5</td><td></td><td></td><td></td></tr>
<tr><td>机械破壳</td><td>5</td><td></td><td></td><td></td></tr>
<tr><td>计算苦瓜及丝瓜种子发芽率</td><td>5</td><td></td><td></td><td></td></tr>
<tr><td>出芽质量</td><td>5</td><td></td><td></td><td></td></tr>
<tr><td>出芽天数</td><td>15</td><td></td><td></td><td></td></tr>
<tr><td>按操作规程作业</td><td>5</td><td></td><td></td><td></td></tr>
<tr><td>任务完成情况</td><td>10</td><td></td><td></td><td></td></tr>
<tr><td>任务说明</td><td>10</td><td></td><td></td><td></td></tr>
<tr><td>任务展示</td><td>5</td><td></td><td></td><td></td></tr>
<tr><td>工作态度</td><td>5</td><td></td><td></td><td></td></tr>
<tr><td>提出建议</td><td>10</td><td></td><td></td><td></td></tr>
<tr><td>文明生产</td><td>5</td><td></td><td></td><td></td></tr>
<tr><td>小计</td><td>100</td><td></td><td></td><td></td></tr>
<tr><td>问题总结</td><td colspan="5"></td></tr>
</table>

任务二 苦瓜、丝瓜播种育苗

任务描述

苦瓜原产于印度，是喜温作物，育苗期要求温度较高。种子发芽需30～35℃的温度，幼苗生长适温20～25℃。苦瓜喜光不耐阴，喜湿而不耐涝。瓜类蔬菜的根系弱，再生能力差，所以苦瓜在苗床中育苗时一般都采用点播法，直接将催芽后的种子播在苗畦、营养钵或土方中，苗期不再分苗（图7-13）。

任务分析

丝瓜宜播种于营养钵内，最好选用10cm×10cm规格的营养钵，营养钵可以起保根护苗的作用便于移动，每钵播一粒丝瓜种子。苦瓜宜比丝瓜晚播2～3d，可以播于营养钵内或土床中。如果播于营养钵中，苦瓜则每钵都不耐低温，育苗温度宜控制在20～35℃，特别是出土前，土温宜控制在30℃左右，以利于快速出苗、齐苗。出苗后增加通风，适当降低温度，以培育壮苗，防止产生高脚苗（图7-14）。

图7-13 苦瓜苗

图7-14 丝瓜苗

本任务工作流程如下：

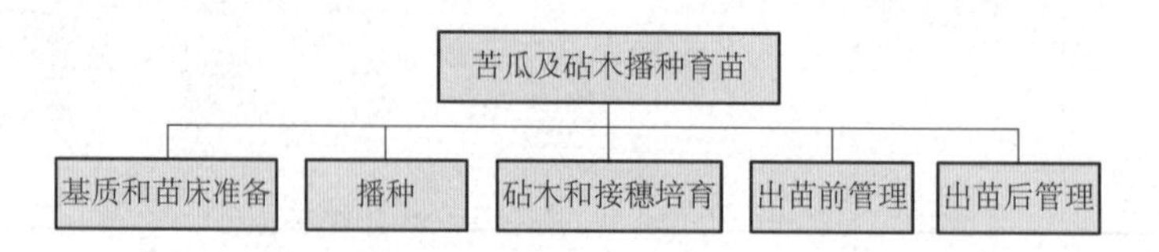

任务准备

1. 工具及药剂准备 营养钵、穴盘、营养肥、耙子、多菌灵（图 7-15 至 7-19）。

图 7-15 营养钵

图 7-16 穴 盘

图 7-17 堆砌发酵营养肥

图 7-18 耙 子

图 7-19 多菌灵

2. 人员准备 将学生分成若干小组，每组 4～6 人，确定组长，明确任务。

任务实施

育苗方法砧木采用营养钵育苗，接穗采用净土育苗，严防土传病害感染。

1. 基质和苗床的准备 丝瓜用10cm×10cm规格的营养钵，培养土采用过筛园土、腐熟发酵后的菌渣、腐熟干鸡粪按3∶2∶1的体积比配制，每立方米基质加入50%多菌灵可湿性粉剂100g并充分混合，然后用薄膜密封堆沤1～10d后于育苗前3d装入营养钵，排列整齐。培养土也可购买商品基质。接穗采用苗床直播，床土整细耙平，可按7～8cm行株距点播，覆土并盖膜。

2. 播种时间 北方地区苦瓜3月下旬至4月上旬于温室或大棚播种育苗，5月初定植；长江流域3月中旬播种，4月中旬定植；华南地区春季栽培1—3月播种，夏季栽培4—5月播种，秋季7—8月播种。如采用保护设施，冬季也能栽培。

3. 苦瓜和丝瓜的培育

（1）丝瓜苗培育。播种前将营养穴盘浇透底水，于穴盘中央打一1cm×1cm的小穴，将种子平放于小穴内。

（2）苦瓜苗培育。

①浇水标准。表层基质的水刚好渗到种子即可（基质的1/3），忌浇透。

②播种后处理。丝瓜种子播种后放置催芽室，晴天放置36～40h，阴天放置72h。苦瓜催芽播种后在催芽室放置48h，在大棚育苗，晴天表层土较干时可用清水轻洒，湿透1/3（图7-20）。

图7-20 播种后的丝瓜种子

4. 出苗前管理 丝瓜育苗，表层洒1～2遍清水。秋季播种后即可置于育苗棚，第二天在基质表层浇一遍清水，以水刚渗到种子为宜。冬季晚上要覆盖保温，8：00再打开，第三天上午要补清水，以刚渗到种子为宜，拱土30%时，不需再覆盖保温。播后温度白天30℃

左右，夜间18℃左右。50%拱土时，覆1cm厚的细潮土，白天降至25℃，夜间15℃，嫁接前3d夜温降至13℃。苦瓜育苗，苦瓜催芽播种后放置在催芽室48h，在大棚育苗。晴天表层土较干时，可用清水轻洒，湿透1/3。嫁接前一天，浇透2/3的肥水。棚内白天温度25～30℃，夜间15～18℃。

5. 出苗后管理

（1）小苗顶土30%时浇肥，使用200mg/kg的17-4-17复合肥。

（2）浇肥后下午喷药，预防子叶霜霉病的发生。

6. 出苗标准

（1）苦瓜接穗嫁接标准。2片真叶没芽完全展开，茎秆直立。

（2）丝瓜砧木嫁接标准。株高12cm，茎粗2.6mm，子叶节位高4cm。

任务小结

苦瓜播种可以采用育苗移栽和直播两种方法。为防止苦瓜苗期病虫害严重发生，播种前应进行营养土的消毒。选择营养钵或穴盘育苗时，把配制好的营养土装入营养钵（穴盘）内，摆入做好的育苗床中。营养钵（穴盘）装土不可过满也不可过少，与钵（穴盘）口齐平即可（浇水后会自然下陷）注意在装营养土时不要摁实，以自然状态为好。

知识支撑

1. 苦瓜春季播种育苗技术

（1）育苗方式。春季栽培一般在大棚内用营养钵育苗。营养土配制：腐熟有机肥50%～60%、疏松田土40%～50%，过筛后拌匀，再加入0.1%～0.2%过磷酸钙及0.3%草木灰拌匀。

（2）苗期管理。播前先浇透水，播后覆1cm厚的培养土，盖上小拱棚保温保湿。播后棚内温度保持在30～35℃，待70%幼苗出土后，白天温度保持在25～30℃，晚间15～20℃，苗萎蔫时及时浇水，视苗情进行1～2次叶面追肥，每次喷施0.2%磷酸二氢钾液。

2. 苦瓜秋延后播种育苗技术　苦瓜秋延后栽培的育苗方式除了采用穴盘育苗外，还可采用营养钵育苗或嫁接育苗，其技术要点分别如下：

（1）育苗方式。

①穴盘育苗。秋延后苦瓜宜采用穴盘育苗，基质应选用食用菌渣、腐熟猪粪渣、炭化谷壳或优质草炭、细沙，按1∶1∶1∶1的比例混合，用多菌灵或甲醛消毒，密封堆沤5～7d，然后每立方米基质加复合肥2kg、钙镁磷肥2kg，拌匀待用。选32孔穴盘，若采用旧穴盘则需消毒，播种前一天将基质装盘并浇透水准备播种。每穴播种1粒，种子平放，用喷壶淋洒浇透水，覆盖遮阳网。

②营养钵育苗。营养土选用 3 年内未种植瓜类蔬菜，并经烤晒的优质园土或肥沃沙壤水稻田土，以及腐熟猪粪渣、炭化谷壳或腐熟草木灰作基料，按 6∶3∶1 的比例混合，并加适量的硫酸钾复合肥拌匀，用多菌灵或代森铵消毒，薄膜密封堆沤 5～7d，过筛待用。

③播种育苗。播种前 7d 整好苗床，消毒营养钵，装好营养土，选晴天下午将催好芽的种子播入营养钵，每钵 1 粒，覆盖厚 1cm 的营养土，浇透水后贴面盖遮阳网保湿。

④嫁接育苗。以丝瓜为砧木，对营养钵和穴盘进行消毒，丝瓜提前 3d 播种于钵、盘之间，种苗用穴盘育苗。砧木最佳嫁接时期为 1 叶 1 心期，接穗最佳嫁接时期为子叶期。

嫁接方法：嫁接前一天将砧木、接穗淋透水，叶面喷施杀菌剂。选择晴天，在遮光条件下进行嫁接。嫁接方法有插接法、切接法等。

⑤嫁接管理。嫁接后马上移至苗床，浇上压蔸水，用农膜＋遮阳网覆盖，进行保温、保湿、遮光处理。嫁接后 3d 内需全天覆盖遮阳及保温保湿，之后视天气情况于每天 10：00—16：00 遮光，其余时间透光。小拱棚内白天温度控制在 32℃、夜间 20℃，相对湿度控制在 90％左右。7d 后全天见光，逐步通风降温炼苗，白天温度保持在 25℃左右，夜间保持在 15℃以上。嫁接 10～15d 后除去嫁接夹，嫁接苗成活后及时除去砧木发生的萌蘖，同时注意病害预防，防止秧苗徒长，若发现虫害，选用适合药剂喷雾防治。

（2）苗期管理。秋延后育苗时间短、幼苗生长快，苗龄 10～15d，主要注重遮阳保湿，防止徒长。做好防高温、防干旱、防暴雨和防虫害等工作。

①光照管理。当幼苗拱土时，揭除贴面遮阳网。定植前 5d 揭除覆盖物进行常温炼苗，使幼苗逐渐适应定植后的环境条件。

②追肥管理。在营养钵和穴盘肥料充足的条件下，出苗后至定植前一般不再施肥，如果苗情差，可以用 0.3％复合肥液作追肥，整个苗期追施 2～3 次。

③浇水管理。穴盘和营养钵育苗易产生失水现象，当土壤见白、秧苗出现萎蔫时，可适当浇水，于清晨和傍晚气温凉爽时用喷壶洒水，经常保持钵内营养土和穴盘基质半干半湿状态。

④病虫害防治。为培育壮苗，在棚内挂黄板，棚外安装杀虫灯，可起到良好的防虫效果。苗期主要病害有立枯病、猝倒病、软腐病等，一般出苗后喷施多菌灵、代森锌等预防。移栽前浇透水，以便于起苗移栽。

拓展训练

（一）知识拓展

（1）秋延后苦瓜有几种育苗方式？

（2）简述苦瓜接穗和砧木培育技术要点。

（二）技能拓展

拓展内容见表 7-4 至表 7-6。

表 7-4 任 务 单

任务编号	实训 7-2
任务名称	苦瓜、丝瓜播种育苗
任务描述	苦瓜种子发芽需 30～35℃的温度，幼苗生长适温 20～25℃。在苗床中育苗时一般都采用点播法，直接将催芽后的种子播在苗畦、营养钵或土方中，苗期不再分苗。丝瓜宜播种于营养钵内，最好选用 10cm×10cm 规格的营养钵，营养钵可以起保根护苗的作用便于移动，每钵播 1 粒丝瓜种子
任务工时	2
完成任务要求	1. 基质和苗床的准备。 2. 正确播种。 3. 苦瓜、丝瓜育苗。 4. 苦瓜、丝瓜出苗前管理。 5. 苦瓜、丝瓜出苗后管理，并写好标签。 6. 将用过的仪器洗涤或擦拭干净。 7. 任务完成情况总体良好。 8. 说明完成本任务的方法和步骤。 9. 完成任务后各小组之间相互展示、评比。 10. 针对任务实施过程中的具体操作提出合理建议。 11. 工作态度积极认真
任务实现流程分析	1. 布置任务。 2. 按步骤操作：基质和苗床的准备→播种→苦瓜和丝瓜的培育→出苗前管理→出苗后管理。 3. 对苦瓜、丝瓜播种育苗过程进行考核
提供素材	营养钵、穴盘、催芽过的苦瓜及丝瓜种子 、耙子、多菌灵等

表 7-5 实 施 单

任务编号	实训 7-2
任务名称	苦瓜、丝瓜播种育苗
任务工时	2
实施方式	小组合作 □　　独立完成 □
实施步骤	

表 7-6　评 价 单

<table>
<tr><td>任务编号</td><td colspan="5">实训 7-2</td></tr>
<tr><td>任务名称</td><td colspan="5">苦瓜、丝瓜播种育苗</td></tr>
<tr><td rowspan="15">考核要点</td><td>考核内容（主要技能）</td><td>标准分值</td><td>自我评价</td><td>小组评价</td><td>教师评价</td></tr>
<tr><td>基质和苗床准备、
营养肥配制</td><td>5</td><td></td><td></td><td></td></tr>
<tr><td>播种时间</td><td>5</td><td></td><td></td><td></td></tr>
<tr><td>砧木和接穗培育</td><td>10</td><td></td><td></td><td></td></tr>
<tr><td>出苗前管理</td><td>10</td><td></td><td></td><td></td></tr>
<tr><td>出苗后管理</td><td>10</td><td></td><td></td><td></td></tr>
<tr><td>出苗标准</td><td>10</td><td></td><td></td><td></td></tr>
<tr><td>按操作规程作业</td><td>5</td><td></td><td></td><td></td></tr>
<tr><td>任务完成情况</td><td>10</td><td></td><td></td><td></td></tr>
<tr><td>任务说明</td><td>10</td><td></td><td></td><td></td></tr>
<tr><td>任务展示</td><td>5</td><td></td><td></td><td></td></tr>
<tr><td>工作态度</td><td>5</td><td></td><td></td><td></td></tr>
<tr><td>提出建议</td><td>10</td><td></td><td></td><td></td></tr>
<tr><td>文明生产</td><td>5</td><td></td><td></td><td></td></tr>
<tr><td>小计</td><td>100</td><td></td><td></td><td></td></tr>
<tr><td>问题总结</td><td colspan="5"></td></tr>
</table>

任务三 苦瓜嫁接育苗

任务描述

苦瓜直根系比较发达，但根系大多分布在距地表10～20cm的范围内，非常怕积水，容易因根系窒息而亡，且易得根瘤线虫，地温过低根系生长慢，过高又易木栓化，植株易早衰。而且苦瓜的茎属蔓生，主蔓上的腑芽活动力强，发生的侧枝多，侧枝再发侧枝，因此田间的通风透光性差，非常容易得蔓枯病和疫病。采用嫁接栽培苦瓜则能有效避免上述问题。

蔬菜嫁接机器人是适于穴盘苗和营养钵苗嫁接、双向高速嫁接、单人供苗等多款具有我国自主知识产权的自动嫁接机。该技术彻底改变了竹签、刀片手工嫁接方式，速度快、成活率高、省工省力，对促进嫁接育苗作业的工厂化生产、绿色生产具有重要意义。蔬菜嫁接机器人实现了取苗、切苗、接合、固定、排苗的自动化，结构简单，操作方便；对幼苗适应性强，嫁接速度达到500～800株/h，嫁接成功率达到95%。

任务分析

苦瓜嫁接后具有植株生长势强，生长健壮，耐湿能力强，对温度的适应能力增强，采收期延长，产量高、品质好等优点。通过选择适宜的砧木，嫁接后又可以起到抗蔓枯病和疫病的作用，对根结线虫也有一定的耐性。

苦瓜的嫁接有很多种方法，下面介绍手工针式嫁接和针式嫁接机在生产中的应用技术。

本任务工作流程如下：

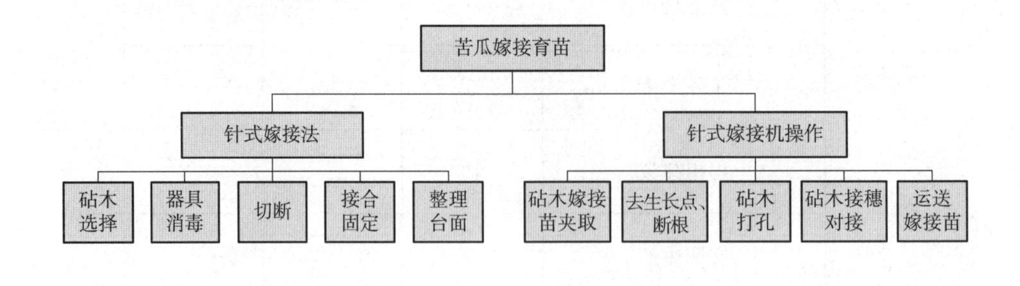

任务准备

1. 工具准备 针式嫁接法是采用断面为六角形、直径为0.5mm、长1.5cm的针，将接穗和砧木连接起来，嫁接针由陶瓷制成，在植物体内不影响植物的生长。该嫁接法的作业工具还包括两面刀片和插针器。

2. 人员准备 将学生分成若干小组，每组4～6人，确定组长，明确任务。

任务实施

1. 针式嫁接法

（1）选取适合砧木和接穗。茄科类蔬菜的嫁接苗应稍微大一些，一般按接穗为2.5片真叶左右，砧木为3.0～3.5片真叶。

（2）切断。将砧木和接穗在子叶和第一片真叶之间水平切断。注意针式嫁接法所用的刀片和针及插针器要严格消毒，刀片要非常锋利，切时要一次成形，嫁接速度越快越好。

（3）接合固定。用插针器将针插入砧木中，另一半插入接穗，使两个切面相互吻合在一起。

（4）整理台面。

2. 针式嫁接机操作 针式嫁接是近年来开发的一种新方法。主要对固定物进行了改进采用针形物将接穗和砧木进行固定适用于嫁接实心的嫁接苗。

仿真针式嫁接机操作

穴盘针接式蔬菜嫁接机主要包括穴盘输送机构、砧木粗切机构、穴盘定位机构、砧木扶正机构、砧木夹持斜切机构以及插针机构构成。接穗处理阶段主要由接穗送苗机构、接穗夹持机构、接穗切削机构构成。机器人主要特点和技术参数如下：

（1）以茄科类蔬菜为主要作业对象。

（2）采用针接式嫁接方式。

（3）以育苗穴盘为单位对砧木进行整体作业。

（4）人工上接穗。

（5）外形尺寸为2 500mm×2 200mm×1 500mm。

针式嫁接机操作

针接式蔬菜嫁接机以穴盘为单位，对嫁接苗每次处理一排（6株）。根据针接式嫁接的作业方法，分别对砧木和接穗设计了独立的处理过程。最后，通过接穗转移机构完成砧木和接穗的嫁接过程。对砧木的操作主要有穴盘定位，粗切、扶正砧木、夹持砧木、斜切砧木、插针等几个处理过程。对接穗主要有人工上苗、夹持接穗、切削接穗、接穗转移，最后完成嫁接。嫁接机总体的作业流程和部分机构如图7-21至图7-24所示 。PLC控制器安装在嫁接机机架上完成了嫁接机自动控制系统，实现针式嫁接自动化。

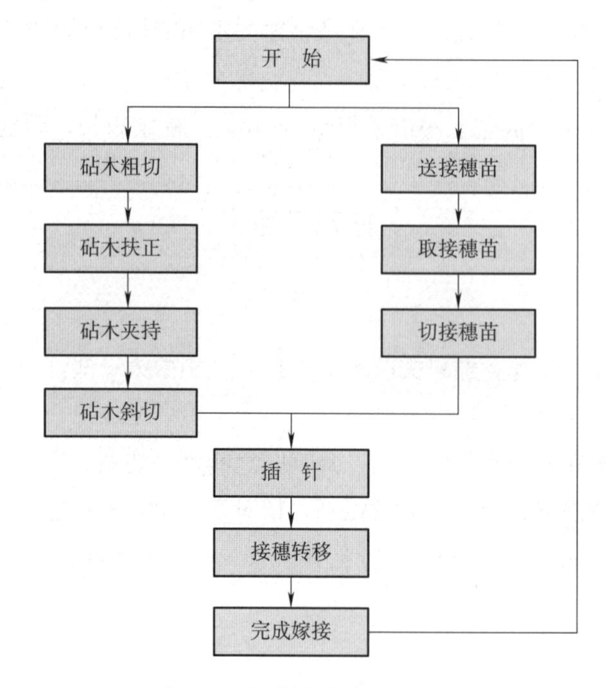

图 7-21　针式嫁接机的工作流程

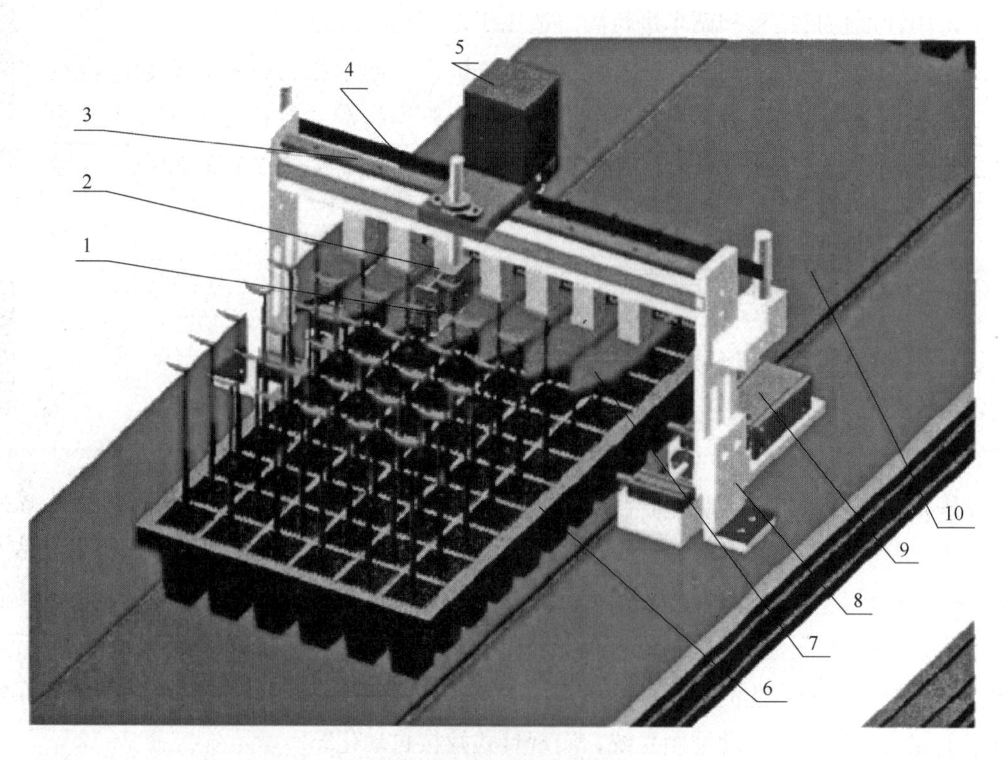

图 7-22　砧木粗切机构

1. 粗切刀片　2. 废苗收集手　3. 直线滑轨　4. 同步带　5. 步进电机　6. 育苗穴盘
7. 砧木导向　8. 支架　9. 穴盘定位机构　10. 输送带

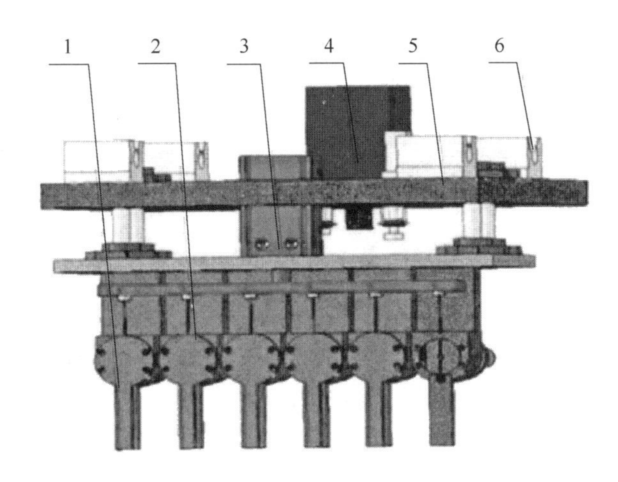

图 7-23　插针机构

1. 针筒　2. 顶针　3. 气缸　4. 同步带移动机构　5. 吊板　6. 直线轴承　7. 嫁接针

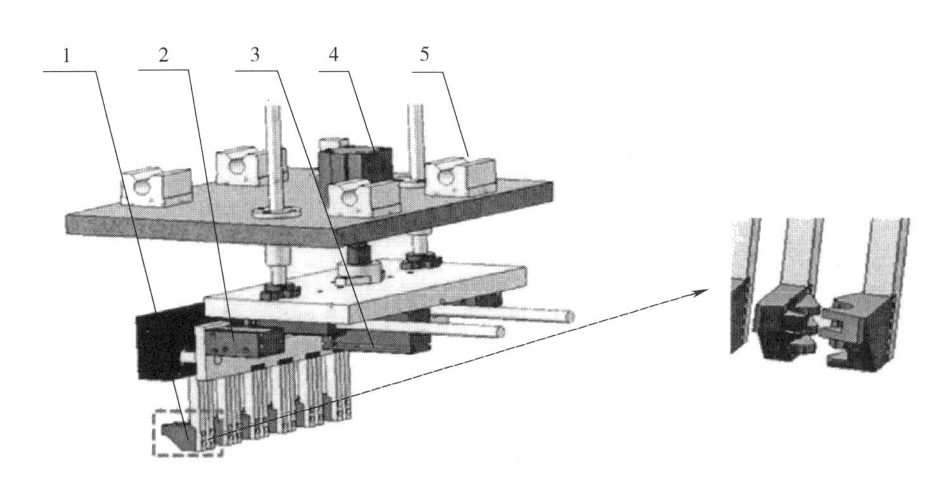

图 7-24　接穗苗夹持机构

1. 接穗夹持手　2. 张开气缸　3. 取苗气缸　4. 下移气缸　5. 直线轴承

任务小结

苦瓜嫁接过程中，要选择合适的砧木和接穗苗，对嫁接工具进行消毒处理，不管是顶插接法、针式嫁接法，还是使用嫁接机，都要确保砧木和接穗间结合固定好，以便于接合处形成层及早愈合，形成完整植株个体，提高嫁接成活率。

苦瓜嫁接时要边嫁接边覆盖，嫁接完后，用黑色膜覆盖进行遮光处理。接后前 3d 需全天覆盖遮阳及保温保湿，之后视天气情况于每天 10：00—15：00 遮光，其余时间透光。嫁接 10～15d 后去除嫁接夹，按一般苗床管理。嫁接苗成活后及时除去砧木发生的萌芽。

知识支撑

（一）适时嫁接，加强嫁接苗管理

当南瓜真（心）叶生长出来时，苦瓜的幼苗在长到1叶1心时即可嫁接。嫁接大致时间在砧木播种后17～20d，子叶离地面5～6cm，直径2.0～2.5mm时，如图7-25所示。

阴天、无风和湿度较大的天气最适宜嫁接。在嫁接之前，苗床应适量浇水。苦瓜的嫁接方法有顶插、针式等，一般常用针式嫁接法。针式嫁接法即先用嫁接刀片将南瓜真叶削去、削平，再将苦瓜的下胚轴削去，然后用一嫁接专用针一端插入苦瓜胚轴，另一端插入已削去真叶的南瓜苗子叶顶端，另要求苦瓜苗胚轴平面与南瓜苗子叶顶端的平面尽可能接触吻合，最后用专用嫁接夹固定。

嫁接时，要边嫁接边覆盖；嫁接后，用黑色膜覆盖进行遮光处理。

（二）蔬菜嫁接机器人

1. 单人供苗嫁接机器人（图7-26） 主要特点和性能指标如下：

（1）采用独特的嫁接方法，嫁接可靠，广泛适用于黄瓜、西瓜、甜瓜苗的嫁接。

（2）适用于穴盘所育砧木苗，可直接带根或土团嫁接。

（3）嫁接速度达到600株/h。

（4）嫁接成功率＞90％。

图7-25 苦瓜嫁接苗

图7-26 单人供苗嫁接机器人

2. 钵苗通用型嫁接机器人（图7-27） 主要特点和性能指标如下：

（1）既可实现营养钵幼苗嫁接，又能进行穴盘幼苗嫁接。

（2）对钵体的大小、重量，钵苗的高、矮有较强的适应性。

（3）广泛适于黄瓜、西瓜、甜瓜等瓜科蔬菜苗的嫁接。

（4）嫁接速度达到450株/h。

（5）嫁接成功率＞95％。

3. 双向高速蔬菜嫁接机器人（图 7-28）　主要特点和性能指标所示：

（1）采用双向嫁接机构，有效利用取苗和搬运过程的空行时间，使嫁接速度提高 30%。

（2）广泛适于黄瓜、西瓜、甜瓜等瓜科蔬菜苗的嫁接。

（3）适于穴盘所育砧木苗，可直接带根或土团嫁接。

（4）嫁接速度达到 850 棵株/h。

（5）嫁接成功率>90%。

图 7-27　钵苗通用嫁接机器人

图 7-28　双向高速蔬菜嫁接机器人

4. 嫁接机的主要机构　自动嫁接机整体作业流程如图 7-29 所示。嫁接机主要包括穴盘输送机构、砧木粗切机构、穴盘定位机构、砧木扶正机构、插针机构、砧木夹持斜切机构、接穗上苗机构、接穗夹持机构、接穗切削机构、接穗转移机构；砧木粗切机构和站木夹持斜切机构分别通过安装架固定在穴盘输送机构两侧平台。穴盘定位机构分别紧靠在砧木粗切机构和砧木夹持斜切机构安装架内侧，砧木扶正机构位于在砧木夹持斜切机构右侧，固定在穴盘输送机构和接穗转移机构上。接穗上苗机构安装在砧木夹持斜切机构左侧，接穗转移机构横跨在穴盘输送机构上方。插针机构和接穗夹持机构通过直线轴承安装在接穗转移机构上。接穗切削机构安装在接穗转移机构上，位于接穗上苗机构正后方。

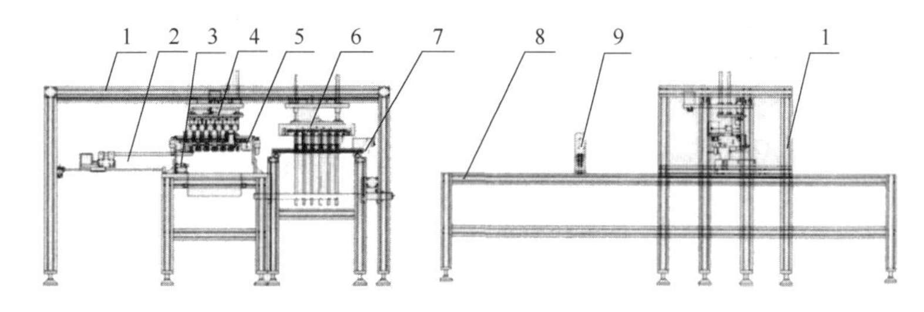

图 7-29　针接式穴盘嫁接机总体机构

1. 横向移动架　2. 砧木扶正机构　3. 穴盘定位机构　4. 插针机构　5. 砧木夹持斜切机构　6. 接穗夹持机构　7. 接穗送苗机构　8. 穴盘输送机构　9. 砧木粗切机构

拓展训练

（一）知识拓展

简答题

（1）简述苦瓜针式嫁接法砧木和接穗选取标准。

（2）简述针式嫁接法操作要领。

（二）技能拓展

拓展内容见表 7-7 至表 7-9。

表 7-7 任 务 单

任务编号	实训 7-3
任务名称	苦瓜针式嫁接
任务描述	采用断面为六角形、直径为 0.5mm、长 1.5cm 的针，将接穗和砧木连接起来，嫁接针是由陶瓷制成，在植物体内不影响植物的生长
任务工时	2
完成任务要求	1. 选取适合的砧木和接穗。 2. 切将砧木和接穗在子叶和第一片真叶之间水平切断。 3. 用插针器将针插入砧木中，另一半插入接穗，使两个切面相互吻合在一起。 4. 整理台面。 5. 贴好标签。 6. 将用过的仪器洗涤或擦拭干净。 7. 任务完成情况总体良好。 8. 说明完成本任务的方法和步骤。 9. 完成任务后各小组之间相互展示、评比。 10. 针对任务实施过程中的具体操作提出合理建议。 11. 工作态度积极认真
任务实现流程分析	1. 布置任务。 2. 按步骤操作：选取适合砧木和接穗→切断→接合固定→整理台面。 3. 对苦瓜针式嫁接过程进行评价
提供素材	嫁接针、两面刀片和插针器等

表 7-8 实 施 单

任务编号	实训 7-3
任务名称	苦瓜针式嫁接
任务工时	2
实施方式	小组合作 □　　独立完成 □
实施步骤	

表 7-9 评 价 单

<table>
<tr><td>任务编号</td><td colspan="5">实训 7-3</td></tr>
<tr><td>任务名称</td><td colspan="5">苦瓜针式嫁接</td></tr>
<tr><td rowspan="15">考核要点</td><td>考核内容（主要技能）</td><td>标准分值</td><td>自我评价</td><td>小组评价</td><td>教师评价</td></tr>
<tr><td>砧木、接穗选择</td><td>10</td><td></td><td></td><td></td></tr>
<tr><td>刀片、嫁接针及
其他工具消毒</td><td>5</td><td></td><td></td><td></td></tr>
<tr><td>砧木和接穗在子叶和
第一片真叶之间水平切断</td><td>10</td><td></td><td></td><td></td></tr>
<tr><td>砧木和接穗接合固定</td><td>10</td><td></td><td></td><td></td></tr>
<tr><td>工作台清理、工具摆放</td><td>10</td><td></td><td></td><td></td></tr>
<tr><td>标签书写、粘贴</td><td>5</td><td></td><td></td><td></td></tr>
<tr><td>按操作规程作业</td><td>5</td><td></td><td></td><td></td></tr>
<tr><td>任务完成情况</td><td>10</td><td></td><td></td><td></td></tr>
<tr><td>任务说明</td><td>10</td><td></td><td></td><td></td></tr>
<tr><td>任务展示</td><td>5</td><td></td><td></td><td></td></tr>
<tr><td>工作态度</td><td>5</td><td></td><td></td><td></td></tr>
<tr><td>提出建议</td><td>10</td><td></td><td></td><td></td></tr>
<tr><td>文明生产</td><td>5</td><td></td><td></td><td></td></tr>
<tr><td>小计</td><td>100</td><td></td><td></td><td></td></tr>
<tr><td>问题总结</td><td colspan="5"></td></tr>
</table>

任务四　嫁接苦瓜苗苗期管理

任务描述

苦瓜嫁接完成后，需要进行定植及田间管理。

任务分析

1. 定植前管理　温度白天控制在25～30℃，夜间20℃左右。将嫁接苗营养钵紧密排放于大棚内并浇1次水，用小拱棚、塑料薄膜和遮阳网密闭保温遮光。前5～6d不通风，7d后在温度湿度较高天气情况下，清晨或傍晚通风，每天中午喷雾水1～2次。嫁接后3～4d全部遮光，在塑料膜上再盖一层黑色薄膜或遮阳网。

2. 定植　施足底肥，适当密植。结合耕翻整地，每亩施用人畜粪3 000～3 500kg、三元复合肥70kg，然后整畦。采用小高畦行覆膜栽培，1.2～1.5m包沟开厢定植1行，株距33cm。嫁接苗叶片达4～6片时即可定植，定植时要选完全成活苗，确保定植后植株生长整齐一致，定植嫁接苗接口处要离地面3cm以上，以防嫁接口处再发新根扎到土壤中，感染土传病害。

3. 定植后管理

（1）肥水管理。在苦瓜生长前期应薄肥勤施，初花至采收期应施足肥料，并多次追肥。高温干旱季节结合追肥，应及时补充水分，以满足苦瓜持续生长和结果的需要。

（2）引蔓上架。苦瓜嫁接苗不能爬地生长，否则会受到土传病害侵染，起不到抗病作用，所以要搭架引蔓，苦瓜开始抽蔓时要及时插架搭棚。一般以篱笆架或“人”字架为好，当蔓长约30cm时进行人工绑蔓，以后每隔4～5节绑蔓1次。当主蔓出现第一雌花后，每株植物留下2～3个侧枝。苦瓜嫁接苗生长势旺，前期应适当整枝，生长中后期不再整枝，但必须剪除基部细弱侧枝、衰老黄叶、病叶及徒长枝蔓，以利于通风和透光，提高坐果率及瓜果商品性。

（3）人工授粉。选晴暖天气8：00—10：00用剥去花冠的雄花往雌花柱头上涂抹，以利于坐果。特别是阴雨天气，影响昆虫活动，更要进行人工辅助授粉，以利提高坐瓜率，增加产量。

（4）防治病虫害。苦瓜嫁接栽培主要是对一些土传病害如枯萎病等有较好的防治效果，但在其生长过程中，应注意及时防治霜霉病、灰霉病、白粉病和瓜绢螟、蚜虫等病虫害。

本任务工作流程如下：

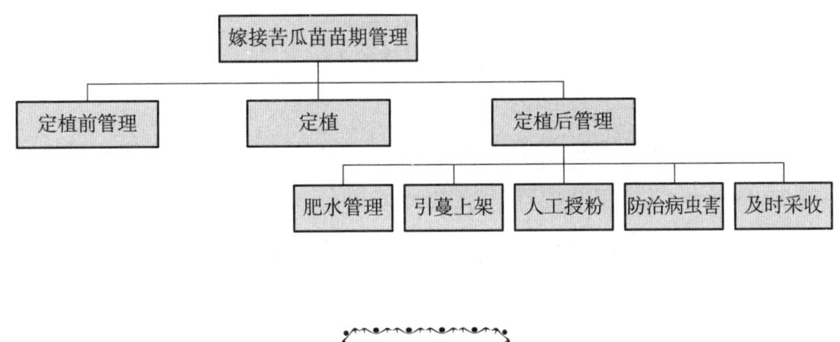

任务准备

工具及材料准备：人畜粪、复合肥、地膜、竹竿、绳子、雄花粉。

任务实施

1. 精细整地，施足基肥 移栽前对瓜地精耕细作，开厢作畦施足基肥。按包沟宽1.0～1.2m，东西向开厢起畦。每亩施人畜粪3 000～3 500kg、三元复合肥70kg，肥料在厢中间开沟施入，与土壤混合均匀。

2. 适时移栽，合理密植 定植前在厢面上浇透底水。定植时，选优质的壮苗移栽，定植株行距为35cm×60cm，且嫁接苗接口处要离地面3cm以上。定植后，浇足定根水，并覆盖地膜。

3. 及时追肥，合理灌溉 定植返苗后施淡粪水提苗，视瓜苗生长情况每8d左右浇施1次人粪尿；进入采收盛期，结合浇水，每亩施硫酸钾三元复合肥35kg，同时喷施0.3%尿素和0.2%磷酸二氢钾混合液以促进果实膨大和继续开花结果，延长采收期和提高商品瓜的质量。

4. 及时搭架整蔓 当蔓长30cm左右时进行人工引蔓绑蔓，以后隔4～5个节绑蔓1次，当主蔓出现第一雌花后，每株留2～3个侧蔓。苦瓜嫁接苗长势旺盛，前期适当整蔓。

5. 人工辅助授粉，提高坐瓜率 进入花期后，8：00—10：00露水干后，将雄花摘下，剥去花冠，将雄花往雌花柱头上涂抹，每朵雄花可授2～3朵雌花。

6. 及时防治病虫害 苦瓜嫁接苗虽然病虫害发生较轻，但遇到病虫害也要及早防治。可用代森锰锌混合甲霜灵或丙森·缬霉威防治霜霉病，用代森锰锌混合腐霉利或嘧霉胺防治灰霉病，用氯氰·毒死蜱或甲氰菊酯防治蚜虫等。

7. 及时采收 苦瓜宜采收嫩瓜，当瓜条充分成长、瓜皮上瘤状物突出膨大后，果顶开始发亮时就要及时采收，以保证瓜果的品质和增加结果率。在采瓜的同时，注意摘除病瓜、弱瓜和畸形瓜，以提高瓜果的商品性。

任务小结

苦瓜的嫁接，在嫁接前除了对苗床进行消毒外，还需对砧木和接穗喷洒杀菌剂，以免伤口感染病菌，造成腐烂死亡。嫁接要在适宜的环境进行，做到随嫁接，随栽植，随浇水，随扣棚膜。嫁接苗定植时，要注意定植深度以嫁接口高于地面3～4cm为宜，以免嫁接口和土壤接触产生不定根，从而失去嫁接意义。

知识支撑

（一）嫁接后的管理

1. 定植前管理　定植前管理指的是嫁接后9～10d的管理，这段时间是伤口愈合期。

（1）温度。白天控制在25～30℃，夜间20℃左右。

（2）湿度。保持在95%以上。将嫁接苗营养钵紧密排放于大棚内并浇1次水，用小拱棚、塑料薄膜和遮阳网密闭保温遮光。避免直接在嫁接苗上浇水，以免嫁接口错位。前5～6d不通风，7d后在温度湿度较高天气情况下于清晨或傍晚进行通风，每天1～2次，以后逐渐揭开塑料薄膜，增加通风量和时间，但仍要保持较高的空气湿度，每天中午喷雾水1～2次。

（3）光照。嫁接后需遮光。嫁接后3～4d要全部遮光，可在塑料膜上再盖一层黑色薄膜或遮阳网。以后逐渐在早晚揭开遮盖物，随着伤口愈合逐渐去掉覆盖物，但遮光时间不宜过长。愈合后管理将未成活的嫁接苗剥除，生长缓慢的不完全成活苗，假成活苗一时不易区别，可放在条件好的位置，过一段时间，生长缓慢的苗会逐渐赶上大苗，剔除假成活苗。

成苗标准：苗龄嫁接后10～12d、株高8.5cm、节位高3.8～4.0cm、2叶1心。出苗前一天浇施磷肥、喷药防病。达到以上标准即可出苗（图7-30、图7-31）。

图7-30　苦瓜嫁接苗

图7-31　成　苗

2. 影响嫁接愈合的因素

（1）砧木与接穗匹配度越高，嫁接后愈合度越高。

（2）嫁接标准化。嫁接流程标准化（创伤面的大小、切割角度、卫生标准、愈合室的温湿度、搬运）。

（3）嫁接材料的机械力不够，套管不洁净。

（4）嫁接前砧木接穗基质太湿，叶片上有水珠，砧木接穗的木质化程度。

（5）生产事故（感病、药害）。

（二）苦瓜嫁接苗的定植

1. 施足基肥 每亩施优质有机肥 4 000kg、三元复合肥 80kg，深翻整地，畦宽 1.5m（沟在内）。

2. 选苗 嫁接苗 8d 后成活，完全成活要 12d 以后。定植时要选成活苗，定植规格为株行距（110～120）cm×（70～80）cm，每亩种 700～800 株。嫁接苗接口处要离地面 3cm 以上，以防止接口再生新根，扎到土壤中而受土传病菌侵染致病。

3. 注意保温 采用地膜覆盖的方法。

（三）苦瓜种植田间管理

1. 加强田间管理

（1）肥水管理。在苦瓜生长前期应薄肥勤施，初花至采收期应施足肥料，并多次追肥。随产量的增加，加大肥水供应，追施三元复合肥，每隔4～6d 浇 1 次水，隔水追 1 次肥。高温干旱季节结合追肥，应及时补充水分，以满足苦瓜持续生长和结果的需要。

苦瓜嫁接苗管理

（2）控制温度。加大通风量，5 月下旬实行昼夜通风，并在通风口提前安装防虫网，白天保持在 25～32℃，最高不超过 40℃，夜间在 15～20℃。

（3）引蔓上架。苦瓜抽蔓后应及时插架，一般以篱笆架或“人”字架为好，当蔓长约 30cm 时进行人工绑蔓，以后每隔 4～5 节绑蔓 1 次。当主蔓出现第一雌花后，每株植物留下 2～3 个侧枝。苦瓜嫁接苗生长势旺，前期应适当整枝，生长中后期不再整枝，但必须剪除基部细弱侧枝、衰老黄叶、病叶及徒长枝蔓，以利于通风和透光，提高坐果率及瓜果商品性（图 7-32）。

图 7-32 引蔓上架

（4）人工授粉。选晴暖天气8：00—10：00，用剥去花冠的雄花往雌花柱头上涂抹，以利于坐果。

（5）植物促果。主侧蔓结瓜，不用摘心，结合绑蔓，掐卷须、去雄花、剪除细弱或过密的枝蔓。为提高坐瓜率，在开花前、幼果期、膨大期喷施壮瓜蒂灵＋新高脂膜可激活植物生态生长能量，拓宽植物导管路径，提升植物吸水吸肥力度，提升果实产量和品质。

（6）及时防治病虫害。苦瓜嫁接苗虽然病虫害发生较轻，但遇到病虫害也要及早防治。苦瓜病虫害主要有白粉病、白粉虱、蚜虫、菜青虫。菜青虫可用Bt乳剂500倍液＋新高脂膜800倍液防治，防治蚜虫喷洒10%吡虫啉可湿性粉剂进行防治，喷洒时应注意叶背面喷洒均匀。利用白粉虱对黄色有强烈趋向性的特点，在白粉虱发生初期将黄板悬挂在保护地内，涂上机油，置于行间植株的上方，诱杀成虫。采用27%新高脂膜母液70～140倍液，于发病初期喷洒在叶片上防治白粉病，每7～14d喷1次，连续喷3～4次。

2. 采收上市 苦瓜宜及时采收嫩瓜，特别是大棚多膜覆盖早熟栽培模式的更要及时采收上市。当瓜条充分成长，瓜皮瘤状物突出膨大，果顶开始发亮时就要采收，以保证苦瓜品质，增加结果率（图7-33）。

图7-33　采收上市

拓展训练

（一）知识拓展

简答题

（1）苦瓜嫁接苗苗期管理分几个阶段？

（2）简述苦瓜嫁接苗苗期管理定植技术要点。

（二）技能拓展

拓展内容见表7-10至表7-12。

表 7-10　任 务 单

任务编号	实训 7-4
任务名称	苦瓜嫁接苗苗期管理
任务描述	苦瓜嫁接完成后，需要进行定植及田间管理
任务工时	2
完成任务要求	1. 精细整地，施足基肥。 2. 适时移栽，合理密植。 3. 及时追肥，合理灌溉。 4. 及时搭架整蔓。 5. 人工辅助授粉，提高坐瓜率。 6. 及时防治病虫害。 7. 及时采收。 8. 任务完成情况总体良好。 9. 说明完成本任务的方法和步骤。 10. 完成任务后各小组之间相互展示、评比。 11. 针对任务实施过程中的具体操作提出合理建议。 12. 工作态度积极认真
任务实现流程分析	1. 布置任务。 2. 按步骤操作：施足底肥，适当密植→加强田间管理（肥水管理、引蔓上架、人工授粉及时防治病虫害）。 3. 对苦瓜嫁接苗管理过程进行评价
提供素材	人畜粪、复合肥、地膜、竹竿架、绳子、雄花粉等

表 7-11　实 施 单

任务编号	实训 7-4
任务名称	苦瓜嫁接苗苗期管理
任务工时	2
实施方式	小组合作 □　　独立完成 □
实施步骤	

表 7-12 评价单

<table>
<tr><td>任务编号</td><td colspan="5">实训 7-4</td></tr>
<tr><td>任务名称</td><td colspan="5">苦瓜嫁接苗苗期管理</td></tr>
<tr><td rowspan="18">考核要点</td><td>考核内容（主要技能）</td><td>标准分值</td><td>自我评价</td><td>小组评价</td><td>教师评价</td></tr>
<tr><td>温度管理</td><td>5</td><td></td><td></td><td></td></tr>
<tr><td>湿度管理</td><td>5</td><td></td><td></td><td></td></tr>
<tr><td>光照管理</td><td>5</td><td></td><td></td><td></td></tr>
<tr><td>施肥</td><td>5</td><td></td><td></td><td></td></tr>
<tr><td>覆膜</td><td>5</td><td></td><td></td><td></td></tr>
<tr><td>定植密度</td><td>5</td><td></td><td></td><td></td></tr>
<tr><td>引蔓上架</td><td>5</td><td></td><td></td><td></td></tr>
<tr><td>人工授粉</td><td>5</td><td></td><td></td><td></td></tr>
<tr><td>病虫害防治</td><td>5</td><td></td><td></td><td></td></tr>
<tr><td>每天记录管理情况</td><td>5</td><td></td><td></td><td></td></tr>
<tr><td>按操作规程作业</td><td>5</td><td></td><td></td><td></td></tr>
<tr><td>任务完成情况</td><td>10</td><td></td><td></td><td></td></tr>
<tr><td>任务说明</td><td>10</td><td></td><td></td><td></td></tr>
<tr><td>任务展示</td><td>5</td><td></td><td></td><td></td></tr>
<tr><td>工作态度</td><td>5</td><td></td><td></td><td></td></tr>
<tr><td>提出建议</td><td>10</td><td></td><td></td><td></td></tr>
<tr><td>文明生产</td><td>5</td><td></td><td></td><td></td></tr>
<tr><td></td><td>小计</td><td>100</td><td></td><td></td><td></td></tr>
<tr><td>问题总结</td><td colspan="5"></td></tr>
</table>

【项目小结】

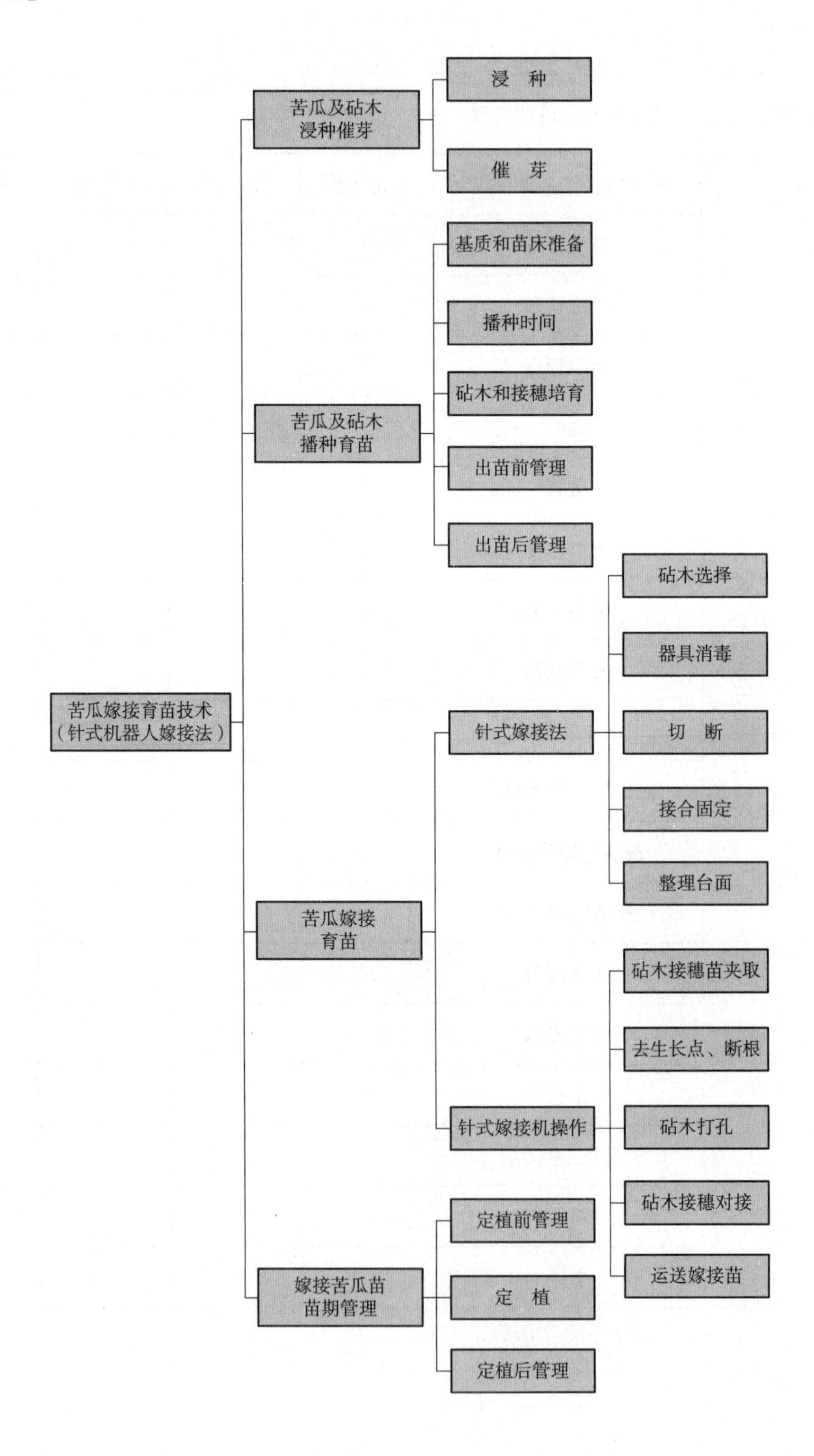
苦瓜嫁接育苗技术
（针式机器人嫁接法）
苦瓜及砧木
浸种催芽
浸　种
催　芽
苦瓜及砧木
播种育苗
基质和苗床准备
播种时间
砧木和接穗培育
出苗前管理
出苗后管理
苦瓜嫁接
育苗
针式嫁接法
砧木选择
器具消毒
切　断
接合固定
整理台面
针式嫁接机操作
砧木接穗苗夹取
去生长点、断根
砧木打孔
砧木接穗对接
运送嫁接苗
嫁接苦瓜苗
苗期管理
定植前管理
定　植
定植后管理

主要参考文献

弓林生，2015. 设施蔬菜生产技术 [M]. 北京：中国农业出版社.
韩世栋，2006. 蔬菜生产技术 [M]. 北京：中国农业出版社.
韩世栋，2009. 蔬菜生产技术（北方本）[M]. 2 版. 北京：中国农业出版社.
韩世栋，周桂芳，田红霞，等，2013. 蔬菜嫁接百问百答 [M]. 3 版. 北京：中国农业出版社.
河南省职业技术教育教学研究室，2011. 园艺植物生产技术 [M]. 北京：高等教育出版社.
黄丽红，2016. 基础化学实验 [M]. 北京：化学工业出版社.
吉甫成，郑儒斌，罗兴红，等，2020. 浏阳市嫁接苦瓜绿色集成栽培技术 [J]. 长江蔬菜（05）：32-34.
孔艳娥，2019. 温室无土栽培种植彩椒技术 [J]. 现代园艺，42（23）：77-78.
李明珠，2016. 无土栽培技术现状及其应用探究 [J]. 现代园艺（16）：28.
李鸣建，2014. 大学化学实验基本操作 [M]. 北京：化学工业出版社.
王兴久，宋士清，2016. 无土栽培 [M]. 北京：科学出版社.
王振龙，2014. 无土栽培教程 [M]. 北京：中国农业大学出版社.
张天翔，郑涛，曹明华，等，2020. 闽南地区苦瓜高效栽培技术 [J]. 福建热作科技，45（02）：41-42，44.
张秀丽，张淑梅，2017. 无土栽培技术 [M]. 北京：机械工业出版社.
李加旺，凌云昕，王继洲，等，2009. 黄瓜栽培科技示范户手册 [M]. 2 版. 北京：中国农业出版社.

读者意见反馈

亲爱的读者：

感谢您选用中国农业出版社出版的职业教育规划教材。为了提升我们的服务质量，为职业教育提供更加优质的教材，敬请您在百忙之中抽出时间对我们的教材提出宝贵意见。我们将根据您的反馈信息改进工作，以优质的服务和高质量的教材回报您的支持和爱护。

地　　址：北京市朝阳区麦子店街 18 号楼（100125）

中国农业出版社职业教育出版分社

联系方式：QQ（1492997993）

教材名称：　　　　　　　　　　ISBN：

个人资料

姓名：________________所在院校及所学专业：________________

通信地址：________________________________

联系电话：________________电子信箱：________________

您使用本教材是作为：□指定教材□选用教材□辅导教材□自学教材

您对本教材的总体满意度：

从内容质量角度看□很满意□满意□一般□不满意

改进意见：________________________________

从印装质量角度看□很满意□满意□一般□不满意

改进意见：________________________________

本教材最令您满意的是：

□指导明确□内容充实□讲解详尽□实例丰富□技术先进实用□其他________

您认为本教材在哪些方面需要改进？（可另附页）

□封面设计□版式设计□印装质量□内容□其他________________

您认为本教材在内容上哪些地方应进行修改？（可另附页）

____

____

本教材存在的错误：（可另附页）

第______页，第______行：____________应改为：____________

第______页，第______行：____________应改为：____________

第______页，第______行：____________应改为：____________

您提供的勘误信息可通过 QQ 发给我们，我们会安排编辑尽快核实改正，所提问题一经采纳，会有精美小礼品赠送。非常感谢您对我社工作的大力支持！